高职高专"十二五"规划教材

炼铁设备维护

主　编　时彦林　包燕平　刘　杰
副主编　崔　衡　赵宇辉　齐素慈
主　审　刘建华

U0342716

北　京
冶金工业出版社
2019

内 容 提 要

本书按照国家示范院校重点建设冶金技术专业课程改革要求和教材建设计划，参照冶金行业职业技能标准和职业技能鉴定规范，依据冶金企业的生产实际和岗位群的技能要求编写而成。

本书主要内容包括高炉炼铁生产概况、高炉本体设备、供料设备、上料设备、炉顶设备、铁和渣处理设备、煤气除尘设备、送风系统设备的工作原理、结构特点、维护要点以及常见故障和处理方法。

本书可作为冶金技术、机电一体化（冶金机械）、冶金设备应用与维护专业教材，也可作为冶金企业相关技术人员参考书。

图书在版编目（CIP）数据

炼铁设备维护/时彦林,包燕平,刘杰主编. —北京:冶金
工业出版社,2013.4(2019.1 重印)
高职高专"十二五"规划教材
ISBN 978-7-5024-6231-4

Ⅰ.①炼… Ⅱ.①时… ②包… ③刘… Ⅲ.①高炉
炼铁—炼铁设备—维修—高等职业教育—教材 Ⅳ.①TF57

中国版本图书馆 CIP 数据核字(2013)第 068076 号

出 版 人　谭学余
地　　址　北京市东城区嵩祝院北巷 39 号　邮编　100009　电话　(010)64027926
网　　址　www.cnmip.com.cn　电子信箱　yjcbs@cnmip.com.cn
策划编辑　俞跃春　责任编辑　俞跃春　美术编辑　李　新
版式设计　葛新霞　责任校对　王永欣　责任印制　牛晓波
ISBN 978-7-5024-6231-4
冶金工业出版社出版发行；各地新华书店经销；北京虎彩文化传播有限公司印刷
2013 年 4 月第 1 版，2019 年 1 月第 2 次印刷
787mm×1092mm　1/16；13.75 印张；329 千字；208 页
30.00 元
冶金工业出版社　投稿电话　(010)64027932　投稿信箱　tougao@cnmip.com.cn
冶金工业出版社营销中心　电话　(010)64044283　传真　(010)64027893
冶金书店　地址　北京市东四西大街 46 号(100010)　电话　(010)65289081(兼传真)
冶金工业出版社天猫旗舰店　yjgycbs.tmall.com
（本书如有印装质量问题，本社营销中心负责退换）

前　言

　　本书在行业专家、毕业生工作岗位调研基础上，力求紧密结合现场实践，注意学以致用，体现以岗位技能为目标的特点。在叙述和表达方式上力求深入浅出，直观易懂，使读者触类旁通。其主要讲述炼铁设备的工作原理、结构特点、维护要点以及常见故障和处理方法。

　　本书由河北工业职业技术学院时彦林、刘杰和北京科技大学包燕平担任主编，北京科技大学崔衡和河北工业职业技术学院赵宇辉、齐素慈担任副主编，参加编写的还有河北敬业集团的焦岳岗、吴文朝、李玉杰，石家庄钢铁公司李鹏飞，邯郸钢铁公司李太全，河北工业职业技术学院李秀娜、何红华、郝宏伟、王丽芬、张士宪、黄伟青。北京科技大学刘建华担任主审，刘建华教授在百忙中审阅了全书，提出了许多宝贵的意见，在此谨致谢意。

　　本书在编写过程中参考了相关书籍、资料，在此对其作者表示衷心的感谢。由于编者水平所限，书中不当之处，敬请读者批评指正。

编　者

2013 年 1 月

目　录

1 高炉炼铁生产概况

1.1 高炉炼铁生产的工艺流程及主要设备

在钢铁联合企业中，炼铁生产处于先行环节。高炉炼铁是目前获得大量生铁的主要手段。

1.1.1 高炉生产的工艺流程

高炉生产时，铁矿石、燃料（焦炭）、熔剂（石灰石等）由炉顶装入，热风从高炉下部的风口鼓入炉内。燃料中的炭素和热风中氧发生燃烧反应后，产生大量的热和还原性气体，使炉料加热和还原。铁水从铁口放出，铁矿石中的脉石和熔剂结合成炉渣从渣口排出。

要实现高炉冶炼，除了高炉本体系统外，还有与之相匹配的供料系统、上料系统、装料系统、渣铁处理系统、煤气除尘系统、送风系统和喷吹系统。

图1-1所示为高炉生产流程简图。

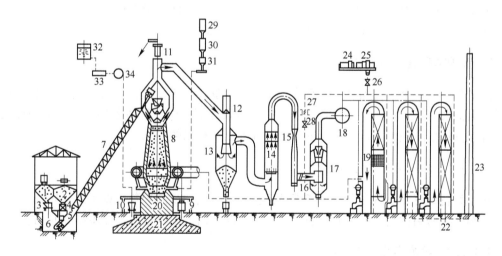

图1-1 高炉生产流程简图

1—贮矿槽；2—焦仓；3—称量车；4—焦炭筛；5—焦炭称量漏斗；6—料车；7—斜桥；8—高炉；
9—铁水罐；10—渣罐；11—放散阀；12—切断阀；13—除尘器；14—洗涤塔；15—文氏管；
16—高压调节阀组；17—灰泥捕集器（脱水器）；18—净煤气总管；19—热风炉；20—基墩；
21—基座；22—热风炉烟道；23—烟囱；24—蒸汽透平；25—鼓风机；26—放风阀；27—混风调节阀；
28—混风大闸；29—收集罐；30—贮煤罐；31—喷吹罐；32—贮油罐；33—过滤器；34—油加压泵

（1）高炉本体系统。高炉本体是冶炼生铁的主体设备，它是由耐火材料砌筑的竖立式圆筒形炉体，包括炉基、炉衬、炉壳、冷却设备、支柱及炉顶框架。其中炉基为钢筋混凝土和耐热混凝土结构，炉衬用耐火材料砌筑，其余设备均为金属构件。在高炉的下部设有风口、铁口和渣口，上部设有炉料装入口和煤气导出口。

（2）供料系统。包括贮矿槽、贮焦槽、振动筛、给料机、称量等设备，主要任务是保证连续、均衡地供应高炉冶炼所需的原料。是及时、准确、稳定地将合格原料送入高炉炉顶装料系统。

（3）上料系统。包括料车、斜桥和卷扬机（或皮带上料机）等设备。主要任务是把料仓输出的原料、燃料和熔剂经筛分、称量后按一定比例一批一批地有程序地送到高炉炉顶，并卸入炉顶装料设备。

（4）装料系统。钟式炉顶包括受料漏斗、旋转布料器、大小料钟和大小料斗等一系列设备；无料钟炉顶有料罐、密封阀与旋转溜槽等一系列设备。主要任务是将炉料装入高炉并使之合理分布，同时防止炉顶煤气外逸。

（5）渣铁处理系统。包括出铁场、开铁口机、泥炮、堵渣口机、炉前吊车、铁水罐车及水冲渣设备等。主要任务是及时处理高炉排放出的渣、铁，保证高炉生产正常进行。

（6）煤气除尘系统。包括煤气管道、重力除尘器、洗涤塔、文氏管、脱水器、布袋除尘器等设备。主要任务是回收高炉煤气，使其含尘量降至 $10\mathrm{mg/m^3}$ 以下，以满足用户对煤气质量的要求。

（7）送风系统。包括鼓风机、热风炉及一系列管道和阀门等设备。主要任务是连续可靠地供给高炉冶炼所需热风。

（8）喷吹系统。包括原煤的储存、运输、煤粉的制备、收集及煤粉喷吹等设备。主要任务是均匀稳定地向高炉喷吹大量煤粉，以煤代焦，降低焦炭消耗。

图 1-2 所示为高炉生产工艺流程和主要设备方框图。

1.1.2　高炉车间设备的要求

高炉生产是一个庞大和复杂的系统。使用的设备种类繁多，五花八门。这些设备不仅承受巨大的载荷，而且在高温、高压和多粉尘的条件下工作，设备零件易于磨损和侵蚀。为了确保高炉生产顺利进行，对高炉车间设备提出了很高的要求。

1.1.2.1　满足生产工艺的要求

衡量设备的好坏，首先看是否能满足工艺要求。例如，高炉装料设备，首先要看是否能均匀布料，密封性能如何。而且当生产工艺革新之后，设备也应随之革新和研制。

1.1.2.2　要有高度的可靠性

高炉生产线上各种机械设备必须安全可靠，而且动作灵活准确，有足够的强度、刚度和稳定性等。因为一台机器发生故障，就可能使高炉休风甚至停炉。

1.1.2.3　长寿命并易于维修

由于高炉生产连续性很强，且一代寿命很长（从开炉到大修或两次大修之间的工作日，一般为 7~8 年，个别高炉达 20 年），机械设备又处于高温、高压、多尘的环境之中，加之煤气的吹刷作用，因此要保持良好的密封，具有抗磨、抗振、耐热能力。此外，高炉设备损坏后要易于修理，在平时要易于检查和维护。

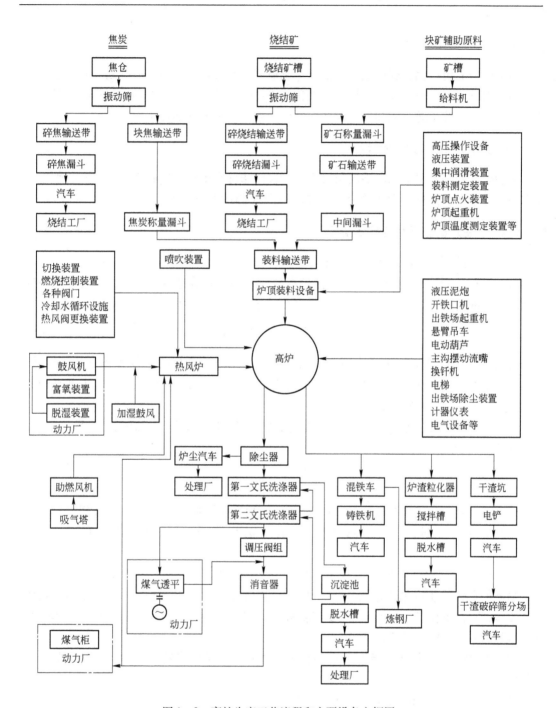

图 1-2 高炉生产工艺流程和主要设备方框图

1.1.2.4 结构简单易于实现自动化

高炉生产十分繁忙且生产环境恶劣，劳动强度大。随着高炉的大型化，对高炉生产实现自动化控制提出了迫切的要求。这对提高产量和质量，改善劳动条件和安全生产都是必不可少的。

1.1.2.5 设备要定型化和标准化

高炉设备的定型化和标准化对于设计、制造和维修管理都有很大的好处。对于已经试验成功的设备，都应该搞标准设计。标准化并不妨碍对设备进行改进和采用新的设备。标准化并不等于一劳永逸，同样要对设备不断改进或进行新的标准化工作。

1.2 高炉生产技术经济指标

高炉生产的技术水平和经济效果可用技术经济指标来衡量。这些指标不但在高炉生产操作中十分重要，而且与设备的设计、维护和管理工作也有密切的关系。

1.2.1 高炉生产的主要经济技术指标

高炉生产的主要经济技术指标如下：

（1）高炉有效容积利用系数 η_v。高炉有效容积利用系数是指 $1m^3$ 高炉有效容积一昼夜生产生铁的吨数，即高炉每昼夜产铁量（P）与高炉有效容积（V_n）的比值：

$$\eta_v = \frac{P}{V_n} \qquad t/(m^3 \cdot d) \qquad (1-1)$$

η_v 越高，说明高炉的生产率越高。高炉的利用系数与高炉的有效容积有关。目前，一般大型高炉超过 $2.0t/(m^3 \cdot d)$，一些先进高炉达到 $2.2 \sim 2.3t/(m^3 \cdot d)$。小型高炉的 η_v 更高，达到 $2.8 \sim 3.2t/(m^3 \cdot d)$。

（2）焦比 K。焦比是生产 1t 生铁所消耗的焦炭量。即高炉昼夜消耗的干焦量 Q_k 和昼夜产铁量 P 之比：

$$K = \frac{Q_k}{P} \qquad kg/t \qquad (1-2)$$

焦炭的消耗量约占生铁成本的 30% ~ 40%，欲降低生铁成本必须力求降低焦比。焦比大小与冶炼条件密切相关，一般情况下焦比为 $450 \sim 500kg/t$，喷吹煤粉可以有效降低焦比。

（3）油比、煤比。生产 1t 生铁喷吹的重油量为油比，喷吹的煤粉量为煤比。

喷吹的单位重量或单位体积的燃料所能代替的冶金焦炭量为置换比。重油的置换比为 $1 \sim 1.35kg/kg$，煤粉置换比为 $0.7 \sim 0.9kg/kg$，天然气置换比为 $0.7 \sim 0.8kg/m^3$，焦炉煤气置换比为 $0.4 \sim 0.5kg/m^3$。

（4）燃料比。燃料比是指生产 1t 生铁消耗的焦炭和喷吹煤粉的总和，这是国际上通用的概念。

特别注意燃料比和传统综合焦比的区别：

燃料比 = 焦比 + 煤比

综合焦比 = 焦比 + 煤比 × 置换比

（5）冶炼强度 I 和燃烧强度 J_A。冶炼强度是指每昼夜 $1m^3$ 高炉有效容积消耗的焦炭量，即高炉一昼夜内消耗的焦炭量 Q_k 与有效容积 V_n 的比值：

$$I = \frac{Q_k}{V_n} \qquad t/(m^3 \cdot d) \qquad (1-3)$$

冶炼强度表示高炉的作业强度。它与鼓入高炉的风量成正比。在焦比不变或增加不多的情况下，冶炼强度越高，高炉利用系数也就越高，高炉产量越大。目前国内外大型高炉的冶炼强度为 $1.05t/(m^3 \cdot d)$ 左右。

高炉利用系数、焦比和冶炼强度有如下关系：

$$\eta_v = \frac{I}{K} \qquad t/(m^3 \cdot d) \qquad (1-4)$$

燃烧强度是指 $1m^2$ 炉缸截面积每昼夜消耗的燃料重量，即高炉一昼夜内消耗的焦炭量 Q_k 与炉缸截面积 A 的比值：

$$J_A = \frac{Q_k}{A} \qquad t/(m^3 \cdot d) \qquad (1-5)$$

（6）焦炭负荷 H。焦炭负荷是每昼夜装入高炉的矿石量 P_0 和焦炭消耗量 Q_k 的比值：

$$H = \frac{P_0}{Q_k} \qquad t/t \qquad (1-6)$$

（7）冶炼周期 t。冶炼周期是炉料在高炉内停留的时间，令 t 表示冶炼周期，则计算公式为：

$$t = \frac{24V_n}{PV(1-\varepsilon)} = \frac{24}{\eta_v V(1-\varepsilon)} \qquad h \qquad (1-7)$$

式中　V_n——高炉有效容积，m^3；

P——高炉日产铁量，t；

V——每吨生铁所需炉料体积，m^3；

ε——炉料在高炉内的体积缩减系数。

由式（1-7）可知，冶炼周期与利用系数成反比。

（8）休风率。休风时间占规定作业时间（即日历时间减去按计划进行大、中修时间）的百分数称为休风率。休风率反映了设备维护和高炉操作的水平。通常 1% 的休风率至少要减产 2%。一般休风率应控制在 1% 以下。

（9）生铁成本。生产 1t 合格生铁所消耗的所有原料、燃料、材料、水电、人工等一切费用的总和，单位为元/吨。

（10）高炉一代寿命。高炉一代寿命是从点火开炉到停炉大修之间的冶炼时间。大型高炉一代寿命为 10～15 年。

判断高炉一代寿命结束的准则主要是高炉生产的经济性和安全性。如果高炉的破损程度已使生产陷入效率低、质量差、成本高、故障多、安全差的境地，就应考虑停炉大修或改建。

高炉生产总的要求是高产、优质、低耗、长寿。所谓先进的经济技术指标主要是指：合适冶炼强度、高焦炭负荷、高利用系数、低焦比、低冶炼周期、低休风率。这些指标除与冶炼操作有直接关系外，还和设备是否先进，设计、维修、管理是否合理有密切的关系。因此设备工作人员对上述各项经济技术指标，必须给予足够的重视。

1.2.2　提高高炉生产经济技术指标的途径

提高高炉生产经济技术指标的途径如下：

（1）精料。精料是高炉优质、高产、低耗的基础。精料的基本内容是提高矿石品位，稳定原料的化学成分，提高整粒度和熟料率等几个方面。稳定的化学成分对大型高炉的顺利操作有重要意义。而炉料的粒度不仅影响矿石的还原速度，而且影响料柱的透气性。具体措施是尽量采用烧结矿和入炉前最后过筛等。

（2）综合鼓风。综合鼓风包括喷吹天然气、重油、煤粉等代替焦炭，它是降低焦比的重要措施。此外还有富氧鼓风、高风温等内容。

（3）高压操作。高压操作是改善高炉冶炼过程的有效措施；它可以延长煤气在炉内的停留时间，提高产量，降低焦比，同时可以减少炉尘吹出量。

（4）计算机的控制。高炉实现计算机控制后可以使原料条件稳定和计量准确，热风炉实现最佳加热，有利于提高风温和减少热耗。从而达到提高产量，降低焦比和成本的目的。

（5）高炉大型化。采用大型高炉，经济上有利，其单位产量的投资及所需劳动力都较少。

1.3 高炉座数和容积确定

高炉炼铁车间建设高炉的座数，既要考虑尽量增大高炉容积，又要考虑企业的煤气平衡和生铁量的均衡，所以一般应根据车间规模，建设两座或三座为宜。

1.3.1 生铁产量的确定

设计任务书中规定的生铁年产量是确定高炉车间年产量的依据。

如果任务书给出多种品种生铁的年产量如炼钢铁与铸造铁，则应换算成同一品种的生铁。一般是将铸造铁乘以折算系数，换算为同一品种的炼钢铁，求出总产量。折算系数与铸造铁的硅含量有关，见表1-1。

表1-1 铸造铁折算成炼钢铁的折算系数表

铸铁代号	Z15	Z20	Z25	Z30	Z35
硅含量/%	1.25～1.75	1.75～2.25	2.25～2.75	2.75～3.25	3.25～3.75
折算系数	1.05	1.10	1.15	1.20	1.25

如果任务书给出钢锭产量，则需要做出金属平衡，确定生铁年产量。首先算出钢液消耗量，这时要考虑浇注方法、喷溅损失和短锭损失等，一般单位钢锭的钢液消耗系数为1.010～1.020，再由钢液消耗量确定生铁年产量。吨钢的铁水消耗取决于炼钢方法、炼钢炉容积大小、废钢消耗等因素，一般为1.050～1.100t，技术水平较高，炉容较大的选低值；反之，取高值。

1.3.2 高炉炼铁车间总容积的确定

计算得到的高炉炼铁车间生铁年产量除以年工作日，即得出高炉炼铁车间日产量（t）：

$$高炉车间日产量 = \frac{年产量}{年工作日}$$

高炉年工作日一般取日历时间的95%。

根据高炉炼铁车间日产量和高炉有效容积利用系数可以计算出高炉炼铁车间总容积（m³）：

$$高炉车间总容积 = \frac{日产量}{高炉有效容积利用系数}$$

高炉有效容积利用系数一般直接选定。大高炉选低值，小高炉选高值。利用系数的选择应该既先进又留有余地，保证投产后短时间内达到设计产量。如果选择过高则达不到预定的生产量，选择过低则使生产能力得不到发挥。

1.3.3　高炉座数的确定

高炉炼铁车间的总容积确定之后就可以确定高炉座数和一座高炉的容积。设计时，一个车间的高炉容积最好相同。这样有利于生产管理和设备管理。

高炉座数要从两方面考虑：一方面从投资、生产效率、管理等方面考虑，数目越少越好；另一方面从铁水供应、高炉煤气供应的角度考虑，则希望座数多些。确定高炉座数的原则应保证在1座高炉停产时，铁水和煤气的供应不致间断。近年来新建企业一般只有2～4座高炉。

1.4　高炉炼铁车间平面布置

高炉炼铁车间平面布置的合理性，关系到相邻车间和公用设施是否合理，也关系到原料和产品的运输能否正常连续进行，设施的共用性及运输线、管网线的长短，对产品成本及单位产品投资有一定影响。因此规划车间平面布置时一定要考虑周到。

1.4.1　高炉炼铁车间平面布置应遵循的原则

合理的平面布置应符合下列原则：

（1）在工艺合理、操作安全、满足生产的条件下，应尽量紧凑，并合理地共用一些设备与建筑物，以求少占土地和缩短运输线、管网线的距离。

（2）有足够的运输能力，保证原料及时入厂和产品（副产品）及时运出。

（3）车间内部铁路、道路布置要畅通。

（4）要考虑扩建的可能性，在可能条件下留一座高炉的位置。在高炉大修、扩建时施工安装作业及材料设备堆放等不得影响其他高炉正常生产。

1.4.2　高炉炼铁车间平面布置形式

高炉炼铁车间平面布置形式根据铁路线的布置可分为一列式、并列式、岛式、半岛式。

1.4.2.1　一列式布置

一列式高炉平面布置，如图1-3所示。这种布置是将高炉与热风炉布置在同一列线，出铁场也布置在高炉同一列线上成为一列，并且与车间铁路线平行。这种布置的优点是可以共用出铁场和炉前起重机、热风炉值班室和烟囱，节省投资；热风炉距高炉近，热损失少。缺点是运输能力低，在高炉数目多、产量高时，运输不方便，特别是在一座高炉检修时车间调度复杂。

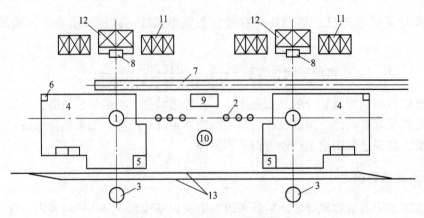

图 1-3 一列式高炉平面布置图

1—高炉；2—热风炉；3—重力除尘器；4—出铁场；5—高炉计器室；6—休息室；7—水渣沟；
8—卷扬机室；9—热风炉计器室；10—烟囱；11—贮矿槽；12—贮焦槽；13—铁水罐停放线

1.4.2.2 并列式布置

并列式高炉平面布置，如图 1-4 所示。这种布置是将高炉与热风炉分设于两列线上，出铁场布置在高炉同一列线上，车间铁路线与高炉列线平行。这种布置的优点是可以共用一些设备和建筑物，节省投资；高炉间距离近。缺点是热风炉距高炉远，热风炉靠近重力除尘器，劳动条件不好。

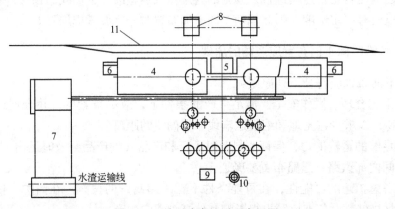

图 1-4 并列式高炉平面布置图

1—高炉；2—热风炉；3—重力除尘器；4—出铁场；5—高炉计器室；6—休息室；7—水渣沟；
8—卷扬机室；9—热风炉计器室；10—烟囱；11—铁水罐车停放线；12—洗涤塔

1.4.2.3 岛式布置

岛式高炉平面布置，如图 1-5 所示。岛式布置形式在 20 世纪 50 年代初出现于苏联，我国武钢、包钢也采用这种形式。这种布置形式的特点是每座高炉和它的出铁场、热风炉、渣铁罐停放线等自成体系，不受相邻高炉的影响。高炉、热风炉的中心线与车间的铁路干线的交角一般为 11°～13°，并设有多条清灰、炉前辅助材料专用线和辅助线，独立的渣铁罐停放线可以从两个方向配罐和调车，因此可以极大地提高运输能力和灵活性。

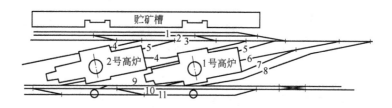

图 1-5 岛式高炉平面布置图（包钢）

1—碎焦线；2—空渣罐车走行线；3—重渣罐车走行线；4—上渣出渣线；5—下渣出渣线；
6—耐火材料线；7—出铁线；8—联络线；9—重铁水罐车走行线；
10—空铁水罐车走行线；11—煤气灰装车线

岛式布置高炉间距较大，增加占地面积，管道线延长，而且不易实现炉前冲水渣。此种布置形式适合于高炉座数较多、容积较大、渣铁运输频繁的大型高炉车间。

1.4.2.4 半岛式布置

半岛式高炉平面布置，如图 1-6 所示。半岛式布置形式在美国和日本的大型高炉车间得到了广泛的应用。我国宝钢即采用这种布置形式。

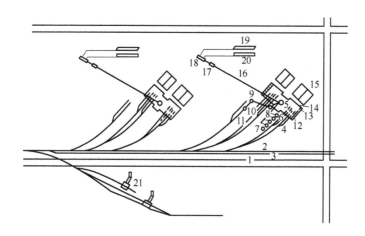

图 1-6 半岛式炼铁车间平面布置

1—公路；2，3—铁路调度线；4—铁水罐车停放线；5—高炉；6—热风炉；7—烟囱；
8—重力除尘器；9—第一文氏管；10—第二文氏管；11—卸灰线；12—炉前100t吊车；
13—小型吊车；14—水渣搅拌槽；15—干渣坑；16—上料胶带机；17—驱动室；
18—装料漏斗库；19—焦炭仓；20—矿石、辅助原料槽；21—铸铁机

半岛式布置的特点是每座高炉都设有独立的有尽头的渣铁罐停放线，高炉和热风炉的列线与车间铁路干线成一定夹角，夹角可达45°，每个出铁口均设有两条独立的停罐线，给多出铁口和多出铁场的大型高炉车间运输带来方便。具有多出铁口和多出铁场的日产万吨的高炉多采用此种布置。

思 考 题

1 - 1　高炉生产的工艺流程是什么?

1 - 2　高炉车间主要设备有哪些, 对设备有什么要求?

1 - 3　高炉生产的主要经济指标有哪些?

1 - 4　提高高炉生产经济指标的途径有哪些?

1 - 5　精料的内容有哪些?

1 - 6　怎样确定高炉座数和容积?

1 - 7　合理的高炉车间平面布置应考虑哪些原则?

1 - 8　高炉车间平面布置有哪几种形式, 各有什么特点?

2 高炉本体设备

高炉本体是炼铁的主体设备，其结构如图2-1所示。

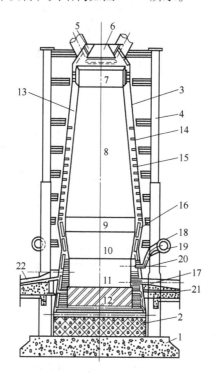

图2-1　高炉本体

1—基座；2—基墩；3—炉壳；4—支柱；5—大料斗；6—大料钟；7—炉喉；8—炉身；9—炉腰；
10—炉腹；11—炉缸；12—炉底；13—炉衬；14—冷却水箱；15—冷却板；16—镶砖冷却壁；
17—光面冷却壁；18—热风围管；19—热风弯管；20—风口；21—铁口平台；22—渣口平台

高炉本体主要包括高炉内型、高炉钢结构、高炉炉衬、高炉基础、高炉风口、渣口、铁口以及高炉冷却设备等。

高炉内型（或炉型）是由炉墙围成的内部工作空间，高炉冶炼就在该空间中进行。高炉钢结构包括炉壳、炉体支柱、炉顶框架、平台和梯子等。高炉炉衬（包括炉底）由耐火砖砌筑而成，它构成了高炉内部工作空间并防止部分热量向外散发。高炉基础由基座和基墩组成。基座用钢筋混凝土构成，它的上方基墩则用耐热混凝土，以防高温的破坏。冷却设备被埋设在炉衬和炉壳之间，以便对炉衬进行冷却。

炉壳用钢板焊接而成，以保证高炉整体强度和防止煤气泄漏。炉衬、炉壳和冷却设备共同组成了炉墙。框架由四根支柱组成，支柱之间由桁架相连，以支持工作平台。热风围管也吊于桁架之上。整个高炉坐落在炉基上。

2.1 高炉炉型

高炉是竖炉，高炉内部工作空间剖面的形状称为高炉炉型或高炉内型。

现代高炉炉型由炉缸、炉腹、炉腰、炉身和炉喉五段组成，其名称和符号如图 2 - 2 所示，其中炉缸、炉腰和炉喉呈圆筒形，炉腹呈倒锥台形，炉身呈截锥台形。

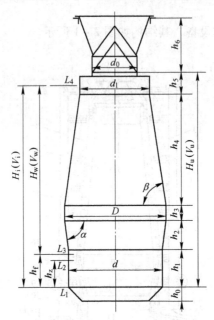

图 2 - 2   高炉内型尺寸表示法

d—炉缸直径；D—炉腰直径；d_1—炉喉直径；d_0—大钟直径；h_f—铁口中心线至风口中心线距离；

h_z—铁口中心线至渣口中心线距离；V_i—高炉内容积；V_w—高炉工作容积；V_u—高炉有效容积；H_i—高炉内高度；

H_w—高炉工作高度；H_u—高炉有效高度；h_1—炉缸高度；h_2—炉腹高度；h_3—炉腰高度；h_4—炉身高度；

h_5—炉喉高度；h_6—炉顶法兰盘至大钟下降位置底面（无钟顶旋转溜槽垂直位置底端）即零料线的高度；

h_0—死铁层高度；α—炉腹角；β—炉身角；L_1—铁口中心线；L_2—渣口中心线；L_3—风口中心线；

L_4（零料线）—大钟下降位置底面以下 1000mm（日）或 915mm（美）的水平面

（单位：直径、高度、距离均为 mm，体积均为 m³）

高炉内型要具备条件如下：

（1）能燃烧较多数量的燃料，在炉缸形成环形循环区，有利于活跃炉缸和疏松料柱，能贮存一定量的渣和铁。

（2）适应炉料下降和煤气上升的规律，减少炉料下降和煤气上升的阻力，为顺行创造条件，有效地利用煤气的热能和化学能，降低燃料消耗。

（3）易于生成保护性的渣皮，有利于延长炉衬寿命，特别是炉身下部的炉衬寿命。

我国规定料线零位定在大钟开启时的底面标高；无料钟高炉的料线零位一般定在旋转溜槽垂直状态的下端标高或炉喉高度上沿。有效高度 H_u 是从出铁口中心线到料线零位的距离，有效容积（V_u）是指有效高度 H_u 范围内炉型所包括的容积。

美国、西欧等其他一些国家或地区规定高炉料线零位是取大钟开启时底面下 915mm 处。日本高炉料线零位是取大钟开启时底面下 1000mm 处。料线零位至铁口中心线之间的容积为内容积，料线零位至风口中心线之间的容积为工作容积（V_w）。大量的统计表明 $V_w \approx 0.8 V_u$。

2.1.1 炉缸

炉缸部分用于暂时贮存铁水和熔渣，燃料在风口带进行燃烧。因而炉缸的大小与贮存渣铁的能力以及燃料燃烧的能力，也就是与生铁的生产能力有直接关系。

炉缸直径与燃料燃烧量之间的关系应考虑原料特性、炉顶压力和其他操作条件。

在炉缸的高度方向从下面起设置出铁口、出渣口和送风口。设计出铁口和出渣口的间距时要考虑至少能贮存一次出渣铁的量，并有一定空余的容积，而且还应考虑由于风口使传热变坏的影响，现在大型高炉取为 2.2 ~ 2.8m。出渣口和风口的间距根据炉渣的生成量取为 1.2 ~ 1.4m。出铁口到风口之间的容积对内容积之比取为 12% ~ 14%。从风口到炉腹下面取为 0.5 ~ 0.6m，从炉底上面到出铁口下端的间距，在开炉初期为了保护炉底砖取为 1.3 ~ 1.5m。

出铁口数目取决于每日出铁能力、出铁次数、出铁时间和铁沟修理时间等。一般出铁量在 2500t/d 以下设置一个出铁口，2500 ~ 6000t/d 设置两个出铁口，6000 ~ 10000t/d 设置三个出铁口，也有用四个出铁口的高炉，出铁口的角度一般取为 10° ~ 15°。

风口数目的确定要使送入高炉内的热风沿高炉周围方向均匀分布，每个风口有均衡的送风能力以及从构造上的限制来决定。风口直径一般取 130 ~ 160mm 左右。

出渣口数通常为 1 ~ 2 个，也有没有出渣口的高炉。

2.1.2 炉腹

从炉身和炉腰下降的炉料在炉腹内熔化，其形状做成下部直径比上部直径小。炉腹角为 80° ~ 83°，而高度为 3 ~ 4m。炉腹和炉腰都是高温带，是炉料的熔化带，因此也是耐火材料被侵蚀最激烈的部分。

2.1.3 炉腰

炉腰是高炉最大直径部分，炉腰直径由炉缸直径、炉腹角和炉腹高度所决定。（炉腰直径）^{2}/（炉缸直径）^{2} = 1.20 ~ 1.25。考虑到炉腹高度、炉身角和炉身高，炉腰高度取 3m 左右。

2.1.4 炉身

炉身角过小时，煤气多由炉墙边缘上升易损伤炉墙砖，而炉身角过大时，则增大炉料与炉墙间的摩擦力，妨碍炉料平稳下降，同时也容易损伤炉墙。一般大型高炉炉身角采用 81° ~ 83°，炉身高度一般取 16 ~ 18m。

2.1.5 炉喉

根据炉身角和炉身高度决定炉喉直径，（炉喉直径）^{2}/（炉缸直径）^{2} = 0.5 ~ 0.55，炉喉处煤气流速取 1.0m/s 左右，炉喉高度为 1.5 ~ 2.0m。

2.2 高炉钢结构

高炉的钢结构包括炉壳、炉体支柱、炉顶框架、平台和梯子等。

2.2.1　炉壳

炉壳是高炉的外壳，里面有冷却设备和炉衬，顶部有装料设备和煤气上升管，下部坐落在高炉基础上，是不等截面的圆筒体。

炉壳的主要作用是固定冷却设备、保证高炉砌砖的牢固性、承受炉内压力和起到炉体密封作用，有的还要承受炉顶荷载和起到冷却内衬作用（外部喷水冷却时）。因此，炉壳必须具有一定强度。

炉壳外形与炉衬和冷却设备配置要相适应。

炉壳厚度应与工作条件相适应，确定炉壳厚度时，要考虑炉内压力、载荷和耐火砖膨胀等条件，由于风口部位炉壳上开了许多孔，故钢板的厚度应是最厚的。我国一些高炉炉壳厚度见表2-1。

表2-1　我国一些高炉炉壳厚度

高炉容积/m³		100	255	620	620	1000	1513	2025	4063
高炉结构形式		炉缸支柱	自立式	炉缸支柱	自立式	炉体框架	炉缸支柱	炉体框架	炉体框架
高炉炉壳厚度/mm	炉底	14	16	25	28	28/32	36	36	65，铁口区90
	风口区	14	16	25	28	32	32	36	90
	炉腹	14	16	22	28	28	30	32	60
	炉腰	14	16	22	22	28	30	30	60
	托圈	16	—	30	—	—	36	—	—
	炉身下部	8	14	18	20	25	30	28	炉身由下至上依次为55，50，40，32，40
	炉顶及炉喉	14	14	25	25	25	36	32	
	炉身其他部位	8	12	18	18	20	24	24	

2.2.1.1　炉壳维护检查

（1）全面检查炉壳至少两次。高炉后期要做到每班检查，发现炉壳开裂、煤气泄漏，要标好位置，及时汇报，严重者要立即休风处理。

（2）禁积灰和结垢，尤其炉体外冷时，休风时必须处理结垢物。

（3）炉皮烧红和煤气泄漏除及时外冷外，要尽量休风灌浆处理，防止变形和开裂。

2.2.1.2　炉壳常见故障及处理

炉壳常见故障及处理方法见表2-2。

表2-2　炉壳常见故障及处理方法

常见故障	故障原因	处理方法
烧红、变形、跑煤气、烧穿	（1）维护不及时； （2）炉衬变薄或脱落，边缘煤气流过剩，衬砖砌筑或冷却壁镶砖不好，灌浆不实窜煤气。冷却强度不够，温度过高	（1）及时维护； （2）正确操作，边缘煤气流不过剩。灌浆实、冷却好

2.2.2 炉体支柱

炉体支柱形式主要取决于炉顶和炉身的荷载传递到基础的方式、炉体各部分的炉衬厚度、冷却方法等。

早期的高炉炉墙很厚，它既是耐火炉衬，又是支撑高炉及其设备的结构。随着高炉炉容扩大、冶炼强化、炉顶设备加重，高炉砌体的寿命大为缩短。为了延长高炉寿命，用钢结构来加强耐火砌体，从钢箍发展到钢壳。由于安装冷却器在炉壳上开了许多孔洞，加之从上到下炉壳的转折和不连续性，使得高炉本体承受上部载荷的能力降低，随之又增加了支柱。目前高炉炉体支柱形式主要有以下几种。

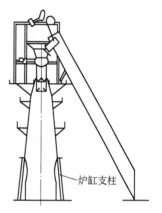

图 2-3 炉缸支柱式结构

2.2.2.1 炉缸支柱式

炉缸支柱式结构，如图 2-3 所示。

因为炉体承重和受热最突出的部分在高炉下部，根据"力"与"热"分离的原则（承重不受热、受热不承重），较早采用了炉缸支柱式结构。这种结构的载荷传递如图 2-4 所示。

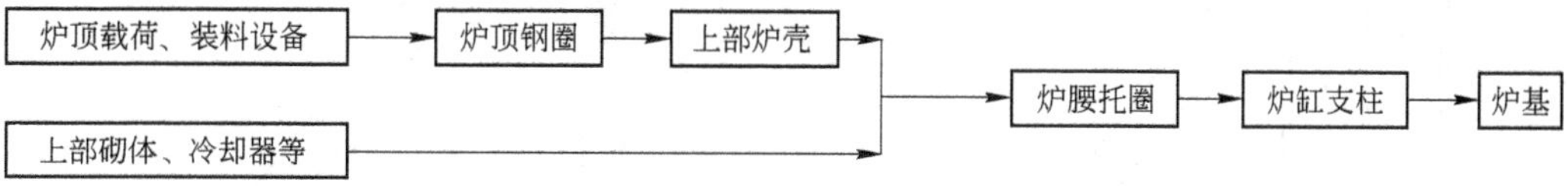

图 2-4 炉缸支柱式结构载荷传递

炉腹和炉缸的炉衬只用来承受炉内高温，不再承受上部的载荷，厚度可适当减薄。

这种结构节省钢材，降低投资但炉身炉壳易受热、受力变形，一旦失稳，更换困难，并可导致装料设备偏斜。同时炉子下部净空紧张，不利风口、渣口的更换。这种结构形式多用于中小型高炉。

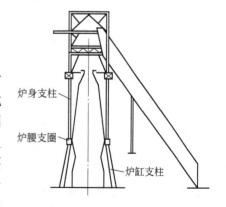

图 2-5 炉缸炉身支柱式结构

2.2.2.2 炉缸炉身支柱式

炉缸炉身支柱式结构，如图 2-5 所示。

随着高炉冶炼的不断强化，承重和受热的矛盾在高炉上部也突出了，所以出现了炉身支柱。此时，炉顶装料设备和导出管部分负荷仍由炉顶钢圈和炉壳传递至基础。而炉顶框架和大小钟等设备及导出管支座放在炉顶平台上，经炉身支柱通过炉腰支圈传给炉缸支柱以下基础。这种结构减轻了炉身炉壳的荷载，在炉衬脱落炉壳发红变形时不致使炉顶偏斜。但仍未改进下部净空的工作条件；高炉开炉后炉身上涨，被抬离炉缸支柱；炉腰支圈与炉缸、炉身支柱连接区形成一个薄弱环节容易损坏。国内 20 世纪 60 年代初建成的大型高炉常采用这种结构。

2.2.2.3　框架（或塔）式

针对炉身部分（由于炉衬上涨）被抬起，炉缸支柱与炉腰支圈分离的现象（鞍钢 3 号高炉离开 37~60mm，武钢 1 号高炉离开 37mm），加之炉容大型化，炉顶荷载增加，出现了大框架支撑炉顶的钢结构。

大框架是一个从炉基到炉顶的四方形（大跨距可用六方形）框架结构。它承担炉顶框架上的负荷和斜桥的部分荷重。装料设施和炉顶煤气导出管道的荷载仍经炉壳传到基础。按框架和炉体之间力的关系可分为两种：

（1）大框架自立式，如图 2-6 所示。框架与炉体间没有力的联系。故要求炉壳的曲线平滑，类似一个大管柱。

（2）大框架环梁式，如图 2-7 所示。框架与炉体间有力的联系。用环形梁代替原炉腰支圈，以减少炉体下部炉壳荷载。环形梁则支撑在框架上。也有的将环形梁设在炉身部位，用以支撑炉身中部以上的载荷。

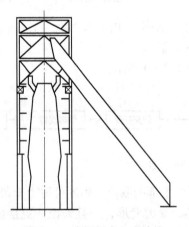

图 2-6　大框架自立式结构

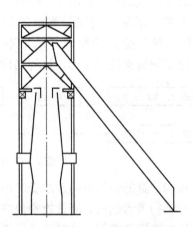

图 2-7　大框架环梁式结构

大框架式的特点：风口平台宽敞，适于多风口、多出铁场的需要，有利于炉前操作和炉缸炉底的维护；大修时易于更换炉壳及其他设备；斜桥支点可以支在框架上，与支在单面门形架上相比，稳定性增加。但缺点是钢材消耗较多。

2.2.2.4　自立式

自立式结构，如图 2-8 所示。炉顶全部载荷均由炉壳承受，并传递至基础，炉体四周平台、走梯也支撑在炉壳上。因而操作区的工作净空大，结构简单，钢材耗量少。但未贯彻分离原则，带来诸多麻烦，如炉壳更换难等等。故设计时工艺上要考虑：尽量减少炉壳的转折点并使之过渡平缓；增大炉腹以下砌体和冷却设备之间的炭素填料间隙，以保证砌体有足够的膨胀余地，防止砌体由于上涨而将炉壳顶起或使炉壳承受巨大应力；加强炉壳冷却，努力保持正常生产时

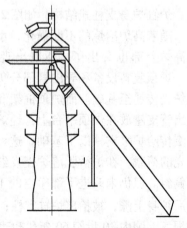

图 2-8　自立式结构

的炉壳表面温度,防止炉壳变形。

近年来,采用无钟炉顶,大大减轻了炉顶的载荷,大部分设备可安装在框架上,皮带上料系统也具有与炉体无关的独立门形支架,对金属结构的简化和稳定,都创造了良好的条件。目前,大中型高炉采用框架自立式结构较多。

2.2.3 炉顶框架

炉身支柱或大框架支柱的上部顶端一般都用横跨钢梁将支柱连接成整体,并在横跨钢梁(槽钢或丁字型钢)上面铺满花纹钢板或普通钢板作为炉顶平台。炉顶平台是炉顶最宽敞的工作平台。

炉顶框架是设置在炉顶平台上面的钢结构支承架。它主要支承受料漏斗、大小料钟平衡杆机构及安装大梁等。炉顶框架必须具有足够高的强度和刚性,以避免歪斜和因过度摇摆而引起装料设备工作失常。

炉顶框架结构形式有 A 字型和门型两种。A 字型结构简单,节省钢材。我国高炉采用门型炉顶框架的较多。门型炉顶框架由两个门型钢架和杆件构成,如图 2-9 所示。门型钢架一般为 24~40mm 厚钢板焊成或槽钢制成。拉杆由各种型钢构成,并在靠除尘器侧作成拆卸的结构,以方便吊装设备时拆卸。

2.2.4 炉体平台与走梯

高炉炉体凡是在设置有人孔、探测孔、冷却设施及机械设备的部位,均应设置工作平台,以便于检修和操作。各层工作平台之间用走梯连接。我国宝钢 1 号高炉炉体平台设置情况如图 2-10 和表 2-3 所示。

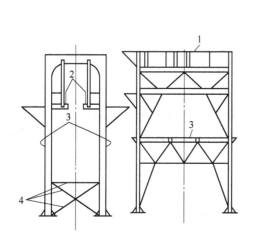

图 2-9 炉顶门型框架
1—平衡杆梁;2—安装梁;
3—受料斗梁;4—可拆卸的拉杆

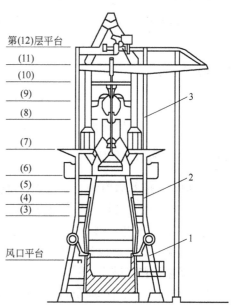

图 2-10 炉体钢结构及炉体平台
1—下部框架;2—上部框架;
3—炉顶框架;(3)~(12)—炉体平台

表 2 - 3   宝钢 1 号高炉炉体各层平台

名　　称	标高/m	主要用途	支持结构	铺板材料
第 (3) 层	27. 700	炉体周围检修用	下部框架	花纹钢板、部分筛格板
第 (4) 层	33. 200	炉体周围检修用	上部框架	花纹钢板
第 (5) 层	37. 200	安装炉身煤气取样器	上部框架	花纹钢板
第 (6) 层	41. 909	更换活动炉喉保护板	上部框架	花纹钢板
第 (7) 层	49. 700	更换炉顶装料设备	上部框架	花纹钢板
第 (8) 层	58. 700	检修密封阀	上升管	花纹钢板
第 (9) 层	64. 200	支持固定漏斗	上升管	花纹钢板
第 (10) 层	69. 700	检修胶带输送机头轮	上升管	花纹钢板
第 (11) 层	75. 200	检修炉顶起重机	炉顶框架	花纹钢板
第 (12) 层	79. 700	安装炉顶平衡杆	炉顶框架	筛格板

平台与走梯应当满足下列要求：

（1）各层工作平台宽度一般应不小于 1200mm，过道平台与走梯宽度一般为 700 ~ 800mm，栏杆高度一般为 1100mm。

（2）平台和走梯与炉壳间的净空距离应能满足冷却器配管操作的需要。工作平台的标高应满足工作操作方便的要求。

（3）走梯上下层之间应尽量错开，坡度不得过大，一般以 45°左右为宜。平台铺板及走梯踏板不得采用圆钢焊接，而应采用花纹板制作，并应设置 100mm 左右高的踢脚板，以保证安全。

2.3　高炉炉衬

高炉炉衬是用能够抵抗高温和化学侵蚀作用的耐火材料砌筑成的。炉衬的主要作用是构成工作空间，减少散热损失，以及保护金属结构件免遭热应力和化学侵蚀作用。

2.3.1　高炉炉衬破损原因

高炉炉衬一般是以陶瓷材料（黏土质和高铝质）和炭质材料（炭砖和炭捣石墨等）砌筑。炉衬的侵蚀和破坏与冶炼条件密切相关，各部位侵蚀破损机理并不相同。归纳起来，炉衬破损机理主要有以下几个方面：

（1）高温渣铁的渗透和侵蚀。

（2）高温和热震破损。

（3）炉料和煤气流的摩擦冲刷及煤气碳素沉积的破坏作用。

（4）碱金属及其他有害元素的破坏作用。

高炉炉体各部位炉衬的工作条件及炉衬本身的结构都是不相同的，即各种因素对不同部位炉衬的破坏作用，以及炉衬抵抗破坏作用的能力均不相同，因此，各部位炉衬的破损情况也各异，如图 2 - 11 所示。

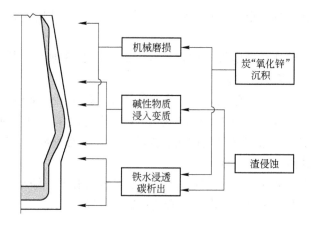

图 2 – 11　高炉炉衬的损伤结构

2.3.2　高炉用耐火材料

随着炼铁生产的发展，砌筑高炉用的耐火材料品种不断增加，质量要求也不断提高。目前高炉常用的耐火材料主要有陶瓷质材料和炭质材料两类。

2.3.2.1　陶瓷质耐火材料

陶瓷耐火材料包括有高炉常用的黏土砖、高铝砖、刚玉砖等。传统的高铝砖比黏土砖含的 Al_2O_3 多或高，其耐火度及荷重软化开始温度均比黏土砖高，其抗渣性能及抗磨性能，特别是抗磨性能更好，并随着高铝砖 Al_2O_3 含量的增加，这些性能也随之提高。

高炉的大型化、高效化及长寿化要求在高温区的陶瓷质耐火材料具有超高含量的氧化铝，新型的刚玉砖（包括棕刚玉砖、莫来石砖、铬铝硅酸盐结合制成的耐火砖等）用于高炉炉底的结构中，具有理想的保温性能、抗铁水渗透和冲刷性能，并能有效防止炭砖脆性断裂。

高炉用黏土砖和高铝砖应满足下列要求：

（1）Al_2O_3 含量要高，以保证有足够高的耐火度，使砖在高温下的工作性能强。

（2）Fe_2O_3 含量要低，主要是为限制炭黑的沉积和防止它由于同 SiO_2 生成低熔点物质而降低耐火度。

（3）荷重软化开始温度要高。因为高炉砌体是在高温和很大压力条件下工作的。

（4）重烧线收缩（也称残余收缩）要小，使砌体在高温下产生裂缝的可能性减小，避免渣、铁及其他沉积物渗入砖缝侵蚀耐火砌体。

（5）气孔率，特别是显气孔率要低，防止炭黑等沉积和增加抗磨性。

2.3.2.2　炭质耐火材料

近代高炉逐渐大型化，冶炼强度也有所提高，炉衬热负荷加重，炭质耐火材料所具有的独特性能使其逐渐成为高炉炉底和炉缸砖衬的重要部分。炭质耐火材料的特点：

（1）耐火度高。碳实际上是不熔化的物质，在 3500℃ 时升华，所以用在高炉上既不熔化，也不软化。

（2）炭质耐火材料具有很好的抗渣性。除高 FeO 渣外，即使含氟高、流动性非常好的渣也不能侵蚀它。

（3）有良好的导热性和导电性。用在炉底、炉缸以及其他有冷却器的地方，能充分发挥冷却器的效能，延长炉衬寿命。

（4）热膨胀系数小，热稳定性好，不易发生开裂，防止渣铁渗透。

（5）碳和石墨在氧化气氛中氧化成气态，400℃能被氧氧化，500℃和水汽作用，700℃开始和 CO_2 作用，均生成 CO 气体而被损坏。碳化硅在高温下也缓慢发生氧化作用。这些都是炭质耐火材料的主要缺点。

因此，改善炭砖的质量，主要是提高导热性、降低气孔率、缩小气孔直径、提高耐碱性等。操作过程中特别注意防止漏水，以避免炭砖被侵蚀。

2.3.2.3　不定型耐火材料

不定型耐火材料主要有捣打料、喷涂料、浇注料、泥浆和填料等。按成分可分为炭质不定型耐火材料和黏土质不定型耐火材料。不定型耐火材料与成型耐火材料相比，具有成形工艺简单、能耗低、整体性好、抗热震性强、耐剥落等优点，同时还可减小炉衬厚度、改善导热性等。

2.4　高炉基础

高炉基础是高炉下部的承重结构，它的作用是将高炉全部荷载均匀地传递到地基。高炉基础由埋在地下的基座部分和地面上的基墩部分组成，如图 2-12 所示。

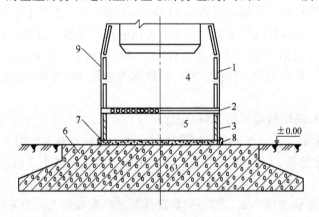

图 2-12　高炉基础

1—冷却壁；2—水冷管；3—耐火砖；4—炉底砖；5—耐热混凝土基墩；
6—钢筋混凝土基座；7—石墨粉或石英砂层；8—密封钢环；9—炉壳

2.4.1　高炉基础的负荷

高炉基础承受的荷载有静负荷、动负荷、热应力的作用，其中温度造成的热应力的作用最危险。

（1）静负荷。高炉基础承受的静负荷包括高炉内部的炉料重量、渣和铁液重量、炉体本身的砌砖重量、金属结构重量、冷却设备及冷却水重量、炉顶设备重量等，另外还有炉下建筑、斜桥、卷扬机等分布在炉身周围的设备重量。就力的作用情况来看，前者是对称的，作用在炉基上，后者则常常是不对称的，是引起力矩的因素，可能产生不均匀下沉。

（2）动负荷。生产中常有崩料、坐料等，加给炉基的动负荷是相当大的，设计时必须考虑。

（3）热应力的作用。炉缸中贮存着高温的铁液和渣液，炉基处于一定的温度下。由于高炉基础内温度分布不均匀，一般是里高外低，上高下低，这就在高炉基础内部产生了热应力。

2.4.2 高炉基础的要求

对高炉基础的要求如下：

（1）高炉基础应把高炉全部荷载均匀地传给地基，不允许发生沉陷和不均匀的沉陷。高炉基础下沉会引起高炉钢结构变形，管路破裂。不均匀下沉将引起高炉倾斜，破坏炉顶正常布料，严重时不能正常生产。

（2）具有一定的耐热能力。一般混凝土只能在150℃以下工作，250℃便有开裂，400℃时失去强度，钢筋混凝土700℃时失去强度。过去由于没有耐热混凝土基墩和炉底冷却设施，炉底破损到一定程度后，常引起基础破坏，甚至爆炸。采用水冷炉底及耐热基墩后，可以保证高炉基础很好工作。

墩断面为圆形，直径与炉底相同，高度一般为2.5~3.0m，设计时可以利用基墩高度调节铁口标高。

基座直径与荷载和地基土质有关，基座底表面积可按下式计算：

$$A = \frac{P}{KS_{允}} \qquad (2-1)$$

式中 A——基座底表面积，m^2；

$\quad\quad P$——包括基础质量在内的总荷载，MN；

$\quad\quad K$——小于1的安全系数，取值视地基土质而定；

$\quad\quad S_{允}$——地基土质允许的承压能力，MPa。

基座厚度由所承受的力矩计算，结合水文地质条件及冰冻线等综合情况确定。

高炉基础一般应建在 $S_{允} > 0.2$MPa 的土质上，如果 $S_{允}$ 过小，基础面积将过大，厚度也要增加，使得基础结构过于庞大，故对于 $S_{允} < 0.2$MPa 的地基应加以处理，视土层厚度，处理方法有夯实垫层、打桩、沉箱等。

2.5 高炉风口、渣口、铁口

2.5.1 风口装置

2.5.1.1 风口结构

用送风设备把热风从热风炉送进热风总管，热风总管通入高炉的热风围管。热风通过送风支管从风口送入炉内。这些管内都镶有耐高温的耐火砖、耐热砖或不定型的耐火材料。

　　风口装置如图 2 - 13 所示。由与热风围管相贯通的锥形管（喇叭管）、鹅颈管（进风弯管）、球面连接件（球面法兰）、弯管（三通管）、直管以及风口水套等组成。为了更换风口方便，直管能够拆卸。弯管上带有窥视孔。也可用膨胀节代替球面接触。

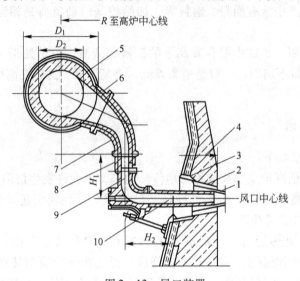

图 2 - 13　风口装置

1—小套；2—二套；3—大套；4—风口法兰；5—热风围管；
6—锥形管；7—鹅颈管；8—连接件；9—弯管；10—直管

　　风口装配如图 2 - 14 所示。风口大套与炉壳用螺栓或用焊接连接。二套、三套和风口（二套和风口有时做成两段）都用铜制成，接触面做成锥形，依次进行装配。热风与重油或焦油或煤粉等燃料能够同时由风口喷嘴喷进炉内，喷吹燃料的喷嘴装在风口上或者装在直吹管上。

　　风口大套与大套法兰盘，一般在制造厂预装调整后，配合一起刻出垂直与水平中心线四条沟痕，作为安装时的基准。

　　高炉休风时，高炉内的煤气往往倒流进热风围管或热风总管，为防止倒流，一般都装有放散阀把炉内的煤气放散到大气中去。

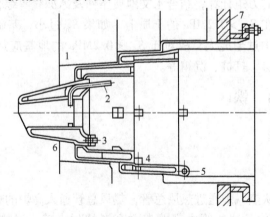

图 2 - 14　风口装配图

1—风口耐火砖；2—喷吹燃料喷嘴；3—风口小套；4—风口二套；5—风口大套；6—风口；7—炉壳

2.5.1.2 风口维护检查

风口的维护检查主要包括：

（1）至少每周检查一次热风围管：

1）风温电偶的温度、跑风情况，要求温度稳定在正常范围内、电偶管根部没有烧红跑风现象；

2）人孔跑风情况，要求法兰无烧红跑风；

3）管道的烧红跑风情况，要求管道、焊缝无开裂，管道、人孔、电偶管根部烧红跑风的故障主要由热风围管内衬砖脱落，焊缝开裂引起，应及时焊补或挖补。

（2）每班检查风口装置的鹅颈管、弯管、吹管、膨胀节等的烧红、跑风情况，要求无烧红、无跑风、无异物堵塞。

（3）炉役后期外部打水时，要安装挡水板，防止弯头联结件结垢。

（4）对于风口中、小套，更要勤检查其冷却器，保证管路无漏水、出水无气泡、流量流速适当。定期清洗工业水过滤器，风口大套、中套每年酸洗一次，清除沉积物。

2.5.1.3 风口常见故障及处理方法

风口常见故障及处理方法见表2-4。

表2-4 风口常见故障及处理方法

常见故障	故障原因	处理方法
（1）风口进风少、风口不活；	（1）热风围管内衬砖脱落或风口灌渣造成堵塞；	（1）及时维护检查；
（2）各连接球面跑风；	（2）各连接球面未清理干净或安装不合适；	（2）清理干净、正确安装；
（3）各部位烧红；	（3）各部位内衬脱落造成烧红；	（3）及时维护检查；
（4）风口中、小套烧坏、漏水、放炮、崩漏	（4）炉缸堆积、风口套老化	（4）及时维护检查、更换

2.5.2 渣口装置

渣口装置如图2-15所示，它由四个水套及其压紧固定件组成。渣口小套为青铜或紫铜铸成的空腔式水套，常压操作高炉直径为50~60mm，高压操作高炉直径为30~45mm。渣口三套也为青铜铸成的中空水套，渣口二套和渣口大套是铸有螺旋形水管的铸铁水套。

渣口大套固定在炉壳的法兰盘上，并用铁屑填料与炉缸内的冷却壁相接，保证良好的气密性。渣口和各套的水管都用和炉壳相接的挡板压紧。高压操作的高炉，内部有巨大的推力，会将渣口各套抛出，故在各套上加了用楔子固定的挡杆。

中小型高炉渣口可减为三个水套构成的。国外部分薄壁炉缸的高炉，其渣口也有由三个水套组成的。

2.5.3 铁口装置

铁口装置主要是指铁口套。铁口套的作用是保护铁口处的炉壳。铁口套一般用铸钢制成，并与炉壳铆接或焊接。考虑不使应力集中，铁口套的形状，一般做成椭圆形，或四角大圆弧半径的方形。铁口套结构，如图 2 - 16 所示。

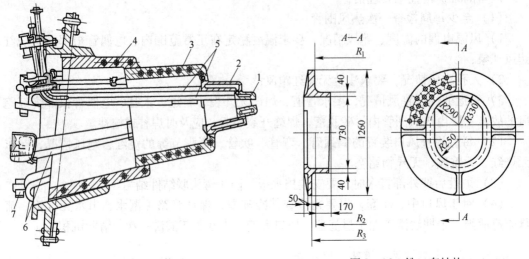

图 2 - 15　渣口装置
1—小套；2—三套；3—二套；4—大套；
5—冷却水管；6—压杆；7—楔子

图 2 - 16　铁口套结构

2.6　高炉冷却设备

　　在高炉生产过程中，由于炉内反应产生大量的热量，任何炉衬材料都难以承受这样的高温作用，必须对其炉体进行合理的冷却，同时对冷却介质进行有效的控制，以便达到有效的冷却，使之既不危及耐火材料的寿命，又不会因为冷却元件的泄漏而影响高炉的操作。

2.6.1　冷却的作用

　　冷却的作用如下：
　　（1）降低炉衬温度，使炉衬保持一定的强度，维持高炉合理工作空间，延长高炉寿命和安全生产。
　　（2）使炉衬表面形成保护性渣皮，保护炉衬并代替炉衬工作。
　　（3）保护炉壳、支柱等金属结构，使其不致在热负荷作用下遭到损坏。
　　（4）有些冷却设备可起支撑部分砖衬的作用。
　　高炉对冷却介质的一般要求是：热容大，传热系数大，成本低，易获得，储量大，便于输送。常用的冷却介质有水、空气、汽水混合物，即冷却方式有水冷、风冷、汽化冷却三种。
　　（1）最普遍的是用水，它的热容大，传热系数大，便于输送，成本低，是较理想的冷却介质。水分为普通工业净化水、软水和纯水。
　　1）普通工业净化水是天然水经过沉淀及过滤处理后，去掉了水中大部分悬浮物的水，但这种水易结水垢，冷却设备易烧坏，水量和能耗也较大。

2）软水是经过软化处理去除了水中钙、镁等离子后的水，软水硬度低、杂质少，对冷却设备的腐蚀小且结垢少。

3）纯水即脱盐水，纯水比软水指标更好，对设备的腐蚀和结垢极低，是理想的冷却介质。

（2）汽化冷却以汽和水的混合物作冷却介质，耗水量低，汽化潜热大，又能回收低压蒸汽，但对热流强度大的区域（如风口），冷却效果不佳且不易检修，故没有被大量采用。

（3）空气比水的导热性差，热容只有水的1/4，在热流强度大时冷却器易过热。所以，风冷一般用于冷却强度要求不大的部位，如炉底处。同时空气冷却有被淘汰的趋势。

2.6.2 冷却设备

由于高炉各部位的工作条件不同，热负荷不同，通过冷却达到的目的也不尽相同，故所采取的冷却设备也不同。高炉冷却设备按结构不同可分为：外部喷水冷却装置、冷却壁、插入式冷却器等炉体冷却设备，还有风口、渣口、热风阀等专用设备的冷却以及炉底冷却。

2.6.2.1 外部喷水冷却装置

此法利用环形喷水管或其他形式（见图2-17）通过炉壳冷却炉衬。

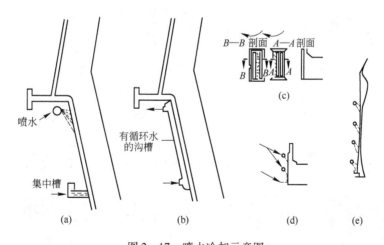

图2-17 喷水冷却示意图
（a）喷水；（b）沟槽；（c）炉缸侧墙冷却外套；（d），（e）喷水冷却

喷水管直径为50~150mm，管上有直径5~8mm的喷水孔，喷射方向朝炉壳斜上方倾斜45°~60°。为了避免水的喷溅，炉壳上安装防溅板，防溅板与炉壳间留8~10mm的缝隙，以便冷却水沿炉壳向下流入排水槽。

这种喷水冷却装置除简单易于检修，造价低廉外，对冷却水质的要求不高，但冷却不能深入。这种喷水冷却装置适用于碳质炉衬和小型高炉冷却。实际应用中，大中型高炉在炉役末期冷却器被烧坏或严重脱落时，为维持生产采用喷水冷却。

2.6.2.2　冷却壁

冷却壁是内部铸有无缝钢管的大块金属板冷却件。冷却壁安装在炉壳与炉衬之间，并用螺栓固定在炉壳上，均为密排安装。冷却壁的金属板是用来传热和保护无缝钢管的。

冷却壁一般为铸铁件，内部无缝钢管呈蛇形布置，用以通冷却介质（水或汽水混合物）。在风、渣口部位要安装异形冷却壁，以适应开孔的需要。

冷却壁结构形式，按其表面镶砖与不镶砖分为镶砖冷却壁和光面冷却壁两种。

A　镶砖冷却壁

镶砖冷却壁的特点是在金属板表面镶有耐火砖，导热效率较低，但当炉衬被侵蚀后，所镶耐火砖抗磨损能力强，并在其表面容易形成稳定的保护性渣皮，代替耐火砖衬工作。因此，镶砖冷却壁一般用于炉腹、炉腰及炉身下部，并直接与黏土砖或高铝砖炉衬相接触。

现代的冷却壁一般按照新日铁开发的形式分为四代，第三代和第四代的显著特点是：

（1）设置边角冷却水管。

（2）背部增设蛇形冷却水管。

（3）强化凸台部位冷却。

（4）冷却壁与部分或全部耐火材料实现一体化。镶砖冷却壁用的镶嵌材料，过去一般为黏土砖或高铝砖，现一般采用 SiC 砖、半石墨化 SiC 砖、铝炭砖等。四代镶砖冷却壁的结构如图 2-18 所示。

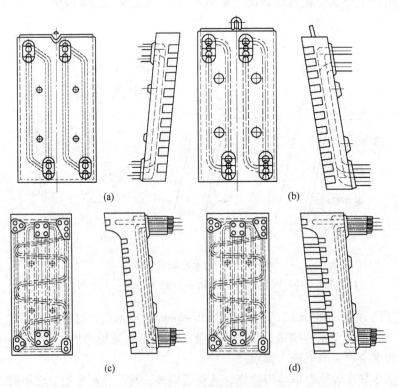

图 2-18　高炉镶砖冷却壁
(a) 第 1 代；(b) 第 2 代；(c) 第 3 代；(d) 第 4 代

B 光面冷却壁

光面冷却壁的特点是金属板表面不镶砖，导热能力较强，但抗磨损能力不如镶砖冷却壁强。光面冷却壁一般用于炉底四周和炉缸。炉腹以上采用炭质耐火砖砌筑时，也采用光面冷却壁冷却。光面冷却壁与炉衬砌体之间一般为炭素捣打料层。光面冷却壁的结构如图2-19所示。

过去冷却壁本体一般都采用普通灰口铸铁，为了提高寿命改为含Cr耐热铸铁，进而发展为球墨铸铁和铜质的。使用铜冷却壁的优点非常明显，其壁体温度比球墨铸铁的壁体温度低，温度波动也小；形成的渣皮更稳定，热损失大幅度降低；壁体温度更低也使得渣皮脱落后重建的时间更短；安装铜冷却壁部位的热流强度降低明显。铜冷却壁的结构如图2-20所示。

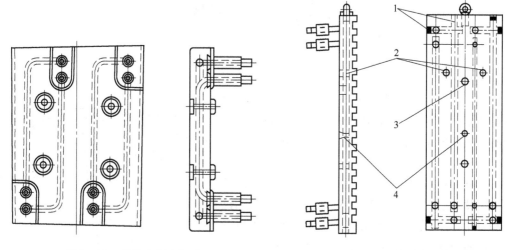

图2-19 高炉光面冷却壁　　　　图2-20 铜冷却壁结构
1—铜塞子；2—螺栓孔；3—销钉孔；4—热电偶位置

冷却壁与其他形式冷却器比较具有的优点是：炉壳不需开设大孔，炉壳密封性好，不会损坏炉壳强度，采取紧密布置，冷却均匀，炉衬内壁光滑平整，有利于炉料顺利下降；镶砖冷却壁表面能形成保护性渣皮，使高炉工作年限延长。其主要缺点是：冷却深度不如冷却板和支梁式水箱大，烧毁后拆换困难，普通冷却壁没有支撑上部炉衬砖的能力，并且容易断裂。

2.6.2.3　插入式冷却器

此类冷却器有支梁式水箱、扁水箱、冷却板等，均埋设在砖衬内，冷却深度较深，但为点冷却，炉役后期，内衬工作面凹凸不平，不利于炉料下降，炉壳开孔多对炉壳强度和密封也带来不利影响。

A 支梁式水箱

支梁式水箱为铸有无缝钢管的楔形冷却器，如图2-21所示。它有支撑上部砖衬的作用，并可维持较厚的砖衬，水箱本身有与炉壳固定的法兰圈，所以密封性好，同时重量较轻，便于更换。由于冷却强度不大，且受形状限制，密排困难，故多安装在炉身中部用以

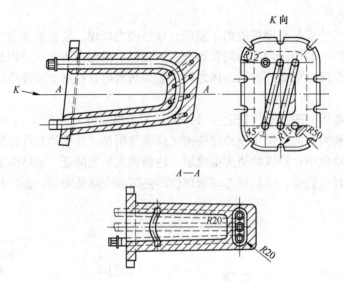

图 2 – 21　支梁式冷却水箱

托砖，常为 2 ~ 3 层，呈棋盘式布置。上下两层间距多为 600 ~ 800mm，同一层相邻两块之间一般间距 1300 ~ 1700mm，其断面距炉衬工作表面 230 ~ 345mm。

　　B　扁水箱

　　扁水箱由铸铁铸成，内铸有无缝钢管如图 2 – 22 所示。一般用于炉身和炉腰。亦呈棋盘式布置，有密排式和一般式，后者上下层间距约为 500 ~ 900mm，同一层相邻两块间隔不应超过 150 ~ 500mm。其端部距内衬工作表面一般为 230 ~ 345mm。

　　C　冷却板

　　冷却板分为铸铜冷却板、铸铁冷却板、埋入式冷却板等。铸铜冷却板在局部需要加强冷却时采用，铸铁冷却板在需要保护炉腰托圈时采用，埋入式铸铁冷却板是在需要起支承内衬作用的部位采用。各种形式的冷却板如图 2 – 23 所示。

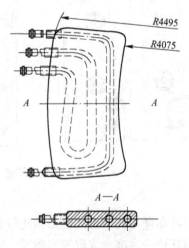

图 2 – 22　铸铁扁水箱

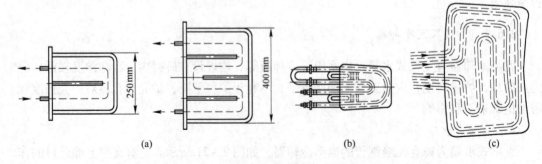

图 2 – 23　冷却板
（a）铸铜冷却板；（b）埋入式冷却板；（c）铸铁冷却板

冷却板安装时埋设在砖衬内，其前面端部距高炉衬的工作表面砖厚一般为230～345mm，切口一块砖长厚。冷却板使用部位，通常用于厚壁炉腰、炉腰托圈及厚壁炉身中下部砖衬的冷却。也有的高炉，炉腹至炉身均采用密集式铜冷却板冷却。

采用冷却板冷却的主要优点是：冷却能深入砖衬内，冷却深度、冷却强度均大，拆换方便，易于维护。其缺点是：为点式布置，冷却不均匀，容易造成侵蚀后的炉墙内表面不平整（冷却板裸露），影响炉料顺利下降。随着炉衬耐火材料质量的提高，炉墙厚度逐渐减薄，冷却板的使用在国内大中型高炉上已逐步在减少。只是有的大型高炉在冷却壁的凸台上面安装一层冷却板作为辅助冷却装置。

2.6.2.4 炉底冷却装置

采用炭砖炉底的高炉，炉底一般都应设置冷却装置，予以冷却。炉底冷却的目的是防止高炉炉基过热破坏及由于热应力造成的基墩开裂破坏。综合炉底结构同时采用炉底冷却，能大大地改善炉底砖衬的散热效果，提高炉底寿命。炉底冷却装置是在炉底耐火砖砌体底面与基墩表面之间安装通风或通水的无缝钢管。炉底砌筑前将炉底冷却用的无缝钢管埋在碳捣层中。冷却管直径一般为ϕ146mm，壁厚为8～14mm。冷却管安装布置的原则是炉底中央排列较密，越往边沿排列逐步变稀。炉底风冷管布置，如图2-24所示。

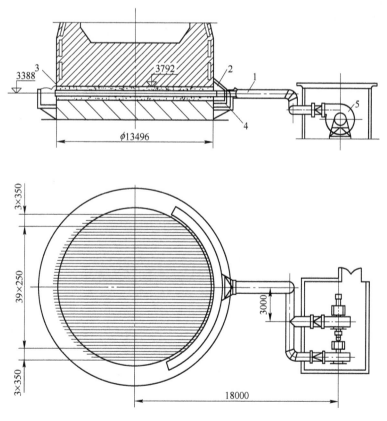

图2-24 2000m³高炉炉底风冷管布置图

1—进风管；2—进风箱；3—防尘板；4—风冷管；5—鼓风机

　　水冷炉底和风冷炉底的冷却管管径、布置方式及碳捣层等基本相同，只是冷却介质不同。

　　风冷炉底的通风方式，有自然通风和强制通风两种。自然通风不需要通风机等设备，但冷却强度不如强制通风的大。一般中型高炉炉底采取自然通风冷却的较普遍，大型高炉炉底则采取强制通风冷却。

　　水冷炉底的供水方式也有两种：一种是炉底冷却水管与供水总管接通，靠炉体给水总管供水；另一种是利用炉缸的冷却排水管供水，以节约冷却水。

思　考　题

2-1　高炉炉型由哪几部分组成？

2-2　高炉钢结构由哪几部分组成？

2-3　高炉炉壳常见故障有哪些，原因是什么？

2-4　炉体支柱有几种形式，各有何特点？

2-5　高炉炉衬破损原因有哪些，高炉用耐火材料有几种？

2-6　高炉基础承受哪些负荷？

2-7　高炉风口结构如何？

2-8　冷却壁有几种，各有何特点？

3 供料设备

3.1 供料系统基本概念

在高炉生产中，料仓（又称料槽）上下所有的设备称为供料设备。供料设备由原料的输送、给料、排料、筛分、称量等设备组成。它的基本职能是按照冶炼工艺要求，将各种原、燃料按重量配成一定料批，按规定程序给高炉上料机供料。

3.1.1 对供料系统的要求

（1）适应多品种的要求，生产率要高，能满足高炉生产日益增长所需的矿石和焦炭的数量。

（2）在运输过程中，对原料的破碎要少；在组成料批时，对供应原料要进行最后过筛。

（3）设备力求简单、耐磨、便于操作和检修，使用寿命长。

（4）原料称量准确，维持装料的稳定，这是操作稳定的一个重要因素。用电子秤称量时，其误差应小于5‰。

（5）各转运环节和落料点都有灰尘产生，应有通风除尘设备。

3.1.2 供料系统的形式和布置

目前我国高炉供料系统有以下三种形式。

3.1.2.1 称量车、料车式上料

我国过去建的高炉，一般采取称量车称量及运输，通过料车和斜桥将炉料运到炉顶。这种炉后供料系统的布置，一般是贮矿槽列线与斜桥垂直，两个贮焦槽紧靠斜桥两侧。当矿石品种单一，贮矿槽容积较大，槽数较少时，贮矿槽可成单排布置，当矿石品种复杂，贮矿槽容积小而个数较多时，可成双排布置，以缩短供料线长度，减短运输距离，如图3-1所示。

3.1.2.2 称量漏斗、料车式上料

采用称量漏斗称量，槽下运料采用胶带运输机。这种供料方式将称量和运输分开，设备职能单一，可以简化设备构造，增强使用的可靠性，并为提高生产能力和实现自动化操作创造了条件，如图3-2所示。

采用这种供料系统时，设置两个容积比较大的主焦仓和主矿仓以及一些容积比较小的备用焦仓和备用矿仓。在料车坑两侧分别设置矿石称量漏斗和焦炭称量漏斗，在杂矿仓出口处设置杂矿及熔剂称量漏斗。焦炭和矿石称量漏斗中的料，靠落差向料车供料，而杂矿

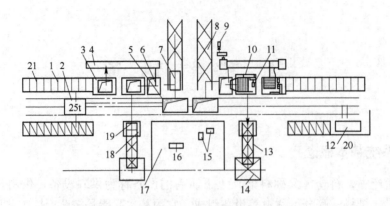

图 3 - 1　称量车运料系统布置示意图

1—贮矿槽；2—称量车；3—焦炭仓；4—焦炭运输胶带；5—矿石中间漏斗；6—焦炭称量漏斗；

7—料车；8—斜桥；9—焦炭运输带电机；10—滚子筛；11—滚子筛电机；12—称量车修理库；

13—碎焦斜桥；14—碎焦仓；15—焦炭秤头；16—指示盘；17—操作室；18—料车坑；

19—碎焦车；20—称量车引渡机；21—贮矿槽

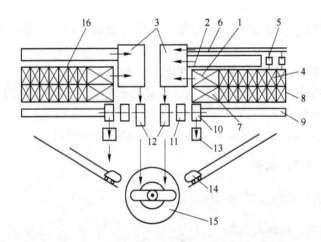

图 3 - 2　槽下称量与运输分开的供料方式

1—主矿仓；2—链带运输机；3—矿石称量漏斗；4—杂矿仓；5—杂矿称量漏斗；

6—杂矿运输皮带机；7—主焦仓；8—备用焦仓；9—焦炭胶带运输机；10—焦炭筛；

11—焦炭称量漏斗；12—料车；13—焦末仓；14—焦末料车；15—高炉；16—备用矿仓

称量漏斗中的料靠胶带运输机向料车供料，主焦炭仓和主矿石仓的料可以直接放入其称量漏斗，其余焦、矿仓的料则靠胶带运输机或链板机（热烧结矿）运入其称量漏斗。

这种设置集中称量漏斗的供料方式，适合于矿石品种比较单一的高炉，不适于矿石品种复杂的高炉。矿石品种复杂时，可以采取分散称量，即在每个矿仓下设置独立的称量漏斗，或者采取分散称量与集中称量相结合设置称量漏斗的方式。

3.1.2.3　称量漏斗、皮带机上料

高炉容积的大型化，要求提高炉后供料能力，为此，国内外大型高炉采用皮带运输机供料的已越来越多。我国宝钢 1 号高炉采用皮带机供料系统，如图 3 - 3 所示。

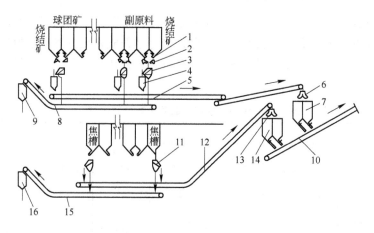

图 3-3 皮带运输机供料系统示意图

1—闸门；2—电动机振动给料机；3—烧结矿振动筛；4—称量漏斗；5—矿石皮带输送机；
6—矿石转换溜槽；7—矿石中间料斗；8—粉矿皮带输送机；9—粉矿料斗；10—上料皮带输送机；
11—焦炭振动筛；12—块焦皮带输送机；13—焦炭转换溜槽；14—焦炭中间称量漏斗；
15—粉焦皮带输送机；16—粉焦料斗

采用皮带运输机供料的供料系统，一般矿石采取分散称量，分别设置矿石称量漏斗和矿石中间料斗，将料卸入到上料皮带输送机的皮带上；焦炭靠设置在上料皮带运输机上的集中称量漏斗称量后，借助于自身的落差卸入到上料皮带输送机上，熔剂和杂矿设置一个称量漏斗，靠落差卸入到上料皮带输送机的皮带上输送。

在设计供料系统时，应当注意考虑槽下筛分。目前高炉的槽下筛分，除杂矿和熔剂可以不设置槽下筛分外，一般生矿和烧结矿在每个料仓下面都单独设置振动筛，在每个焦炭仓下也单独设置振动筛或焦炭辊子筛，进行槽下筛分。炉后采取分散筛分和称量，不仅使其职能分开，给检修和维护带来方便，而且使筛分和称量的设备小型化，制造、运输方便。

3.2 贮矿槽、贮焦槽及给料机

3.2.1 贮矿槽与贮焦槽

贮矿槽和贮焦槽位于高炉一侧，它起原料的贮存作用，解决高炉连续上料和车间间断供料的矛盾，当贮矿槽与贮焦槽之前的供料系统设备检修或因事故造成短期间断供料时，可依靠槽内的存量，维持高炉生产。由于贮矿槽和贮焦槽都是高架式的，可以利用原料的自重下滑进入下一工序，有利于实现配料等作业的机械化和自动化。

贮矿槽的容积及个数主要取决于高炉的有效容积、矿石品种及需要贮存的时间。贮矿槽可以成单列设置，也可以成双列设置。双列设置时，槽下运输显得比较拥挤，工作条件较差，检修设备不方便。贮矿槽的数目在有条件时，应尽量减少。单个贮矿槽的容积，一般小高炉为 $50 \sim 100 m^3$，大中型高炉为 $100 m^3$ 以上。贮矿槽的总容积相当于高炉有效容积的倍数，一般小型高炉为高炉有效容积的 3.0 倍以上，中型高炉为 2.5 倍左右，大型高炉为 $1.6 \sim 2.0$ 倍，可以满足高炉 $12 \sim 24 h$ 的矿石消耗量。

贮焦槽的数目与高炉的上料方式有关。当采用称量车称量、料车式上料时，一般只在料车坑两侧各设置一个贮焦槽；当炉后采用称量漏斗称量、皮带输送机供料时，贮焦槽个数可以多些，并不一定都要设置在料车坑两侧，也可单独成列设置。贮焦槽的总容积根据高炉有效容积而定。贮焦槽总容积一般为高炉有效容积的0.53~1.5倍。我国某些高炉的贮矿槽、贮焦槽的容积与个数见表3-1。

表 3 - 1　　我国某些高炉的贮矿槽及贮焦槽

高炉有效容积 /m³	矿　槽				焦　槽			
	一个矿槽容积 /m³	一座高炉矿槽数 /个	总容积 /m³	为高炉容积的倍数	一个焦槽容积 /m³	一座高炉焦槽数 /个	总容积 /m³	为高炉容积的倍数
4063	560 × 6 140 × 6 170 × 2 60 × 2	16	4696	1.16	450	6	2700	0.66
2025			2664	1.32	170 × 2 102 × 12	14	1564	0.78
1513	75	37	2775	1.83	400	2	800	0.53
1436	75	38	2850	1.96	400	2	800	0.56
1385	75	38	2850	2.06	400	2	800	0.58
1053	75	30	2250	2.13	400	2	800	0.76
620	105	110	1155	1.87	192	2	384	0.62
300	42.5	16	680	2.26	97	2	194	0.64

贮矿槽和贮焦槽，一般采用钢筋混凝土结构，近年也有采用钢板壳体结构的。贮焦槽和贮矿槽内壁均衬以耐磨铸铁板、钢轨、铁屑混凝土块、耐火砖和其他抗磨材料。

3.2.2　给料机

为控制物料从料槽中排出，并调节料流量，必须在料仓排料口安装给料机。由于它是利用炉料自然堆角自锁，所以关闭可靠。当自然堆角被破坏时，物料借自重落到给料机上，然后又靠给料机运动，迫使炉料向外排出。故它能均匀、稳定而连续地给料，从而也保证了称量精度。因此，它被广泛应用于现代高炉生产中。

给料机有链板式给料机、往复式给料机和振动式给料机三种。现常用的是振动式给料机。振动式给料机有电磁式和电机式两种形式。

3.2.2.1　电磁式振动给料机

电磁振动给料机我国已有定型设计。电磁振动给料机由给料槽1、激振器壳体6、减振器7等三部分组成，其结构如图3-4所示。通过弹簧减振器7把给料机整体吊挂在料仓的出口处。激振器壳体6与给料槽槽体1之间通过弹簧组4连接。

激振器的工作原理是：交流电源经过单相半波整流，当线圈接通后，在正半周电磁线圈有电流通过，衔铁和铁芯之间便产生一脉冲电磁力相互吸引。这时槽体向后运动，激振器的主弹簧发生变形，储存了一定的势能。在后半周线圈中无电流通过，电磁力消失，在弹簧的作用下，衔铁和铁芯朝相反方向离开，槽体向前运动。这样，电磁振动给料机就以 3000 次/min 的频率往复振动。

电磁振动给料器最大生产能力可达 400～600t/h。生产能力和以下因素有关：

（1）与槽体前方倾角有关。调节给料器槽体的角度，角度越大给料量越大。一般从 0° 加至 10°，给料能力提高 40%，但加至 15° 时，虽然给料能力提高 100%，但对溜槽磨损增加了，一般不宜大于 12°，多取 10°。

（2）与料层厚度有关。调节料仓放料闸口或上部排料口与溜槽的间距，以调节槽体中料层的厚度。

（3）与电磁线圈中电流有关。在生产中可以控制电磁线圈中电流大小，均匀而连续地调节给料量，因为给料量是随振幅而发生变化的。因此通过电磁线圈中电流变化而使其振幅发生变化。

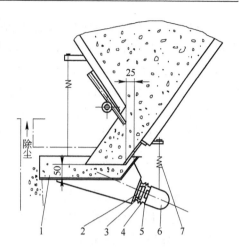

图 3-4　电磁振动给料机结构示意图
1—给料槽；2—连接叉；3—衔铁；
4—弹簧组；5—铁芯；6—激振器壳体；
7—减振器

电磁振动给料器有以下一些特点：

（1）给料均匀，与电子称量装置连锁控制，实现给料量自动控制。

（2）由于物料前进呈跳跃式，料槽磨损很小。

（3）由于设备没有回转运动的零件，故不需要润滑，维护比较简单，设备质量小。

（4）能够输送小于 300℃ 的炽热物料。

（5）不宜用于黏性过大的矿石或散装料。

（6）噪声大、电磁铁易发热、弹簧寿命短。

3.2.2.2　电机式振动给料机

电机式振动给料机由槽体 1、激振器 2 和减振器 3 三部分组成，其结构如图 3-5 所示。

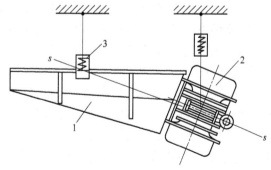

图 3-5　电机式振动给料机
1—槽体；2—激振器；3—减振器

电机式振动给料机由成对电动机组成激振器和槽体是用螺丝固接在一起的。振动电机可安装在槽体的端部，也可安装在槽体的两侧。振动电机的每轴端装有偏心质量，二轴作反向回转，偏心质量在转动时就构成了振动的激振源，驱动槽体产生往复振动。两振动电机一般无机械联系，靠运转中自同步产生沿 s—s 方向的往复运动。

电机式振动给料机的优点：更换激振器方便，振动方向角容易调整，特别是激励可根据振幅需要进行无级调整。

3.2.2.3　给料机维护检查

(1) 各紧固件紧固是否完好无松动，弹簧是否有移动、错位。

(2) 箱体料斗不磨碰周围物体、箱体无开裂变形，磨损是否严重。

(3) 除尘密封装置完好。

(4) 给料是否均匀、顺畅。及时调整振动角度，以利于下料。

(5) 给料机吊挂的磨损量要小于 50%；给料槽无严重磨损和漏料；振动电极底座固定牢固、无位移。

3.2.2.4　给料机常见故障及处理方法

给料机常见故障及处理方法见表 3 - 2。

表 3 - 2　给料机常见故障及处理方法

常 见 故 障	故 障 原 因	处 理 方 法
吊挂严重磨损、脱落	吊挂磨损	更换吊挂
机体严重磨损、漏料	机体磨损	更换衬板
电机底座紧固装置松动	螺栓失效	更换螺栓

3.3　槽下筛分、称量、运输

3.3.1　槽下筛分

"吃" 精料是高炉实现高产、优质、低耗的物质基础。精料的重要措施之一就是整粒，因而烧结矿、焦炭在入炉之前普遍进行筛分，保证入炉粒度，改善炉内料柱通气性。

目前常用的筛子类型有辊筛和振动筛。辊筛过去常用于槽下筛分焦炭，由于辊筛结构复杂、消耗电能多、破损率大，在新建高炉上已不再使用。

振动筛种类较多，如图 3 - 6 所示。

据筛体在工作中的运动轨迹来分，可分为平面圆运动和定向直线运动两种。属于平面圆运动的有半振动筛（a）、惯性振动筛（b）和自定中心振动筛（c）；属于定向直线运动的有双轴惯性筛（d）、共振筛（e）和电磁振动筛（f）。

从结构运动分析来看，自定中心振动筛（c）较为理想，它的转轴是偏心的，平衡重与偏心轴是对应的，在振动时，皮带轮的空间位置基本不变，它只作单一的旋转运动，皮带不会时紧时松而疲劳断裂。其缺点是筛箱运动没有给物料向前运动的推力，要依靠筛箱的倾斜角度使物料向前运动。为此出现定向直线振动的双轴惯性筛（d）、共振筛（e）和

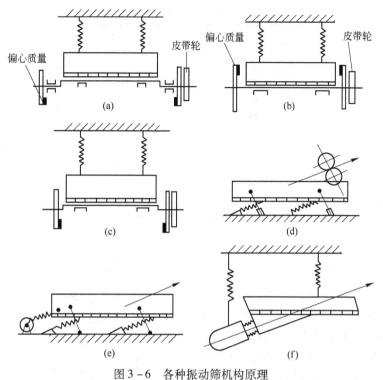

图 3-6　各种振动筛机构原理
（a）半振动筛；（b）惯性振动筛；（c）自定中心振动筛；
（d）双轴惯性筛；（e）共振筛；（f）电磁振动筛

电磁振动筛（f）。

惯性振动筛取消了固定的轴承，利用固定在传动轴两端的偏心质量振动，因此当皮带轮旋转中心与筛子一起运动时，皮带张力不稳定，时松时紧，甚至会脱落。

概率筛是一种多层筛分机械，利用颗粒通过筛孔的概率差异来完成筛分。筛箱上通常安置 3~6 层筛板，筛板从上到下的倾角逐渐递增，而筛孔尺寸逐层递减。概率筛的主要特点是多层筛面、大筛孔和大倾角。这种大筛孔、大倾角的筛面大大减小了物料在筛孔中堵塞的可能性，使物料能迅速透筛，从而提高了筛分机的分离效率和单位面积的处理能力。目前多用于筛分烧结矿、生矿和焦炭等物料。由于它体积小，可以分别安装在每个贮矿槽的下面。

首钢采用共振式概率筛，结构如图 3-7 所示，主要技术性能如表 3-3 所示。共振式概率筛优点是单位面积处理物料量大，筛分效率高；体积小，给料和筛分设备合在一起，不需要另加给料机，由于设计了给料段，不用闸门开闭进行给料和停料，操作简单可靠，便于自动化；烧结矿筛和焦炭筛结构相同，互换性好，采用全密闭结构防尘性能好；采用耐磨橡胶筛网噪声小。

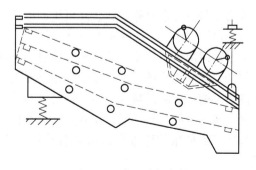

图 3-7　共振式概率筛

表 3 – 3　概率筛主要技术性能

项　目	每层筛板工作面积/m²	孔径/mm	
		焦　炭	烧结矿
一层	1.25	50	25
二层	1.40	35	12
三层	1.40	25	5
生产能力/t·h⁻¹		80 ~ 120	200 ~ 270
筛分效率/%		80 ~ 90	80 ~ 90
入炉粒度/mm		0 ~ 80	
电动机功率/kW		3.0	

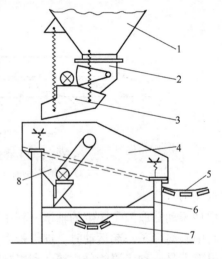

武钢采用自定中心振动筛，如图 3 – 8 所示。振动使筛面和筛体的任何部分都进行着圆周运动，筛面倾斜角度多为 15° ~ 20°。在振动筛上加可调式振动给料机后，烧结矿过筛，先经过漏斗闸门，自流到振动给料机上形成小于 40° 的休止角。筛分时由电气控制先启动振动筛，后启动振动给料机，烧结矿则从给料机均匀地卸到已经启动的振动筛上。通过调整振动给料机的安装角度以改变卸料流量，从而控制筛上料层厚度。在保证上料速度的前提下，把料层控制在最薄的程度，将会显著提高筛分效率。武钢 1 号高炉烧结矿的粒度分析，改造前小于 15mm 的为 11% 左右，改造后降到 8% 左右。

图 3 – 8　自定中心振动筛

1—料仓；2—料斗闸门；3—振动给料器；
4—自定中心振动筛；5—上料皮带；
6—振动筛支架；7—返矿皮带；8—返矿漏斗

3.3.2　槽下称量

槽下称量设备主要有称量车和称量漏斗。

3.3.2.1　称量车

称量车是一种带有称量和装卸机构的电动运输车辆。称量车主要由称量斗及其操纵机构、行走机构、车架、操作室及开闭矿槽闸门机构等几部分组成。

称量车适用于高炉原料品种较多或热烧结矿和球团矿的供料。由于称量车称料量小、结构复杂、维修工作量大、人工操作条件差及实现机械化自动化操作较为困难等，一般新建的高炉，槽下供料已很少采用。但是，有的厂对称量车进行了技术改造，采用遥控和程序控制，实现了称量车的机械化和自动化操作，也取得了较好的生产效果。

国内高炉采用的称量车按最大载重量分为 2.5t、5t、10t、24t、25t、30t 和 40t 几种类型。

高炉采用的称量车容量，一般根据炉容确定。

3.3.2.2 称量漏斗

称量漏斗可以用来称量烧结矿、生矿、球团矿和焦炭等。焦炭称量漏斗一般安装在料车坑内或贮焦槽下面，用来称量经过槽下筛分后的焦炭，然后将焦炭卸入料车或上料胶带输送机，运往高炉炉顶。

称量漏斗按其传感原理的不同，分为机械式称量漏斗和电子式称量漏斗。机械式称量漏斗又称杠杆式称量漏斗。

A 杠杆式称量漏斗

如图 3-9 所示，杠杆式称量漏斗由以下三部分组成：

（1）漏斗本体。由钢板焊接而成，经称量支架支撑在称量底座上。

（2）称量机构。称量底座的承重是经刀口杠杆和传力杠杆，与称量杠杆系统相连接，由秤头显示重量。

（3）漏斗闸门启闭机构。在漏斗的卸料嘴处装有闸板，闸板经卷筒钢绳牵引，在导槽内上下移动。闸门的开启可用液压传动。

杠杆式称量漏斗存在刀刃口磨损变钝后，称量精度降低的缺点。而且杠杆系统比较复杂，整个尺寸比较大。所以目前国内外高炉的炉后称量广泛采用电子式称量漏斗来代替杠杆式称量漏斗。

B 电子式称量漏斗

如图 3-10 所示，电子式称量漏斗由传感器 1、固定支座 2、称量漏斗本体 3 及启闭闸门组成。三个互成 120°的传感器 1 设置在漏斗外侧突圈与固定支座之间，构成稳定的受力平面。料重通过传力滚珠 4 及传力杆 5 作用在传感器上。

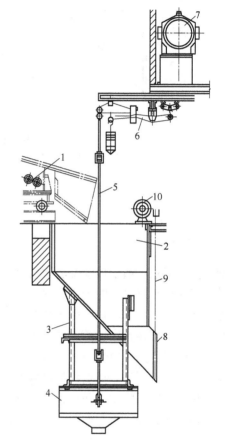

图 3-9 杠杆式称量漏斗
1—筛分机；2—漏斗本体；3—称量支架；
4—称量底座；5—传力拉杆；6—传力杠杆系统；
7—秤头；8—漏斗启闭闸板；9—驱动闸板的钢绳；
10—电动驱动装置

其原理是漏斗受载后，传感元件受压变形，贴在传感元件上的电阻应变片也随之产生相应变形，因此改变了应变片的电阻值，使得原先的电桥失去平衡，从而输出一个微小的电压信号，然后将这个信号经仪表放大，这样就把机械量的变化转换为一个电参量的变化，然后将电参量的变化进行标定以后，从仪表上就可反映出被称量的数值来。

电子式称量漏斗体积小、重量轻、结构简单、装拆方便，而且不存在刀口的磨损和变钝，其计量精度高，一般误差不超过 5/1000。

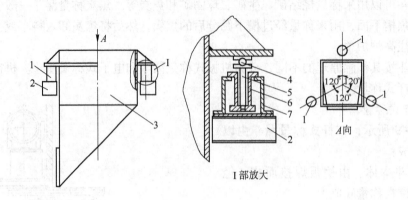

图 3 – 10　电子式称量漏斗
1—传感器；2—固定支座；3—称量漏斗；4—传力滚珠；
5—传力杆；6—传感元件；7—保护罩

3.3.3　槽下运输

槽下供料运输普遍采用胶带运输机供料。胶带运输机供料与称量漏斗称量相配合，是高炉槽下实现自动化操作的最佳方案。

对于双料车上料的高炉，由于料槽分别设置在料车坑的两侧，如果原料品种较单一，在一般情况下，可在料车坑两侧各设置一条胶带机供料，称量漏斗可以在料车坑两侧集中设置或分散设置。如果原料中某种原料较多，如烧结矿，可单独为该种原料设置一条胶带机供料，其他矿石则另外设置胶带机供料。

槽下筛除的筛下物矿粉和焦粉应分别设置胶带机运出车间，或者在矿槽附近分别设置矿末料仓和焦末料仓，暂时贮存，然后用胶带机或汽车等运输机械运出车间。

3.4　料车坑

采用斜桥料车上料的高炉均在斜桥下端设有料车坑。

在料车坑内通常安装有：称量焦炭、矿石用的称量漏斗或中间漏斗、料车、碎焦仓及其自动闭锁器、碎焦卷扬机，还有排除坑内积水的污水泵等。在布置时要特别注意各设备之间的相互关系，保证料车和碎焦料车运行时必要的净空尺寸，图 3 – 11 是 1000 m³ 高炉料车坑的侧面图。

料车坑四壁为钢筋混凝土墙体，地下水位高的地区，料坑壁应设防水层，料车坑底面应有 1% ~ 3% 的排水坡度，把水集中到坑的一角，由污水泵排出。

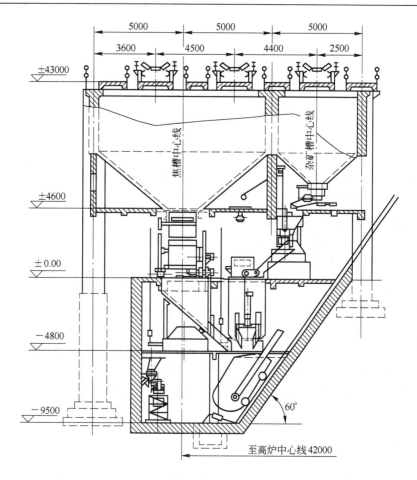

图 3-11　1000m³ 高炉料车坑剖面图

思 考 题

3-1　现代高炉对供料系统有哪些要求?

3-2　高炉供料的形式有几种?

3-3　贮矿槽作用有哪些,对贮矿槽应注意哪些问题?

3-4　给料机的形式有几种,各有何特点?

3-5　振动筛有哪几种形式,各有何特点?

3-6　称量漏斗的形式有几种,各有何特点?

3-7　料车坑有哪些主要设备?

4 上料设备

高炉上料设备的作用是把高炉冶炼过程中所需的各种原料（如矿石、焦炭、熔剂等），从地面提升到炉顶。目前应用最广泛的有斜桥料车上料机和带式上料机。使用热烧结矿的高炉采用料车上料机。

高炉冶炼对上料设备有下列要求：

（1）有足够的上料能力。不仅满足目前高炉产量和工艺操作（如赶料线）的要求，还要考虑生产率进一步增长的需要。

（2）长期、安全、可靠地连续运行。为保证高炉连续生产，要求上料机各构件具有足够的强度和耐磨性，使之具有合理的寿命。为了安全生产，上料设备应考虑在各种事故状态下的应急安全措施。

（3）炉料在运送过程中应避免再次破碎。为确保冶炼过程中炉气的合理分布，必须保证炉料按一定的粒度入炉，要求炉料在上料过程中不再出现粉矿。

（4）有可靠的自动控制和安全装置，最大限度地实现上料自动化。

（5）结构简单，维修方便。

4.1 料车上料机

料车式上料机主要由斜桥、斜桥上铺设的轨道、两个料车、料车卷扬机及牵引用钢丝绳、绳轮等组成，如图4-1所示。

4.1.1 斜桥和绳轮

4.1.1.1 斜桥

现代高炉的斜桥都采用焊接的桁架结构，在斜桥的下弦上铺有两对平行的轨道，供料车行驶。为了防止料车的脱轨和确保卸料安全，在桁架上安装了与轨道处于同一垂直面上且与之平行的护轮轨。

斜桥的支承一般采用两个支点，一个支点在近于地面或料车坑的壁上，另一个支点为平面桁架支柱，允许桥架有一定的纵向弹性变形。斜桥在平面桁架支柱以上的部分是悬臂的，与高炉本体分开，这样炉壳的变形就不会引起斜桥变形。上绳轮配置在斜桥悬臂部分的端部。

4.1.1.2 料车轨道

在斜桥下弦铺设的料车轨道分三段，料坑直轨段、中部直轨段和炉顶卸料曲轨段。为了充分利用料车有效容积，使料车多装些炉料，料坑直轨段倾角为60°，最小不宜小于50°；中部直轨段是料车高速运行段，要求道轨安装规矩，确保高速运行料车平稳通过，

倾角为 $\alpha = 45° \sim 60°$；炉顶卸料曲轨段使料车达到炉顶时能顺利自动地卸料和返回。三段轨道相连接处均应有过渡圆弧段。

炉顶卸料曲轨段应满足如下要求：

（1）料车在曲轨上运行要平稳，应保证车轮压在轨道上而不出现负轮压。

（2）满载料车行至卸料轨道极限位置时，炉料应快速、集中、干净、准确地倒入受料漏斗中，减小炉料粒度及体积偏析。

（3）空料车在曲轨顶端，能张紧钢绳并能靠自重自动返回。

（4）料车在曲轨上运行的全过程中，在牵引钢绳中引起的张力变化应平缓过渡，不能出现冲击载荷。

（5）卸料曲轨的形状应便于加工制造。

能满足上述要求的形式有多种，过去常用曲线型导轨，如图 4-2（a）所示，而近来则主要采用直线型卸料导轨，如图 4-2（b）所示，这两种导轨优缺点比较见表 4-1。

斜桥的维护检查：

（1）对整个斜桥的钢结构每四年进行一次防腐处理，清理锈迹，检查各焊缝是否开焊。

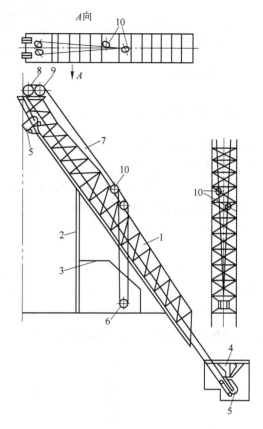

图 4-1 料车上料机结构

1—斜桥；2—支柱；3—料车卷扬机室；
4—料车坑；5—料车；6—料车卷扬机；
7—钢绳；8~10—绳轮

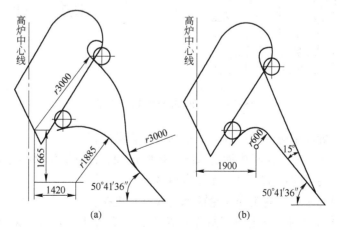

（a）　　　　　　　　（b）

图 4-2 卸料曲轨的形式

（a）曲线型；（b）直线型

表 4-1 两种卸料导轨的比较

导轨形式	图 4-2（a）	图 4-2（b）
结构	比较复杂	简单
卸料偏析	较小	较大
钢绳张力变化	较好	较差
空料车自返条件	较差	较好

（2）每月检查一次斜桥轨道卡子有无开焊。

（3）每月检查一次轨道有无变形、弯曲，若有变形及时检修或更换变形的轨道。

（4）及时检查斜桥防护网的损坏情况，若有损坏及时更换。

（5）对斜桥顶部及料坑内的护轨两天检查一次是否有磨、碰料车，是否有开焊部位。

（6）每天检查斜桥的晃动情况。

4.1.1.3 绳轮

如图 4-1 所示的上料机有两对绳轮（一对在斜桥顶端，另一对在中部）用于钢绳的导向。目前应用较多的为整体铸钢绳轮，如图 4-3 所示，其材质为 ZG45B，槽面淬火硬度大于 280HBR，绳轮轴支承在球面滚子轴承上。滚动轴承支座固定在支架上。

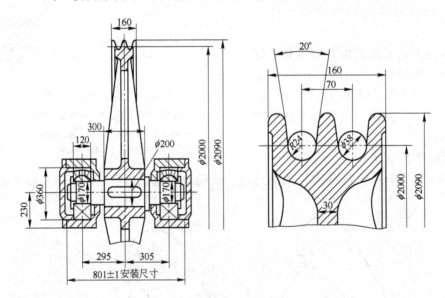

图 4-3 φ2000mm 绳轮结构图

绳轮的安装位置和钢绳方向一致，否则钢绳很容易磨损。

露天运转的绳轮，应采用集中润滑系统，按时加油，保证绳轮得到充分的润滑，其轴承温度小于 65℃（手触不超过 3s），无异常声音。

绳轮装置的检修主要是绳轮和绳轮轴承的检查与更换。

（1）更换绳轮轴承时，先把料车封在斜桥上，然后卸下钢丝绳。对于炉顶绳轮，应将钢绳捆扎固定在炉顶上，以防掉下来。拆卸轴承端盖和轴承上盖，吊出绳轮轴部件，拆除旧轴承，换上新轴承，清洗上油，吊装绳轮部件回位，按规定调整好轴承间隙，注油后上端盖恢复原状。

（2）更换绳轮，通常是将绳轮轴部件整体拆除，吊装事先装配好的新绳轮轴部件，安装调整合格后恢复原状。

（3）检修后的绳轮装置，水平安装的绳轮轴的水平度偏差不大于0.3mm/m，且钢丝绳不得磨绳轮轮辕，炉顶绳轮中心与料车轨道中心的偏差不得大于2mm。对于更换绳轮轴承座的检修，除应达到上述要求外，绳轮轴支座位置的标高偏差应不大于5mm，轴向偏差不大于0.5mm，绳轮装置安装后，应穿挂钢丝绳进行检查，绳轮槽与钢丝绳的走向应一致，然后将垫板焊接固定。

4.1.2　料车

料车上料机工作原理如图4-4所示。

料车卷扬机牵引两个料车，各自在斜桥轨道上行走，两个料车运动方向相反，装有炉料的料车上行，另一个空料车下行。为了使上行料车行驶到斜桥顶端时能够自动卸料，把斜桥顶部的料车走行轨道做成曲轨形，称做主曲轨。在主曲轨外侧装有能使料车倾翻的辅助曲轨，其轨距比主曲轨宽，并位于主曲轨之上。当料车前轮沿着主曲轨前进时，后轮则通过轮面过渡到辅助曲轨上并继续上升，使料车后部逐渐抬起。当前轮行至主曲轨终点时，料车就以前轮为中心进行倾翻，自动将炉料卸入炉顶受料漏斗中，卷扬机反转时，卸完料的空车由于本身的自重而从辅助曲轨上自行退下。同时另一个装有炉料的料车沿着斜桥另一侧轨道上行。如此周而复始地进行上料作业。

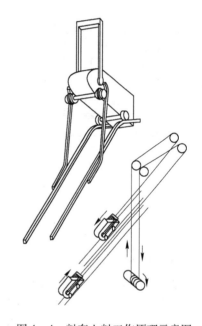

图4-4　料车上料工作原理示意图

我国料车已标准化，一般料车的有效容积可取为几何容积的70%～80%，对大型高炉取高值，小型高炉取较低值。料车的有效容积常为高炉有效容积的0.6%～1.0%。

如图4-5所示，料车主要由三部分组成，即车体部分、行走部分和车辕部分。

4.1.2.1　车体部分

车体由9～15mm厚的钢板焊成，底部和两侧用铸造锰钢或白口铸铁衬板保护。为了卸料通畅和便于更换，它们用埋头螺钉与车体相连接。为了防止嵌料，车体四角制成圆弧形，以防止炉料在交界处积塞。在料车尾部的上方开有小孔，便于人工把撒在料坑内的炉料重新装入车内。另外在车体前部的两外侧各焊有一个小搭板，用来在料车下极限位置时搁住车辕，以免车辕与前轮相碰。

车身外形有斜体与平体两种形式。斜体式倒料集中，减少偏析，多用在大中型高炉上。平体式制作容易，多用在小型高炉上。

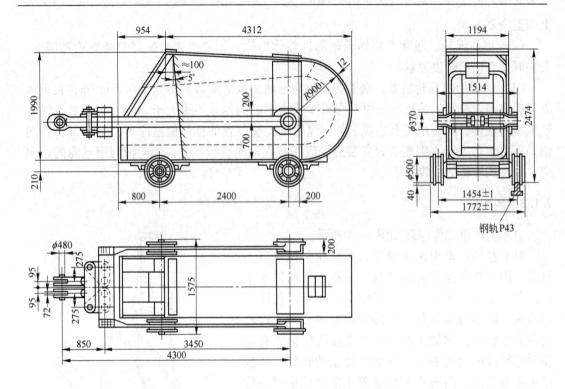

图 4-5　有效容积为 6.5m³ 的料车结构图

4.1.2.2　行走部分

料车的底部安装有四个车轮，前面两个车轮只有一个轮面，轮缘在轨道内侧。后面两个车轮都有两个轮面，轮缘在两个轮面之间。当料车进入卸料曲轨时前轮继续沿着内曲轨运行，后轮则利用外侧轮面沿着外轨运行，使料车能倾斜卸料。

料车的车轮装置有转轴式和心轴式两种。

A　转轴式

转轴式如图 4-6 所示，车轮与车轴采用静配合或键连接，固定在一起旋转。轴在滚动轴承内转动。车轮轴的滚动轴承装在可拆分的轴承箱内。轴承箱上部固定在车体上，下部和上部螺钉相连。这种结构拆装比较方便。其优点是转轴结构固定牢固、安全可靠，并采取整体更换。其缺点是当卸料曲轨安装不平行时，车轮磨损不均匀。

B　心轴式

心轴式如图 4-7 所示，车轮与车轴轴端采用动配合结构。允许轴两端的车轮不同步运转。因此不发生瞬时打滑现象，避免了转轴式结构的缺点。这种结构的优点是轮子磨损较均匀、结构较简单，其缺点是轮轴侧向端面固定较差，车轮容易脱落。

4.1.2.3　车辕部分

如图 4-8 所示，车辕装置是一门型框架，通过车身 11 与耳轴 10 两侧活动连接。用来牵引料车运行。采用双钢丝绳牵引时，钢丝绳连接在车辕横梁 5 中部的张力平衡装置上，使两条钢丝绳受力平衡。采用双钢丝绳牵引料车，既安全，又可减少每根钢丝绳的直

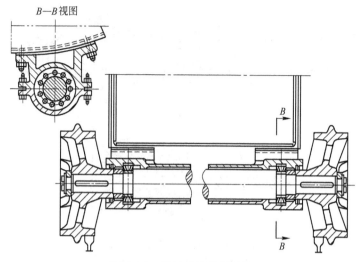

图4-6　转轴式料车轴结构

径，因而卷筒的直径也减小。

料车车辕应满足如下要求：

（1）保证两根钢绳受力均匀并能相互补偿。

（2）能调节两根钢绳长度。

（3）两根钢绳间距尽可能短，防止一根钢绳拉断后，另一根钢绳将料车拉偏。

（4）车辕长度尽量缩短，可降低炉顶绳轮高度。

（5）耳轴位置合理，能使料车均匀分布轮压。卸料时能顺利倾翻且空料车能自动返回。

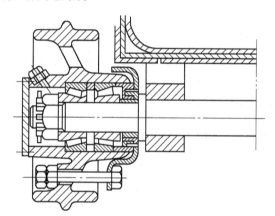

图4-7　心轴式料车后轮

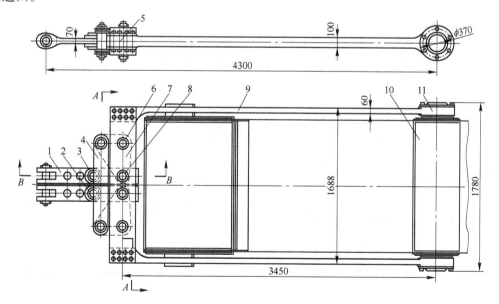

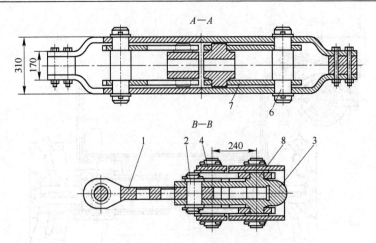

图 4 - 8　钢丝绳张力平衡装置

1—调节杆；2—销轴；3—拉杆；4—横杆；5—车辕横梁；6—销轴；

7—摇杆；8—销轴；9—车辕架；10—耳轴；11—车身

车辕上的钢丝绳张力平衡器由两个三角形摇杆 7、横杆 4、销轴 8、车辕架 9 及拉杆 3 等组成。摇杆 7 用销轴 6 铰接在车辕横梁 5 上，另两端和横杆 4 及拉杆 3 相铰接，拉杆 3 通过销轴 2 与调节杆 1 连接。当张力不平衡时，两个三角形摇杆各自绕销轴 6 作反向转动用以调节，如图 4 - 9 所示。

4.1.3　料车静力分析与自返条件

料车静力分析的目的是：

（1）确定车辕牵引点位置、前后轮对的距离和允许的空料车重心位置范围；

（2）确定卸料导轨的结构形式和主要尺寸；

（3）确定炉顶绳轮的布置位置；

（4）为设计或验算料车卷扬机和土建斜桥结构提供基本数据。

4.1.3.1　料车在直轨上受力分析

料车在直线轨道上运行时的受力情况，如图 4 - 10 所示。

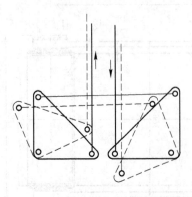

图 4 - 9　钢丝绳张力平衡示意图

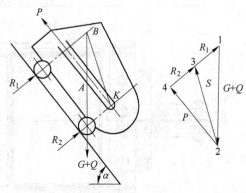

图 4 - 10　料车在直线轨道上的受力分析

图 4 - 10 中：

$G + Q$——料车自重和料重（不计车辕重量）；

P——车辕钢绳拉力；

R_1，R_2——前后轮对的法向反作用力；

K——车辕牵引点的位置；

由于车轮走行阻力数值很小，对轮压分配的分析影响不大，故忽略不计。

图中，已知 $G + Q$ 的大小和方向，P 的方向和 R_1、R_2 的方向（通过车轮中心而垂直于轨道），因此，用图解法不难求出 P、R_1、R_2 的大小。

按理论力学三力平衡原理，$G + Q$ 与 R_1 的作用线交于 B 点，P 与 R_2 的作用线交于 K 点（目前大多数料车 P 与 R_2 的交点和车辕牵引点 K 相重合，如不重合，分析方法也相同）。则有 P 与 R_2 的合力 S 要与 R_1 和 $G + Q$ 相平衡，故 S 必通过 B 点。连接 B、K 两点，便确定了 P 与 R_2 的合力 S 的方向。

做平衡力三角形（△123），便可得出 R_1 和 S 的大小。再做合力三角形（△243），可得出 P 和 R_2 的大小。

4.1.3.2 料车在卸料曲轨上的受力分析

当料车进入卸料曲轨开始卸料后，料车内炉料的重量和重心位置随炉料的倾翻角度而变，可按图 4 - 11 所示形状进行计算。图中的 α'' 为炉料的静堆角。

在卸料曲轨区段内，一般选择几个位置进行计算。料车在卸料曲轨上运行时的受力情况如图 4 - 12 所示。

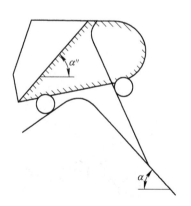
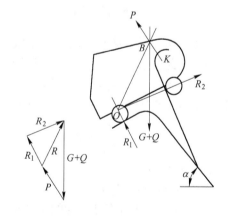

图 4 - 11 料车在卸料曲轨上炉料重量和重心计算图　　图 4 - 12 料车在卸料曲轨上的受力分析

重力 $G + Q$ 作用在重心上，大小和方向已知，车辕拉力 P 的方向为料车牵引点 K 引向斜桥顶部绳轮的切线。R_1 和 R_2 的方向分别为前后轮与轨道接触点上垂直于轨面的直线。料车的走行阻力忽略。

R_1、R_2 的作用线交于 O 点，$G + Q$ 作用线和 P 交于 B 点。按三力平衡原理，R_1 和 R_2 的合力 R 的作用线通过 O、B 两点，这样 R 的方向就已知了。做平衡力三角形，可确定 R 和 P 的大小，做合力三角形，可确定 R_1 和 R_2 大小。

4.1.3.3　稳定性分析

由图 4 – 10 可知，料车在直轨上运行时，牵引点 K 沿 P 力作用线方向的任何移动，P 与 R_2 二力的交点 K 位置不变，因此 BK 方向不变，P 和 R_2 的合力 S 的方向也不变。也就是说，对该力系中的任何力大小和方向都不会发生影响。

牵引点 K 在沿垂直 P 力方向向料车底部靠近时，B 点位置不变，P 和 R_2 的交点靠近车轮，平衡力三角形中 S 和 $G + Q$ 的夹角逐渐变小，将使 R_1 逐渐减小而 R_2 逐渐增大，这时 P 的大小是不变的。如 K 朝反方向移动，即朝料车顶部移动时，R_1 逐渐增大而 R_2 逐渐减小，P 的大小仍不变。前后轮压力的差别越大，料车走行时的稳定性就越差，如果某个轮上的轮压等于零，表明这个轮对将与轨道脱离接触，这是设计中必须加以防止的。设计时应使前后轮轮压相等或相接近，以提高走行稳定性和使前后轮对的使用寿命比较接近。

由图 4 – 12 可知，料车在曲轨上运行时，与在直轨上运行时恰恰相反。牵引点 K 沿 P 力方向的任何移动，对任何力都不会发生影响，但牵引点 K 沿料车的纵向移动时，P、R_1 和 R_2 都将发生变化。

钢绳牵引力 P 的数值在任何情况下均不应等于零，更不应为负值，P 的大小代表料车倾翻后自行返回的可能性。P 越大，料车反拖钢绳的力越大，自返的可能性越大，自返的加速度也越大。这是有利的。如 P 接近于零或等于负值，这意味着料车已丧失自返能力，必须在牵引点施加压力才能使之强迫返回，而钢绳是不可能产生这种压力的，这种现象现场称为"料车上天"，是一种事故，设计时必须力求避免。

在卸料导轨上，应对空料车、装矿料车、装焦料车分别进行运行的稳定性计算。

4.1.3.4　料车自返条件

要确保空料车从卸料曲轨的上限位置能自动返回。为此，应保证空料车重力所产生的力矩 M_1（如图 4 – 13 所示，相对于瞬时回转中心 O）大于料车车轮中摩擦力对 O 点的摩擦力矩 M_2，并使：

$$\frac{M_1}{M_2} > 2 \sim 3 \qquad (4-1)$$

式中　　$M_1 = Ga$；

　　　　$M_2 = F_1 a_1 + F_2 a_2$；

　　　　G——不计车辕重量的空料车重量；

　　　　F_1，F_2——前后轮对的摩擦力；

　　a，a_1，a_2——各力对 O 点力臂。

$$F_1 = \beta \frac{\mu d + 2f}{D} R_1 \qquad (4-2)$$

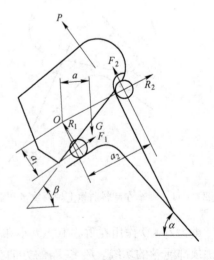

图 4 – 13　空料车自返分析图

$$F_2 = \beta \frac{\mu d + 2f}{D} R_2 \qquad (4-3)$$

式中　β——考虑车轮轮缘对轨道的摩擦系数（对滚动轴承一般取 3）；

　　　μ——车轮滚动轴承的摩擦系数，取 $\mu = 0.015$；

d——车轮轴轴颈直径；

D——车轮直径；

f——车轮与轨道的滚动摩擦系数，取 $f = 0.08$cm。

当料车的自返条件得到满足时，料车在卸料曲轨上运行的稳定性也自然得到保证，故粗略计算时可只计算自返瞬间这一个点。

为了保证空料车的自返性和前后轮压均匀，空料车重心位置一般设计在通过前轮中心与水平成30°角，通过后轮中心与水平成45°角所组成的三角形区域内，如图4-14所示。若重心位置超过前轮30°角的范围以外，则料车在炉顶卸料极限位置时（一般料车底面与水平成60°倾角）料车重心垂线就会落在前轮垂线之外，若重心位置超过后轮45°角的范围以外，则当斜桥为45°~60°时，料车重心垂线接近后轮或在后轮之外，使前后轮压分配不均，料车走行时就会不稳定。

空料车重心与前轮中心线的水平距离 x_c 约为前后轮中心距 T 的 0.6~0.65 倍。

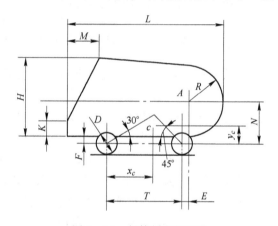

图4-14 斜体料车外形图

4.1.4 料车卷扬机

料车卷扬机是提升料车的专用设备，全年连续工作。为了满足高生产率，要求卷扬机启制动性能好，停车准确；运转过程中可调速；工作安全可靠；实现自动化操作。

4.1.4.1 特点料车卷扬机的结构

如图4-15所示，为用于1513m³高炉的标准型料车卷扬机示意图。

A 机座

机座用来支承卷扬机的各部件，将卷扬机所承受的负载，通过地脚螺栓传给地基。机座采用两部分组合，电动机和工作制动器安装在左机座上，传动齿轮和卷筒安装在右机座上，这样确保卷筒轴线安装的正确性。大中型高炉料车卷扬机机座多采用铸铁件拼装结构，吸振效果好，传动平稳。小型高炉料车卷扬机机座多采用型钢焊接结构。制造简单，但吸振能力较差。

B 驱动系统

（1）双电机驱动，可靠性大。两台电动机型号和特性相同，同时工作。当其中一台

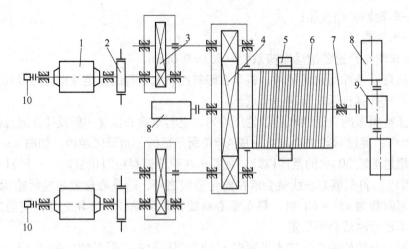

图 4 - 15　22.5t 料车卷扬机结构简图

1—电动机；2—工作制动器；3—减速器；4—齿轮传动；5—钢绳松弛断电器；
6—卷筒；7—轴承座；8—行程断电器；9—水银离心断电器；10—测速发电机

电动机出现故障，另一台可在低速正常载荷或正常速度低载下继续运转工作，保证高炉生产的连续性。

（2）采用直流电动机，用发电机的电动机组控制，具有良好的调速性能，调速范围大，使料车在轨道上以不同速度运动，既可保证高速运行，又可保证平稳启动、制动。有些厂用可控硅整流装置向直流电动机的电枢供电，既省电功率又大，同时体积小。

（3）由于传动力矩大，常采用人字齿轮传动，但大模数人字齿轮加工制造时难以保证足够的精度，再加上安装时的偏差，可能会造成人字齿轮两侧受力不均匀，甚至不能保证啮合。为了保证人字齿的啮合性，各传动轴中只有一根轴的一端，限定了轴向位置。其余各轴，在轴向均可窜动。通常将卷筒轴一端限定轴向移动的。

C　安全系统

为了保证料车卷扬机安全可靠地运行，卷扬机应设有行程断电器、水银离心断电器、钢绳松弛断电器等。

（1）为了保证料车以规定的速度要求运行，卷扬机装有行程断电器（图 4 - 15 中的8）和水银断电器（图 4 - 15 中的9），它们通过传动机构与卷筒轴相连接。

行程断电器按行程的函数实行速度控制。行程断电器使卷扬机第一次减速在进入卸料曲轨之前 12m 处开始，使料车在卸料曲轨上以低速运行。第二次减速在停车前 3m 开始，在行程终点增强电气动力制动，接通工作制动器，卷扬机就停下来。行程断电器安装在卷筒轴两端，用圆锥齿轮传动。

电气设备控制失灵时，采用水银断电器来控制速度（曲轨上的速度不应超过最大卷扬速度的 40% ~ 50%，直线段轨道上的速度不应超过最大卷扬速度的 120%）。当速度失常时，它自动切断电路。水银断电器的工作原理如图 4 - 16 所示。

用透明绝缘材料做成"山"字形连通器，竖直安装在卷筒输出轴上，通过锥齿轮 3、4 传动，绕其竖轴 5 回转。其转速变化反映卷筒转速的变化。在连通器 6 内灌入水银。中心管 7 内，自上口悬挂套装在一起的不同长度的金属套管与芯棒，彼此绝缘并通过导线导出；当卷扬机停车时，静止的水银水平面将套管与金属棒之间短路，形成常闭接点。卷扬机工作，连通器旋转时，水银在离心力作用下呈下凹曲面，从而切断相应的接点。当卷扬机转数为正常转数的50%时接触点8的电路断开，以此来控制料车在斜桥卸料曲轨段上的速度。而当转数为正常转数的120%时，水银与接触点9断开，此时制动器就进行制动，卷扬机就停转，以此来控制料车在斜桥直线段的速度。

（2）钢绳松弛断电器。钢绳松弛断电器如图4-17所示，主要用来防止钢绳松弛。如果由于某种原因，料车下降时被卡住，钢绳松弛，当故障一旦排除料车突然下降，将产生巨大冲击，钢绳可能断裂，料车掉道。钢绳松弛断电器有两个，安装在卷筒下的每一个边，分别供左右料车的钢绳使用。当钢绳松弛时，钢绳压在横梁上，通过杠杆2使断电器3起作用，卷扬机便停车。

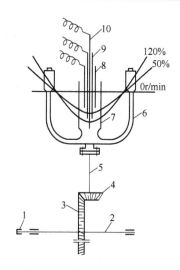

图4-16 水银离心断电器

1—联轴节；2—传动轴；3,4—锥齿轮；
5—竖轴；6—连通器；7—中心管；
8~10—接触点

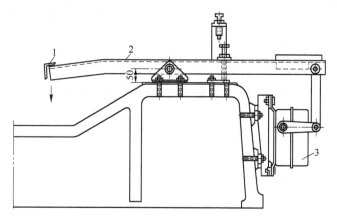

图4-17 钢绳松弛断电器

1—横梁；2—杠杆；3—断电器

4.1.4.2 料车卷扬机技术特性

料车卷扬机的结构形式很多，但结构的基本特点是相同的，目前国内常用的几种料车卷扬机有关特性见表4-2。

表4-2 料车卷扬机技术特性

高炉容积/m³		255	620	1033~1300	1513~2000	2516	2580
载重量/t	额定	5	7	15	22.5	25	35
	最大	7.5	11	19	25	28	40
料车容积/m³		2.0	4.5	6.5	10	15	15
卷绳速度/m·min⁻¹		73.8	150	180	210	210	228

钢绳	直径/mm	28	30	39	43.5	47	52
	有效长度/m	56	68	86	95	82	88
卷筒直径/mm		1200	1850	2000	2000	2000	2600
传动比		29.77	19.5	25.8	18.6	15.026	17.9
电动机	驱动系统	三相交流	发电机/电动机组	发电机/电动机组	发电机/电动机组	发电机/电动机组	发电机/电动机组
	型号	JZR－72－10	ZD₂42.3/29－68	ZJD56/34－4	ZJD74/29－6	ZD₂－153－1B	ZD₂65/44－8B
	功率/kW	80	125	190	260	400	500
	转速/r·min⁻¹	587	500~1200	620~920	500~700	400~1000	500~1000
	数量	1	2	2	2	2	2
测速发电机	型号				ZYS－231	ZYS－231	
	功率/W				23.1	23.1	
	电压/V				110	110	
	转速/r·min⁻¹				1900	1900	

4.1.4.3　维修注意事项

（1）料车钢绳伸入卷筒后一般采用多个钢绳卡固定。绳卡靠其螺栓的拧紧力把钢绳压扁，卡子之间压紧的方向错开30°~90°，以使卡子之间钢绳变形不一致，从而使摩擦阻力增大，提高钢绳的有效承载能力；

（2）卷扬机轴承一般都采用自动给油。给油量要求适量，否则轴承会发热，降低设备的使用寿命。

料车卷扬机常见故障及处理方法见表4－3。

表4－3　料车卷扬机常见故障及处理方法

故　障	故障原因	处理方法
料车卷扬机齿接手连接螺栓经常松动以致剪断	（1）两台电动机启动不同步，或转速不一致； （2）抱闸不同步，或电机转动前抱闸未打开	（1）调整电机启动时间和转速，使其一致； （2）调节抱闸启动时间使其一致，或调整抱闸张开间隙，使其均匀并在1.50~2.00mm范围内
振动大有噪声	（1）设备在基础上调整安装得不精确，或相连接两轴的同心度偏差大； （2）联轴器径向位移大，或连接装配不当； （3）转动部分不平衡； （4）基础不牢固； （5）齿轮啮合不好	（1）重新找正，找水平； （2）更换联轴器或重新调整装配； （3）检查安装情况，纠正错误； （4）加固基础； （5）重新安装、调整

故 障	故 障 原 因	处 理 方 法
轴承温度过高	(1) 轴承间隙过小； (2) 接触不良或轴线不同心； (3) 润滑剂过多或不足； (4) 润滑剂的质量不符合要求	(1) 更换轴承，调整间隙； (2) 重新调整找正； (3) 减少或增加润滑剂； (4) 更换合适的润滑剂
轴承异响	(1) 如果出现"嘚嘚"音，则可能是轴承有伤痕，或内外圈破裂； (2) 如果出现打击音，则滚道面剥离； (3) 如果出现"咯咯"音，则说明轴承间隙过大； (4) 如果产生金属声音，则说明润滑剂不足或异物侵入； (5) 如果产生不规则音，则说明滚动体有伤痕、剥离或保持架磨损、破缺	(1) 更换轴承并注意使用要求； (2) 更换轴承； (3) 更换轴承； (4) 补充润滑剂或清洗更换润滑剂； (5) 更换轴承
齿轮声响和振动过大	(1) 装配啮合间隙不当； (2) 齿轮加工精度不良； (3) 两轮轴线不平行或两轮与轴不垂直； (4) 齿轮磨损严重或检修吊装时碰撞，齿轮局部变形，或润滑不良	(1) 调整间隙； (2) 修理或更换齿轮； (3) 调整或修理，更换齿轮； (4) 更换或修理齿轮，或改善润滑条件
料车轮啃轨道	(1) 车轮窜动间隙大； (2) 轨道变形	(1) 调整间隙； (2) 修理轨道

4.1.5 料车在轨道上的运动

如图 4-18 所示，将料车在斜桥轨道上运动的过程分成 6 个阶段。

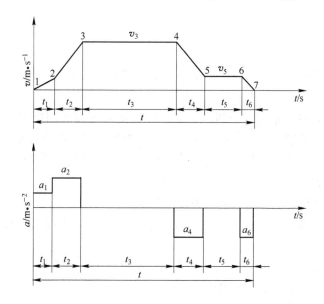

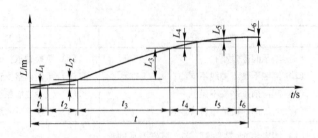

图 4 - 18　钢绳速度、加速度和行程曲线

（1）启动段。实料车由料车坑启动开始运行。同时位于炉顶的空料车，在自重的作用下自炉顶卸料曲线极限位置下行，为防止空料车牵引钢绳松弛，要求实料车启动加速度必须小于空料车自返加速度在牵引钢绳方向的分量。故加速度 a_1 应小些，一般 $a_1 = 0.2 \sim 0.4 \mathrm{m/s}^2$。

启动段料车行程 L_1 设计时多定为：$L_1 = 1 \mathrm{m}$。

（2）加速段。此时空料车即将退出卸料曲轨进入直线轨道。实料车走出料车坑进入直轨段。为提高上料机上料能力，加快料车运行，加速段末速度 v_2 等于料车高速匀速运行速度 v_3，通常定为 $v_3 = 3 \sim 4 \mathrm{m/s}$。

加速段加速度通常选为：$a_2 = 0.4 \sim 0.8 \mathrm{m/s}^2$。

（3）高速运行段。上下行料车以高速匀速度运行。

（4）减速段。此时实料车接近卸料曲轨段。通常选用：$a_4 = -(0.4 \sim 0.8) \mathrm{m/s}^2$。

本段末速度选用：$v_4 = 0.5 \sim 1 \mathrm{m/s}$。

（5）低匀速运行段。此时实料车在卸料曲轨上匀速运行。空料车接近料车坑终端。本段运行速度：$v_5 = v_4 = 0.5 \sim 1 \mathrm{m/s}$。

（6）制动段。上下行料车各自运行向终端位置。制动加速度值通常选用：$a_6 = -(0.4 \sim 0.8) \mathrm{m/s}^2$。

4.2　带式上料机

随着高炉的大型化，料车上料已满足不了生产需要，采用皮带上料。图 4 - 19 为带式上料机示意图。

焦炭、矿石等原料，分别运送到料仓中。再根据高炉装料制度的要求，经过自动称量，将各种不同炉料分别装入各自的集中斗里。上料皮带是连续不停地运行的，炉料按照上料程序，由集中斗下部的给料器均匀地分布到皮带上，并运送到高炉炉顶。批量的大小取决于炉顶受料装置的容积。

和料车上料机比较，带式上料机具有以下特点：

（1）工艺布置合理。料仓离高炉远，使高炉周围空间自由度大，有利于高炉炉前布置多个出铁口。

（2）上料能力强。满足了高炉大型化以后大批量的上料要求。

（3）上料均匀，对炉料的破碎作用较小。

（4）设备简单、投资较小。

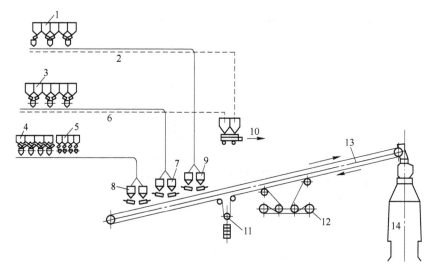

图 4-19 带式上料机示意图

1—焦炭料仓；2—碎焦；3—烧结矿料仓；4—矿石料仓；5—辅助原料仓；
6—筛下的烧结矿；7—烧结矿集中斗；8—矿石及辅助原料集中斗；9—焦炭集中斗；
10—运走；11—张紧装置；12—传动装置；13—带式上料机；14—高炉中心线

（5）工作可靠、维护方便、动力消耗少，便于自动化操作。

但是带式运输机的倾角一般不超过 12°，水平长度在 300m 以上，占地面积大；必需要求冷料，热烧结矿需经冷却后才能运送。严格控制炉料，不允许夹带金属物，以防止造成皮带被刮伤和纵向撕裂的事故。

4.2.1 带式上料机组成

带式上料机由皮带及上下托辊、装料漏斗、头轮及尾轮、张紧装置、驱动装置、换带装置、换辊装置、皮带清扫除尘装置及机尾、机头检测装置组成。

（1）皮带。采用钢绳芯高强度皮带，国产钢绳芯高强度皮带已有系列标准。夹芯高强度皮带如图 4-20 所示。

这种皮带具有寿命长、抗拉力强、受拉时延伸率小、运输能力大等优点。但也具有皮带横向强度低、容易断丝的缺点。

钢绳芯皮带的接头很重要，一般皮带制成 100 多米长的带卷，在现场安装时逐段连接。连接接头一般都用硫化法。硫化接头的形式有对接、搭接、错位搭接等，其中搭接错位法（见图 4-21）能充分利用橡胶与钢丝绳的黏着力，接头强度可达皮带本身强度的95% 以上。

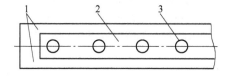

图 4-20 钢绳芯胶带结构图

1—上、下覆盖胶；2—芯胶；3—钢芯

图 4-21 搭接错位法

（2）上、下托辊。采用三托辊30°槽形结构，如图4-22所示。

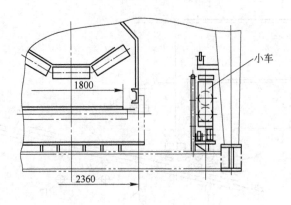

图4-22　换辊小车装置

（3）装料漏斗。在料仓放料口安装的电磁振动给料器及分级筛将炉料放入装料漏斗，炉料经装料漏斗流到皮带上。

（4）头轮及尾轮。头轮设置在卸料终端，设置在炉顶受料装置的上方。尾轮通过轴承座支持在基础座上。

（5）张紧装置。在皮带回程，利用重锤将皮带张紧。

（6）驱动装置。驱动装置多为双卷筒四电机（其中一台备用）的驱动方式（见图4-23）以减少皮带的初拉力。在电机与减速器间安设液力联轴器来保证启动平稳，负荷均匀。如采用可调油量式的液力联轴器，则能调节两卷筒各个电机的负荷，使其平衡。

炉顶环境较差，为了便于维修，带式上料机的传动装置都安装在地面上。

（7）换带装置。在驱动装置中的一个张紧滚筒上设置换带驱动装置。换带时打开主驱动系统的链条接手，然后利用旧皮带，牵引新皮带在换带驱动装置的带动下更新皮带，如图4-23所示。

（8）换辊小车机构。通过运动在皮带走廊一侧的换辊小车来换辊，如图4-22所示。

（9）皮带清扫除尘装置。在机尾皮带返程段，设置橡胶螺旋清洁滚筒，压缩空气喷嘴、水喷嘴、橡胶刮板、回转刷及负压吸尘装置，如图4-24所示。

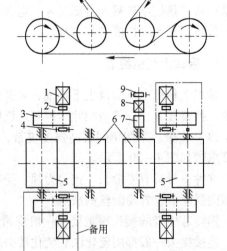

图4-23　皮带式上料机驱动系统示意图
1—电动机；2—液力耦合器；3—减速器；
4—制动器；5—驱动滚筒；6—导向滚筒；
7—行星减速机；8—电动机；9—制动器

（10）带式上料机的料位检测。如图4-25所示A、B两个检测点分别给出一个料堆的矿石或焦炭的料尾已经通过的判断，解除集中卸料口的封锁，发出下一个料堆可以卸到皮带机上的指令，卸料口到检测点的距离 L，也就是两个料堆之间的距离，应保证炉顶装料设备的准备动作能够完成。

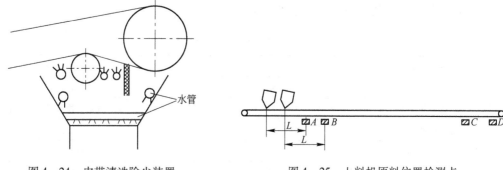

图 4-24 皮带清洗除尘装置   图 4-25 上料机原料位置检测点

料头到达 C 检测点时，给出炉顶设备动作指令，并把炉顶设备动作信号返回。料头到达 D 检测点时，如炉顶设备的有关动作信号未返回，上料机停机。如炉顶设备的有关动作信号已返回，料头通过检测点。当料尾通过 D 检测点时，向炉顶装料设备发出动作信号。

4.2.2 带式上料机的维修

4.2.2.1 维护检查

带式上料机维护检查内容如下：

（1）挡托辊是否转动灵活，有无严重磨损；皮带有无严重磨损、划伤、开胶，接头是否完好，皮带有无跑偏。

（2）传动机构、首尾轮是否加油良好，有无异常声音，轴承温度是否过热。

（3）各紧固件紧固良好，皮带支架是否变形或磨损严重，基础应牢固。

4.2.2.2 检修

A 准备工作

（1）检修前必须弄清检修项目，做好分工安排，检修人员必须注解所检修的部位及结构，做好准备工作。

（2）检修人员必须和岗位操作人员及操作室取得联系后，切断电源，挂上检修牌，方可进行检修。

B 检修内容

（1）检修驱动装置时，认真细心拆卸零件，不能乱堆乱放，要放好并做上标记，以便提高检修速度。

（2）拆卸轴承及联轴器时不要用锤直接敲打，要用顶丝或千斤顶顶出或拉出。

（3）减速机拆卸后，检查各部件磨损情况，轴径椭圆情况及齿轮磨损情况，连接键是否松动。

（4）更换皮带、托辊及清扫器。

4.2.2.3　常见故障及处理方法

带式上料机常见故障及处理方法见表 4 - 4。

表 4 - 4　带式上料机常见故障及处理方法

故　障	故　障　原　因	处　理　方　法
皮带表面严重磨损划伤	运输料中有杂物	清除杂物
皮带跑偏	调整不及时，皮带质量或胶接不合格	及时调整，换用高质量皮带
滚筒筒体严重磨损	维护不及时	及时维护
滚筒轴承温度升高，有杂音	加油不及时，油品污染	及时加油
托辊卡死	托辊轴承失效	更换轴承
托辊严重磨损	托辊严重磨损	更换托辊

4.2.3　液力联轴器

带式上料机的传动装置中，在电动机和减速机间采用了液力联轴器（又称液力偶合器）。通常使用的刚性联轴器及弹性联轴器是依靠螺栓、柱销、弹簧、凸块等件传递力矩。液力联轴器是靠液体作为主动轴与从动轴间传递转矩的"连接件"。

4.2.3.1　工作原理

液力联轴器由泵轮 1，涡轮（透平轮）2，外壳 3，出轴 4，轴承 5，密封 6 等零件构成，如图 4 - 26 (a)、(b) 所示。泵轮 1 与主动轴连接，涡轮 2 与被动轴连接。在工作轮中充满液体，当电动机驱动泵轮 1 转动时，就给其中液体以离心力，液体本身也就贮存了一定的速度能和压力能。液体沿着环状腔室的径向叶片 7 流动，从泵轮 1 的出口流出后冲击涡轮 2 的叶片，把液体贮存的能量转化成涡轮 2 的机械能，使被动轴旋转。失去能量的液体沿涡轮 2 的腔壁向中心流动，再由涡轮 2 的出口进入泵轮 1 的进口。上述过程的无限循环便形成了液力联轴器的工作过程。

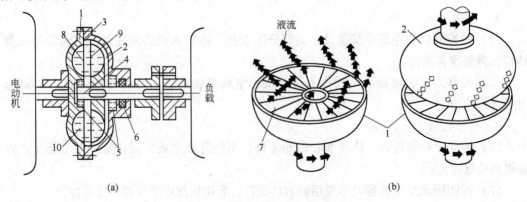

图 4 - 26　液力联轴器的结构简图

(a) 液力联轴器传动简图；(b) 液力联轴器工作原理简图

1—泵轮；2—涡轮；3—外壳；4—出轴；5—轴承；6—密封；

7—径向叶片；8，9—工作轮的环状腔室；10—工作液体

必须注意的是，要实现机械能量传递，在液力联轴器中，泵轮与涡轮之间必须存在速度差，即 $n_1 > n_2$。当 $n_1 = n_2$ 时，工作腔里的循环运动将停止，传递能量也就停止。

4.2.3.2　液力联轴器的种类

液力联轴器可分为标准型、安全型和可调型三种。

（1）标准型液力联轴器，结构如图 4 - 27 所示。这种联轴器结构简单，有效工作容积大，传动效率高达 0.96 ~ 0.98，与相同功率的其他类型液力联轴器相比体积较小。缺点是制动力矩大，因而防止过载性能很差并且不能调速。一般用于无调速，用于减缓启动冲击等场合。

（2）安全型（限矩形）液力联轴器，结构与工作原理如图 4 - 28 所示。在工作室靠近轴的部位设置挡板或开辅助室。当超外载出现时，涡轮转速降低（$I \leqslant 1$ 时，泵轮中液体的离心压力大于涡轮中液体的离心压力，便产生了环流，在两工作轮中液体离心压力差的作用下，环流偏向涡轮侧）。如涡轮转速降低不多，即速比 I 减小的不够，环流并不触及挡板。当涡轮转速降低到一定数值，即环流将触及挡板并受到挡板的阻碍时，环流的流量减小，从而减小了传递力矩的大小。

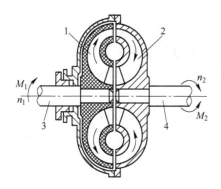

图 4 - 27　标准型液力联轴器结构示意图
1—泵轮；2—透平轮；3—主动轮；4—从动轮

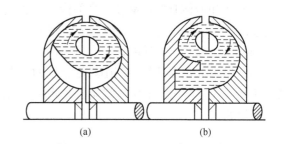

(a)　　　　　　(b)

图 4 - 28　安全型液力联轴器原理图
（a）带挡板的液力联轴器；（b）带辅助室的液力联轴器

如设置一个辅助室，在涡轮转速降低到一定数值后，有一部分工作液体倾入辅助室，环流的流量减少，也可降低转动力矩。

这种液力联轴器具有效率高，结构简单，能够带动负载平稳启动，改善启动性能，提高启动能力。还具有过载保护作用，在多台电机传动中均衡各电机的负荷，并减小电网的冲击电流，所以应用很广。

（3）可调型液力联轴器。这种液力联轴器由于工作室内的充油量可通过外部的液压缸或操纵杆的动作进行控制，在不同的油量下，泵轮输出的转矩不同。调节充液量的方法很多，主要有出口调节式、进口调节式和进出口调节式三种。

如图 4 - 29 所示，曲线表示可调型液力联轴器的特性曲线。

设 M_3 为固定不变的外载，当油量由 1 逐次降到 6 时，得到 6 条特性曲线，分别与 M_3 相交，相对应的从动轴转速由 n_{21} 逐次降到 n_{25}。当油量减到 6 时，特性曲线中最大力矩 $M_6 < M_3$，泵轮输出的力矩带不动负载，于是从动轴转速迅速下降直至停止。

4.2.3.3　液力联轴器的作用

（1）过载保护。当负载出现超载时，涡轮停止转动，泵轮可照常运转。

（2）减少启动时的冲击与振动。由于液力联轴器传递力矩是逐渐加大的，因此在启动时首先消除引起冲击、振动的传动件间的间隙，然后随着电动机转速升高而逐渐增加。

（3）与鼠笼型电机连用，可提高鼠笼电动机的启动能力。鼠笼型电机造价低，但电动机特性差，启动电流大，启动转矩小，限制其使用。应用液力联轴器后，可使电动机安全启动。

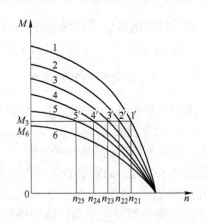

图 4-29　不同充油量时的特性曲线

（4）在多台电动机传动链中，可均衡各电机的负载。

液力联轴器在传动过程中无噪声污染，自行润滑，磨损件少，维修方便。

4.2.3.4　维护要点

（1）安装时，不允许用压板、铁锤敲打，也不允许热装，以免损坏元件和密封。

（2）工作液体有低的黏度、高的闪点、大的重度、腐蚀性小和耐老化，清洁度也要求比较高。工作油必须经过过滤后才能使用，充油量适量，平时必须勤检查油量。

（3）液力联轴器运转时，不允许有渗漏。

（4）液力联轴器的易熔塞中易熔合金的熔点为120℃，如果由于故障原因工作油温升高，使易熔合金熔化，工作油就喷出，此时，应排除故障，重新充油，切不可用金属螺塞取代易熔塞。

4.2.3.5　液力联轴器常见故障及处理方法

液力联轴器常见故障及处理方法见表4-5。

表 4-5　液力联轴器常见故障及处理方法

故　障	故障原因	处理方法
工作机达不到额定转速	（1）驱动电机有故障或连接不正确； （2）从动机械有制动故障； （3）过载； （4）充油量过多，电机达不到额定转速； （5）充油量少； （6）液力联轴器漏油	（1）检查电机的转速、电流，发现故障及时处理； （2）检修从动机，排除制动故障； （3）检查功率消耗，排除过载； （4）减少充油量，达到规定值； （5）按要求补油； （6）处理结合面或轴端漏油处
液力联轴器易熔合金熔化	（1）充油量少或漏油； （2）过载或工作机械制动； （3）启动频繁	（1）按要求充油或处理漏油后再补油； （2）检查功率消耗，排除过载； （3）减少频繁启动

故 障	故 障 原 因	处 理 方 法
设备运转不稳定	（1）电机轴与工作机轴位置误差超过允许值； （2）轴承损坏，听声音不正常，摸轴承外壳发热	（1）重新找正； （2）更换轴承

思 考 题

4-1 斜桥的支撑为什么与炉皮分开？

4-2 卸料曲轨要求有哪些？

4-3 料车结构包括几部分？

4-4 料车卷扬机减速机齿轮为什么都采用人字齿轮，所有传动轴承中为什么只有一个是固定的？

4-5 料车卷扬机为何采用双电机牵引？

4-6 料车自返条件是什么？

4-7 如何保证料车运行的稳定性？

4-8 如何保证料车卷扬机的安全？

4-9 对带式上料机传动装置的要求有哪些，带式上料机有哪些主要附设装置？

4-10 皮带上料机的最大优点是什么？

4-11 皮带上料机的传动系统为何采用限矩型液力耦合器？

5 炉 顶 设 备

炉顶设备用来接受上料机提升到炉顶的炉料，将其按工艺要求装入炉喉，使炉料在炉内合理分布，同时起密封炉顶的作用。主要包括装料、布料、探料和均压等部分。

5.1 炉顶设备概述

5.1.1 对炉顶设备要求

炉顶设备的工作条件十分恶劣，经常处于 200～250℃ 或更高的温度下工作，由于温度的频繁变化，受着剧烈的热应力作用，同时受到坚硬炉料的打击和磨损，以及含有大量坚硬颗粒的高速煤气流的剧烈冲刷磨损和化学腐蚀等。

为了使炉顶装料设备的寿命能维持高炉一代炉龄，炉顶装料设备应当满足下列要求：

（1）能够满足炉喉合理布料的要求，在炉况失常时能够灵活地将炉料分布到指定的部位。

（2）保证炉顶密封可靠，满足高压操作要求，防止高压脏煤气泄漏冲刷设备。

（3）能抵抗炉料的冲击磨损、煤气流的冲刷磨损以及化学腐蚀。

（4）结构简单，检修方便，容易维护，能实现自动化操作。

（5）要有足够高的强度和刚性，能抵抗高温和急剧的温度变化所产生的应力作用。

5.1.2 炉顶设备形式分类

（1）按上料方式，分为料车式及皮带运输机式。

（2）按装料方式，分为料钟式、钟阀式及无料钟炉顶。其中料钟式炉顶又分为双钟式、三钟式和四钟式几种。增加料钟个数的目的是为了加强炉顶煤气的密封，但使炉顶装料设备的结构更加复杂化。我国高炉普遍采用双钟式炉顶结构。钟阀式炉顶是在双钟式炉顶的基础上发展起来的，其主要目的也是为了加强炉顶煤气的密封。钟阀式炉顶由于贮料罐个数的不同又分为双钟双阀和双钟四阀两种，目前这两种炉顶我国高炉均有采用。无料钟炉顶很好地解决了高炉炉顶的密封问题，而且还为灵活布料创造了条件。无料钟炉顶已成为目前国内外大型高炉优先选用的炉顶装、布料方案。无料钟炉顶由于贮料罐位置的不同，分为双罐并联式和双罐串联式，而双罐串联式有代替双罐并联式的趋向。

（3）按炉顶布料方式，主要有马基式布料器、空转及快速布料器以及溜槽布料等。其中马基式布料器由于密封复杂，又容易损坏而逐步被淘汰。空转和快速布料器二者结构基本相同，但布料操作方式各异，前者为不带料旋转，后者为带料旋转。溜槽布料由于布料调节更加灵活方便，为国内高炉广泛采用。

（4）按炉顶煤气压力高低，分为常压炉顶和高压炉顶。高压炉顶结构比常压炉顶复杂，它包括均压系统。由于高压炉顶操作有利于高炉强化冶炼，国内外大小炉容的高炉均普遍推广采取高压炉顶操作。炉顶压力的提高是依靠高压调节阀组的操纵来实现的。

5.2 料钟式炉顶设备

5.2.1 炉顶设备组成及装料过程

马基式布料器双钟式炉顶是钟式炉顶设备的典型代表，如图5-1和图5-2所示。

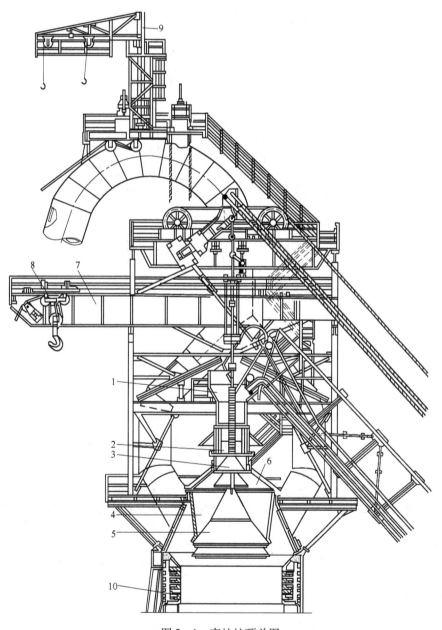

图5-1 高炉炉顶总图

1—受料漏斗；2—布料器漏斗；3—小钟；4—大料斗；5—大钟；6—煤气封罩；
7—安装梁；8—安装小车；9—旋转式起重机；10—炉喉钢砖

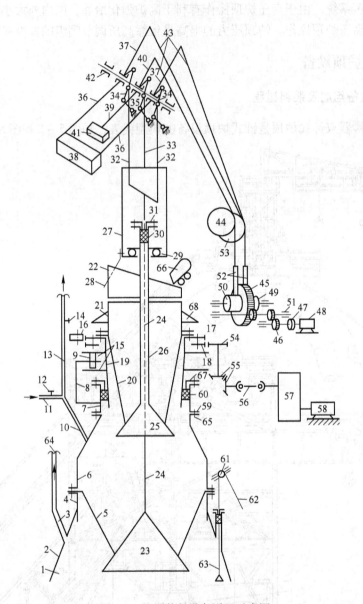

图 5-2 炉顶装料设备详细示意图

1—炉喉；2—炉壳；3—煤气上升管；4—炉顶支圈；5—大钟料斗；6—煤气封罩；7—支托环；8—托架；
9—支托辊；10—均压放散管；11—均压煤气管；12—大钟均压阀；13—小钟均压放散管；14—小钟均压放散阀；
15—外料斗法兰（上有环行轨道）；16—水平挡辊；17—外料斗上缘法兰；18—大齿圈；19—外料斗；
20—小钟料斗；21—小钟料斗上段；22—受料漏斗；23—大料钟；24—大钟拉杆；25—小料钟；26—小钟拉杆；
27—小料钟吊架；28—防扭杆；29—止推轴承（平球架）；30—大小料钟拉杆之间的密封填料；31—填料压盖；
32—大钟吊杆；33—小钟吊杆；34—大钟吊杆导向器；35—小钟吊杆导向器；36—大钟平衡杆长臂；37—大钟
平衡杆短臂；38—大钟平衡重锤；39—小钟平衡杆长臂；40—小钟平衡杆短臂；41—小钟平衡重；42，51—轴承；
43—钢丝绳；44—小料钟导向滑轮；45—料钟卷扬机大齿轮；46—传动齿轮；47—联轴器；48，58—电动机；
49—大钟卷筒；50—小钟卷筒；52—板式关节链条；53—大钟导向滑轮；54—齿轮；55—锥齿轮；56—万向
联轴节；57—减速箱；59—连接螺栓；60—布料器密封填料；61—探尺导向滑轮；62—通探尺卷扬机的钢丝绳；
63—探尺；64—通煤气放散阀；65—煤气封罩上法兰；66—上料小车；67—填料压盖；68—防尘罩

5.2.1.1 设备组成

炉顶装料设备主要由以下几部分组成：受料料斗、布料器（由小料钟和小料钟料斗等组成）、装料器（由大料钟、大钟料斗和煤气封罩等组成）、料钟平衡和操纵设备（也有采用液压控制的，从而取消平衡装置）、探料设备。

炉顶还有煤气导出系统的上升与下降管，在上升管顶端设有均压和休风时放散炉喉煤气的放散阀，为了安装和更换炉顶设备用的安装梁、移动小车和旋臂超重机，以及为维护和检查炉顶设置的大小平台等。

5.2.1.2 装料过程

炉料由料车按一定程序和数量倒入小钟料斗，然后根据布料器工作制度旋转一定角度，打开小料钟，把小钟料斗内的炉料装入大料钟料斗。一般来说，小料钟工作四次以后，大料钟料斗内装满一批料。待炉喉料面下降到预定位置时，提起探料设备，同时发出装料指示，打开大钟（此时小料钟应关闭），把一批炉料装入炉喉料面。

现代高炉都实行高压操作，炉顶压力一般为 0.07 ~ 0.25MPa，在这种情况下，大钟受到很大的浮力。为了顺利打开大钟，需要在大、小钟之间的空间内通入均压煤气，为顺利打开小钟，要把大、小钟之间均压煤气放掉，因此，炉顶设有均压和放散阀门系统。

5.2.2 固定受料漏斗

受料漏斗用来承接从料车卸下的炉料，把它导入到布料器。受料漏斗的形状与上料方式有关。图 5-3 是用料车上料时采用的一种结构形式。

它的作用是使左右两个料车倒出的炉料顺利地进入小钟漏斗内。为了下料通畅，受料漏斗的倾斜侧壁，特别是在 4 个拐角上与水平面应有足够的角度（至少 45°，最好为 60°）。焊接外壳的内表面由铸造锰钢板用螺栓固定，作为耐磨内衬。迎料的几块容易损坏，更换困难，因此缝隙处焊有挡板，形成"料打料"，以延长衬板的使用寿命。

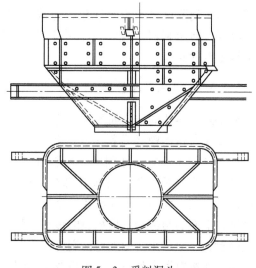

图 5-3 受料漏斗

为了便于安装，通常受料漏斗沿纵断面分为两半，用螺栓连接。整个受料漏斗由两根槽钢支持在炉顶框架上，它与旋转布料器不连接在一起。

对于维修岗位人员，要每周检查一次料斗的壳体和衬板的磨损情况，看其是否有疲劳裂纹、变形、碰伤等缺陷。

5.2.3 布料器组成及基本形式

5.2.3.1 合理布料的意义和要求

从炉顶加入炉料不只是一个简单的补充炉料的工作，因为炉料加入后的分布情况影响着煤气与炉料间相对运动或煤气流分布。如果上升煤气和下降炉料接触好，煤气的化学能和热能得到充分利用，炉料得到充分预热和还原，此时高炉能获得很好的生产技术经济指标。煤气流的分布情况取决于料柱的透气性，如果炉料分布不均，则煤气流自动地向孔隙较大的大块炉料集中处通过，煤气的热能和化学能就不能得到充分利用，这样不但影响高炉的冶炼技术经济指标，而且会造成高炉不顺行，产生悬料、塌料、管道和结瘤等事故。

根据高炉炉型和冶炼特点，炉顶布料应有下列几方面要求：

(1) 周向布料应力求均匀。

(2) 径向布料应根据炉料和煤气流分布情况进行径向调节。

(3) 要求能不对称布料，当高炉发生管道或料面偏斜时，能进行定点布料或扇形布料。

料车式高炉炉顶装料设备的最大缺点是炉料分布不均。料车只能从斜桥方向将炉料通过受料漏斗装入小料斗中，因此在小料斗中产生偏析现象，大粒度炉料集中在料车对面，粉末料集中在料车一侧，堆尖也在这侧，炉料粒度越不均匀，料车卸料速度越慢，这种偏析现象越严重，如图5-4所示。这种不均匀现象在大料斗内和炉喉部分仍然重复着。为了消除这种不均匀现象，通常采用的措施是将小料斗改成旋转布料器，或者在小料斗之上加快速旋转漏斗和空转定点漏斗。

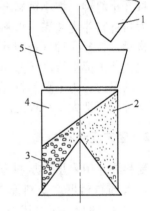

图5-4　原料在小钟料斗内的不均匀性

1—料车；2—小块原料集中于堆尖；3—大块原料滚到最低处；4—小钟料斗；5—受料漏斗

5.2.3.2　马基式布料器

马基式布料器的结构如图5-5所示。

马基式布料器曾经是料车式上料的高炉炉顶普遍采用的一种布料设备。它由小料斗、小料钟、布料旋转斗的支撑及传动机构以及密封装置等几部分组成。布料旋转斗的支承是通过它上面的滑道支承在三个辊轮上，辊轮固定在其外壳的支座上。布料斗的旋转是通过它上面的与传动机构相连的传动大齿轮的转动来带动的。布料旋转斗与外壳之间的煤气密封，一般采用石棉绳通油润滑密封。

马基式布料器布料时，电动机驱动布料斗旋转，依靠小料斗与小料钟之间的摩擦力使小料钟和小钟拉杆一起转动。当小料斗内的炉料的堆尖位置达到一定的角度时打开小料钟将炉料卸下，达到布料的目的。布料过程中，小料钟之所以能够旋转是因为小料钟拉杆与其吊挂结构之间是采用平面止推轴承连接的。

小料斗每装一车料后旋转不同角度，再打开小钟料斗。通常，后一车料比前一车料旋转递增60°，即0°、60°、120°、180°、240°、300°。有时为了操作灵活，在设计上有的做成15°一个点。为了传动迅速，当转角超过180°时，采用反方向旋转的方法，如240°就可变为向反方向旋转120°。

马基式布料器具有必要的布料调节手段，运行较平稳。对于使用冷矿常压炉顶操作的高炉，基本上能满足布料要求。马基式布料器的主要缺点是：布料斗与其外壳之间的填料

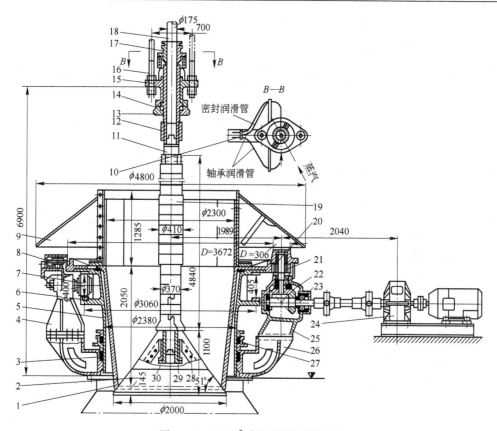

图 5 – 5 1033m³ 高炉布料器剖面图

1—小料斗（小钟漏斗）；2—小钟；3—下填料密封；4—支座；5—旋转圆筒；6—跑道；7—支撑辊；8—定心辊；
9—防尘罩；10—润滑管；11—小钟拉杆；12—小钟拉杆的上段；13—填料；14—止推轴承；15—两半体的
异形夹套；16—小钟吊杆；17—密封装置；18—大钟拉杆；19—拉杆保护套；20—齿圈；21—小齿轮；
22—锥齿轮；23—水平轴；24—减速机；25—立式齿轮箱；26—布料器支座；27—上填料密封；
28—小钟两半体的连接螺栓；29—铜套；30—锁紧螺母

密封维护困难，寿命短，难以满足高压炉顶操作要求，小料钟拉杆的平面止推轴承容易磨损、维护、检修困难。因此新设计的高炉均已不再采用马基式布料器。

A 小钟漏斗（小料斗）

小钟漏斗（小料斗）分上下两部分，上部分是单层，下部分分内外料斗。下部分外料斗的上缘固定着两个法兰，在法兰之间装有三个支撑辊。

外料斗由铸钢 ZG35 或 ZG50Mn2 制成，下部圆筒部分也可由厚钢板卷成焊接。外料斗起密封作用和固定大齿圈。为防止煤气漏出，在外料斗外表面需光滑加工，以减少填料密封的摩擦阻力和保证密封效果，如图 5–6 所示。外料斗的寿命比内料斗约长两倍。

内料斗上部圆筒部分是用钢板焊成，其内表面用锰钢板保护。下部是铸钢件，与小钟接触的表面上堆焊有硬质合金，并加以磨光。内料斗承受炉料的冲击和摩擦。

B 小钟及其拉杆

小钟为锥状。小钟一般采用焊接性能好的 ZG35Mn2 锰钢铸成，为了增加抗磨性，也有用 ZG50Mn2 铸钢件的。大、中型高炉的小钟为便于拆卸，一般做成纵向分两瓣体，安装时在内侧用螺栓连接成整体，但也有采用整体浇铸的。考虑到小钟下部段密封面带加工、拆换方便，目前不少高炉的小料钟做成横向分上下两段，在内侧用螺栓连接成整体。

小钟直径尺寸大小主要应考虑小钟打开卸料时卸下的炉料首先落在大钟与大料斗接触处附近，随后落下的炉料落在先卸下的炉料面上。这样可以减少下落炉料对大钟和大料斗的冲击磨损，也可减少炉料的破碎。小料钟锥面水平夹角为 50～55°，为了加强小钟与小料斗接触处的密封，小钟也可以采取与大料钟相类似的双折角，即锥面水平夹角下部为 65°，上部为 50°～55°。

小钟和小钟料斗的接触表面用"堆 667"等硬质合金堆焊，也有把整个表面都堆焊的。但除接触表面外，无需加工磨光。

小钟拉杆是中空的，用厚壁无缝钢管焊成，大钟拉杆通过其中心，它的外径可达 220mm，壁厚达 22mm，长达 10m 以上。为了防止炉料冲击，拉杆上套有许多由两半体扣搭起来的锰钢保护套。小钟拉杆的上端，通过拉杆上接头架在止推轴承上，下端则通过螺纹与小钟固接。

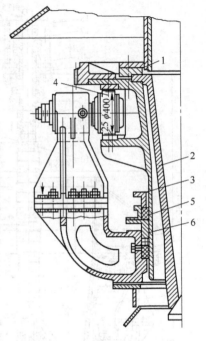

图 5-6　布料器的支撑和密封
1—料斗上部的加高部分；2—小钟料斗；
3—外料斗；4—支撑辊；5—填料密封；
6—迷路密封

C　小钟拉杆与小料钟的连接装置

小钟拉杆与小料钟的连接装置如图 5-7 所示。小钟拉杆 2 穿进小钟 1 后用螺纹与下接头 3 连接，为了防止螺纹松扣在小钟拉杆下端开有犬牙形的沟槽，沟槽内装有同样犬牙沟槽的防松环 4，两犬牙交错地插在一起。下接头底部用螺栓与法兰盘 5 连接在一起，法兰盘 5 与大钟拉杆之间装有定心铜瓦 6，定心铜瓦与大杆之间一般有 1.5～2.0mm 的间隙。为了防止高压煤气从小钟连接处逸出，造成割断小钟事故，在小钟拉杆和小钟装好以后再焊上密封板 7，焊死各漏煤气处。

D　支托装置

在图 5-5 中，布料器的环形支座 26 固定在煤气封罩上，环形支座上装有 3 个支撑辊 7 和 3 个定心辊 8，3 个支撑辊在一般情况下只和外料斗的上法兰的跑道接触以支承小钟料斗，支撑辊的下辊面与下面导轨之间间隙为 2～3mm。当钟间容积过高时，布料器被托起，这时支撑辊和下跑道接触以承受炉顶煤气的托力。在支撑辊的架子上安有水平挡辊，它们对布料器起定心作用，防止布料器旋转时偏离高炉中心线。定心辊和支撑辊的材质为 45 钢或 40 钢，辊面硬度 HRC＞40。支撑辊轴为

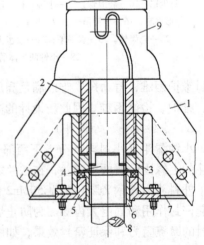

图 5-7　小钟拉杆与小钟连接装置
1—小钟；2—小钟拉杆；3—小钟拉杆下接头；
4—带犬牙形沟槽的防松环；5—法兰盘；
6—定心瓦；7—密封板；8—大钟拉杆；
9—小钟拉杆护瓦

40Cr，支撑辊的锥角取 16°。

E 小钟拉杆与吊架的连接装置

小钟拉杆与吊架的连接装置如图 5-8 所示。小钟拉杆 1 通过螺纹与小钟拉杆突缘 4 连接在一起，小料斗旋转时，由于摩擦力的作用，小钟及其拉杆也随同旋转，拉杆突缘通过止推轴承 3 将小钟拉杆和小料钟吊挂在轴承盒 2 上，轴承盒上端法兰与吊杆 5 连接。这样小钟拉杆就可自由旋转。为了安全保险，在轴承盒下部，有一个专门的铰链点，与防扭槽钢相连，该槽钢插入受料漏斗的窗口内，只许吊杆上下移动，限制它随小钟拉杆一起转动。另外，如果由于某种原因使吊杆发生偏转，防扭装置会自动地触动一个开关，使布料器驱动系统断电停止运转，同时发出讯号报警。

F 密封装置

布料器需要做回转运动；大、小钟拉杆要做上下来回相对运动，运动部件的密封也就显得至关重要了。密封不好，带有压力的脏煤气会加速对设备的冲刷和磨损。

如图 5-6 所示，为布料器旋转漏斗的密封。外料斗与支托环之间采用二道"干封法"，即用内加铜丝的石棉绳作为填料，上面用法兰盘压紧。为了减少摩擦，填料中大都放有石墨粉并定期加入润滑脂。填料总高度达 200mm，当填料磨损后，一般可采用重新调整压盖螺栓的办法提高密封效果。约 3~6 个月更换一次。

如图 5-8 所示，为大、小钟拉杆之间密封。在轴承上下、钟杆之间均有填料密封。定心铜套 8 和 10 可以做成迷路密封结构，并不断通入蒸汽。

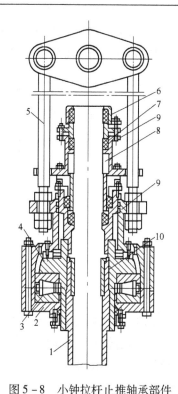

图 5-8 小钟拉杆止推轴承部件
1—小钟拉杆；2—轴承盒；3—止推轴承；
4—小钟拉杆突缘；5—吊杆；
6,7,9—填料密封；8,10—定心铜套

G 驱动和传动机构

传动系统的布置应注意避免布料器附近的煤气可能燃烧以及烟尘的污染，故把电机、减速箱和其他高速传动件放置在远离布料器的房间内，然后用十字接头联轴节经传动轴、锥齿轮对和小齿轮带动齿圈，使外漏斗旋转，从而使小料斗旋转，达到沿圆周方向均匀布料的目的。这里使用十字头联轴节除考虑加长传动距离外，还应考虑到布料器由于某些原因（如高炉开炉温度升高，布料器随高炉上涨）使布料器产生轴向窜动时仍能保证正常传动。安装时把布料器装得比圆柱齿轮箱那一头低一些。

5.2.3.3 快速布料器和空转布料器

快速布料器和空转布料器的结构、布料原理基本相同，不同的是快速布料器为连续布料，布料斗带料连续旋转，而空转布料器为定点布料，布料斗不带料旋转；快速布料器为双卸料口，而空转布料器为单卸料口。

A 快速布料器

快速旋转布料器实现了旋转件不密封、密封件不旋转。它在受料漏斗与小料斗之间加

一个旋转漏斗,当上料机向受料漏斗卸料时,炉料通过正在快速旋转的漏斗,使料在小料斗内均匀分布,消除堆尖。其结构示意如图 5-9(a)所示。

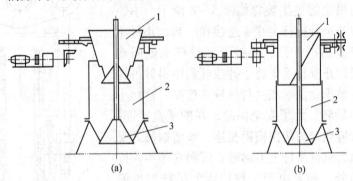

图 5-9　布料器结构示意图

(a)快速旋转布料器;(b)空转螺旋布料器

1—旋转漏斗;2—小料斗;3—小钟

快速旋转布料器的容积为料车有效容积的 0.3~0.4 倍,转速与炉料粒度及漏斗开口尺寸有关,过慢布料不均,过快由于离心力的作用,炉料漏不尽,部分炉料剩余在快速旋转布料器里,当漏斗停止旋转后,炉料又集中落入小料斗中形成堆尖,一般转速为 1.0~2.0r/min。

快速旋转布料器开口大小与形状,对布料有直接影响,开口小布料均匀,但易卡料,开口大则反之,所以开口直径应与原燃料粒度相适应。

B　空转布料器

空转布料器与快速布料器的构造基本相同,只是旋转漏斗的开口做成单嘴,并且旋转时不卸料,卸料时不旋转,如图 5-9(b)所示。小料钟关闭后,旋转漏斗单向慢速(3.2r/min)空转一定角度,然后上料系统再通过受料漏斗、静止的旋转漏斗向小料斗内卸料。若转角为 60° 则相当于马基式布料器,所以一般采用每次旋转 53°、57° 或 63°。这种操作制度使高炉内整个料柱比较均匀,料批的堆尖在炉内成螺旋形,不像马基式布料器那样固定,而是扩展到整个炉喉圆周上,因而能改善煤气的利用。有的厂,例如本钢 2000m³ 高炉的布料器,即能快速旋转,也能定点布料,但必须有两套传动装置。

空转布料器与马基式布料器比较,具有下列优点:

(1)布料旋转斗设置在小料斗之上面,不需要考虑设置布料密封装置,为高压炉顶操作创造了条件。

(2)由于取消了密封装置,结构简单,工作可靠性增加,易于维护,检修方便,寿命长。

(3)布料器不带料旋转而以低速空转,能耗低,磨损小。

由于旋转漏斗容积较小,没有密封的压紧装置,所以传动装置的动力消耗较少。例如,255m³ 高炉用马基式布料器时传动功率为 11kW,用快速旋转漏斗时为 7.5kW,而空转螺旋布料器只需 2.8kW。2000m³ 高炉这三者分别是 30kW、10kW、4.2kW。

因此,我国目前中、小型高炉都普遍采用空转布料器布料。快速布料器由于在布料时容易出现卡料、布料偏析严重等事故,同时要求炉料粒度也比较严格,因此国内高炉目前已很少有采用快速布料器进行快速布料操作，有的高炉已将快速布料器改成了空转布料器操作。

5.2.3.4 旋转布料器的维护

旋转布料器能够保证长期的正常运行，在很大程度上取决于良好的维护保养。旋转布料器的维护保养着重点是在密封、润滑、紧固、调整和清扫等几方面。

布料器的密封装置的作用在于防止煤气从所存在的间隙中漏出，从而减少由带尘煤气的冲刷所造成的设备磨损。旋转布料器有两个部位需要密封，一是转动的外料斗与不动的支托环之间的密封，二是大钟拉杆和小钟接杆之间的密封。

为了建立"高压"生产，人们经过不断的努力，使密封有了很大改进。

为了克服双层填料密封容易漏气和不好维护的缺点，转动的外料斗与不动的支托环之间的密封采用了三层填料密封，如图5-10所示，为不停风更换上层填料创造了方便条件。同时在布料器减速箱的低速轴上安装一链轮，通过它和一对齿轮带动一台柱塞油泵，布料器每转动一次，油泵就工作一次，把润滑油遇到填料与旋转漏斗之间。这种办法使石棉填料的寿命提高一倍。

大小钟拉杆之间的密封。图5-11它是由两层自封式胶圈代替过去的填料密封。每层叠放3个橡胶圈，中间设有进油环。这种胶圈有两个凹槽，大小钟拉杆间煤气压力愈大时，两侧Y型胶圈唇边在煤气压力下贴在大钟拉杆和密封座上就愈紧，密封效果也愈好，故叫做自封式密封胶圈。

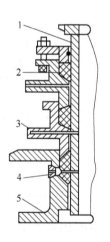

图5-10 布料器的三层填料密封
1—旋转漏斗；2—石棉填料；3—填料法兰；
4—润滑管接头；5—布料器底座

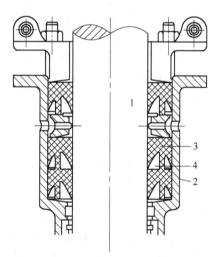

图5-11 自封式胶圈密封装置图
1—大杆；2—密封座（填料盒）；
3—密封胶圈；4—胶圈凹槽

自封式胶环密封的优点是工作可靠，密封效果好，能满足炉顶煤气压力为0.13MPa高压炉顶大小钟杆之间的密封要求。值得注意的是，为了防止工作温度过高而使橡胶环老化，要求其环境温度要低于200℃，并用足够量的稀油加以润滑。稀油润滑既起减小摩擦的作用，又能起到冷却降温作用。

炉顶煤气压力大于0.13MPa的高炉，其大小料钟拉杆之间的密封，在采取上述机械密封的同时，还在机械密封部位通入高压氮气，切断炉内煤气流进入大小料钟拉杆之间的缝隙，这种双重密封方式使密封更加可靠。我国宝钢一号高炉大小料钟拉杆之间采用这种机械、通氮气双重密封结构，使高炉的炉顶煤气压力能保持在 0.25MPa 的高压下操作。

布料器填料密封处、各支托辊和水平挡辊的滚动轴承等处的润滑为油脂润滑，供油方式有集中和分散两种形式。大中型高炉一般采用集中润滑，由电动油泵自动给油。油脂润滑站设在主卷扬机室内，沿斜桥铺设两条给油主管，将油送到炉顶及绳轮轴承；中型高炉可采用手动给油泵供油，手动干油站一般设在炉顶布料器电动机机房内，布料器减速箱的润滑采用稀油润滑。

布料器在工作过程中，对各部连接螺栓必须经常地进行检查、紧固，绝不允许有任何松动现象。

布料器在运转过程中，对各传动齿轮的啮合间隙应定期进行检查和调整，保证各零部件的正常使用而不致损坏，确保设备的正常运行，对于密封装置，经常检查其密封效果，或增加填料，或压紧压盖螺栓。要检查气封的蒸汽是否畅通，蒸汽压力是否足够。

布料器各部位应保持清洁，由设备维护人员负责清扫，每周应清扫2~3次。

5.2.3.5 旋转布料器常见故障与处理方法

旋转布料器常见故障及处理方法见表5-1。

表5-1　旋转布料器常见故障及处理方法

故　障	故障原因	处理方法
布料器在运转过程中电流偏高	(1) 布料器注油密封圈润滑油少，或金属密封环圈破裂； (2) 布料器橡胶密封圈的压兰螺栓把得过紧； (3) 传动减速机轴承坏（用听、摸来判断）； (4) 大齿圈与小齿轮的顶间隙过小； (5) 卸开电机与减速机接手螺栓，电机空转，电流值偏高，则肯定电气故障，若空转电流值正常，可能机械故障引起，也可能电气故障引起	(1) 检查注油孔是否畅通，给油设备是否完好，检查确认后再注以适量油，或更换密封环； (2) 适当卸松压兰螺栓，但不能全松，防止胶圈吹出或漏煤气，调好后再定位顶丝把牢； (3) 更换轴承； (4) 移动角形减速机，调整齿顶间隙到合适位置； (5) 排除电气故障，或者同时排除机械和电气故障
布料器旋转时产生异响	(1) 万向接手铜套磨损间隙偏大； (2) 角型减速机地脚螺栓松； (3) 布料器托辊磨损严重，间隙偏大； (4) 角型减速机齿轮坏，或轴承磨损严重； (5) 开式齿轮啮合不好	(1) 更换铜套； (2) 紧固减速机地脚螺栓； (3) 更换托辊； (4) 更换角型减速机或轴承； (5) 调整开式齿轮啮合间隙，使之符合要求
布料器支持托辊卡住不转	(1) 支撑辊内轴承损坏； (2) 支撑辊不圆； (3) 布料器轨道不平； (4) 固定螺栓松动	(1) 更换轴承； (2) 更换支撑辊； (3) 查明原因后处理； (4) 拧紧螺栓
布料器振动大	(1) 支撑辊不圆； (2) 开式齿轮啮合不好； (3) 支撑辊轴承损坏	(1) 更换支撑辊； (2) 调整和更换小齿轮； (3) 更换支撑辊

故　障	故 障 原 因	处 理 方 法
布料器电动机 声音不正常	(1) 轴承缺油； (2) 地脚螺栓松动； (3) 布料器密封太紧	(1) 加油； (2) 拧紧； (3) 调整
布料器锥齿轮箱 上轴承声音异常	(1) 缺油； (2) 环境温度高，无法保持润滑	(1) 加油； (2) 检修、改进

5.2.4　装料器组成及维护

装料器用来接受从小料斗卸下的炉料，并把炉料合理地装入炉喉。装料器主要由大钟、大料斗、大钟拉杆和煤气封罩等组成，如图 5-12 所示。它是炉顶设备的核心。要求密封性能好、耐腐蚀、耐冲击、耐磨，还要能耐温。它能满足常压高炉和炉顶压力不很高（小于 0.15MPa）高炉的基本要求。

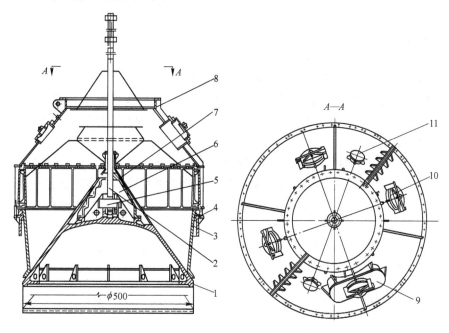

图 5-12　装料器结构

1—大钟；2—大钟拉杆；3—大钟料斗；4—炉顶支圈；5—楔块；6—保护钟；
7—保护罩；8—煤气封罩；9，10—检修孔；11—均压管接头

5.2.4.1　大料斗

大钟料斗是配合大钟进行炉喉布料的主要部件，它直接托在炉顶钢圈上。其有效容积能容纳一个料批的炉料（3~6 车）。材质由铸钢 ZG35 整体铸造，常用高炉壁厚 50~60mm，高压高炉可达 80mm，料斗壁的倾角为 85°~86°。大料斗的料斗下缘没有加强筋，使其具有良好的弹性。这样，高压操作时，在大钟向上的巨大压力下，可以发挥大料斗的弹性作用，使两者紧密接触，做到弹性大料斗和刚性大料钟的良好配合。

为了加强密封，增强大料斗和大料钟接触面处的抗磨能力，在大料斗和大钟的接触表

面焊有硬质合金，经过研磨加工，装配后的间隙不大于 0.05mm。

对于大型高炉而言，大料斗由于尺寸很大，加工运输困难，所以常做成两段体。这样当大料斗下部磨损时，可以只更换下部，上部继续使用。

5.2.4.2　大钟

大钟是炉喉径向布料的关键部件，悬挂于大钟拉杆上，采用 ZG35 整体铸造，壁厚不能小于 50mm，一般为 60～80mm。大钟的倾角，有理论计算可知，落料最快时的最佳倾角为 52°～53°，一般取 53°。

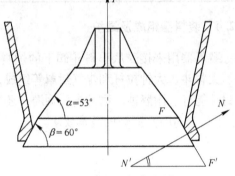

目前大型高炉已普遍采用双折角，如图 5 -13 所示。将大料斗的接触面常加工成 60°～68°。注意：角度不能过大，只要小于 90° - ρ 就不会楔住（ρ 为钢与钢摩擦角）。通过计算，β 角最大 73°。

图 5 -13　双折角大钟

采用双折角大钟好处：

（1）这样炉料落下时能跳过密封接触面而落入炉内，减少对接触面的磨损，起"跳料台"的作用。

（2）增加大钟关闭时对大料斗的压紧力，使钟和斗密合得更好。计算表明，当 β 角由 53°增大到 62°，大钟对大料斗的压紧力增大约 28%，使大料斗更容易变形，进一步发挥刚性钟柔性斗的优越性。

（3）由于大钟下面的倾角比上面大，减轻了导入的煤气对大钟上表面的吹损。

为了保证大钟和大料斗密切接触，减少磨损，大钟和大料斗的接触面是一个环形带，带宽 100～150mm，堆焊 5～8mm 硬质合金并且进行精密加工，接触带的缝隙不大于 0.05mm。

为加强大钟下部刚性，大钟下部内侧有水平刚性环和垂直加强筋使钟斗之间压力增大，有利于发挥刚性钟柔性斗的优越性。

5.2.4.3　大钟与拉杆的连接

大钟与钟杆的连接方式有铰式连接与刚性连接两种。

铰式连接采用铰链连接或球面头连接，大钟可以自由活动，如图 5 -14 所示。当大钟与大料斗中心不一致时，大钟仍能将大料斗关闭。但是当大钟上面料不均匀时，大钟下降时会偏料和摆动，使炉料分布不均。

刚性连接是大钟与大钟杆之间用楔子来固定，如图 5 -15 所示，这样可以减少摆动，从而保证炉料更合理地装入炉内，也可以减少大钟关闭时对大料斗的偏心冲击，但是刚性连接

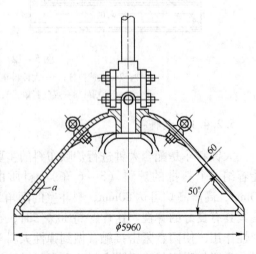

图 5 -14　挠性连接的大钟结构

在下述三种情况时易使大钟拉杆弯曲：大钟上下气体压力差过大时而要强迫大钟下降；炉内炉料装得过满而强迫大钟下降；或者大钟一侧表面黏附着炉料时下降。

为了保护连接处不受损害，在大钟上有铸钢的保护钟和钢板焊成的保护罩。保护钟分成两半，用螺栓连接，保护钟与大钟之间的连接如图5-16所示。保护罩则焊成整体，以便形成光滑表面，避免炉料的积附。

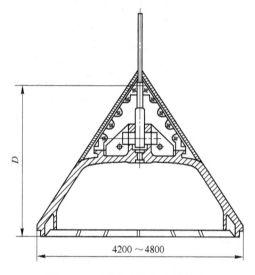

图5-15 刚性连接的大钟结构

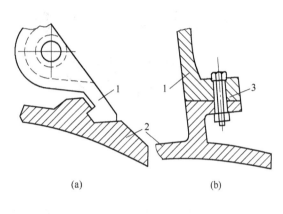

图5-16 大料钟和保护钟之间的两种连接
（a）直接连接；（b）螺栓连接
1—保护钟；2—大钟；3—螺栓

5.2.4.4 大钟拉杆

大钟拉杆的长度可达14~15m；直径为175~200mm，加工、运输和存放时都必须十分小心，防止弯曲。由于在工作中容易被脏煤气吹损，特别是在下端小钟定心瓦处及大、小钟拉杆之间的密封处。因此，在生产中必须保证大小钟之间的密封始终是良好的。

若大钟拉杆与大钟用楔固定，其间没有相对运动，楔销与楔销孔是经过精加工的，装配时必须是紧配合，一旦出现配合过松时就要加工一个圆垫，放入大钟拉杆的顶端。圆垫的厚度要依拉杆顶端与大钟配合孔深度的间隙而定。其目的是使大钟拉杆的顶端在楔销固定后能顶住大钟。为了拆卸方便开有检修孔，拆卸时从孔中打入专用楔铁而使拉杆松动。

5.2.4.5 煤气封罩

煤气封罩与大料斗相连接，是封闭大小料钟之间的外壳，一般用钢板焊接成两半式锥体结构。为了使料钟间的有效容积能满足最大料批同装的要求和强化冶炼的需要，应为料车有效容积的6倍以上。它有两部分组成，上部为圆锥形，下部为圆柱形。在锥体部分两个均压阀的管道接头孔和四个人孔，如图5-17所示。4个人孔中3个小的人孔为日常维修时的检视孔，一个大的椭圆形人孔用来检修时，放进或取出半个小料钟。

煤气封罩的上端有法兰盘与布料器支托架相连接，下端也有法兰盘与炉顶钢圈相连接。安装时下法兰与炉顶钢圈用螺栓固定，为保证其接触处不漏煤气，除在煤气封罩下法兰与炉顶钢圈法兰之间加伸缩密封环外，还在大钟料斗法兰上、下面加石棉绳，如图5-18所示。

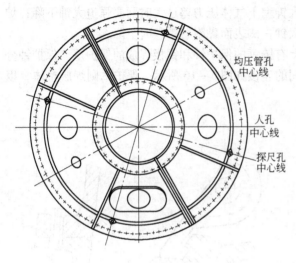

图 5-17　煤气封罩

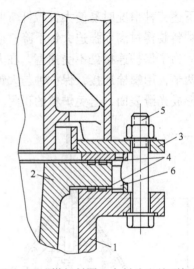

图 5-18　煤气封罩、大料斗和炉顶钢圈
之间的连接

1—炉顶钢圈；2—大料斗；3—煤气封罩；
4—石棉绳；5—螺栓；6—伸缩密封

近年来，为了省事，有的厂将伸缩密封环改为钢板，直接焊于煤气封罩法兰与炉顶钢圈法兰上。也有的厂取消了钢板和大钟漏斗法兰上的石棉绳，直接将大钟漏料斗法兰的上下法兰缝焊接起来。即在大、小钟定心和找正工作完成，法兰螺栓都已装上后，才能开展焊接工作，焊完以后，通过试漏来检查焊缝是否焊好。一般是采用先关闭大、小钟及相关阀门，然后打开大、小钟间的蒸气阀门，以此来检查确定。

5.2.4.6　装料器维护

A　大钟和大料斗损坏原因

大钟在常压下可以使用 3~5 年，大料斗可以工作 8~10 年。可是在高压操作（当炉顶压力大于 0.2MPa 时），大钟一般只能工作一年半左右，有的甚至只有几个月。大钟和大料斗损坏的主要原因是荒煤气通过大钟与大料斗接触面的缝隙时产生磨损，以及炉料对其工作表面的冲击磨损。高压操作时装料器一旦漏气，就会加速损坏。更换装料器时要拆卸整个炉顶设备，需时一周，直接影响高炉的生产率。大钟与大料斗产生缝隙的主要原因：

（1）设备制造及加工带来的缺陷。大钟和大料斗无论质量还是体积都很大，加工制造较困难，不合格的设备不得应用于高炉，更不能用于高压操作。要求间隙小于 0.08mm，75% 以上的长度应小于 0.03mm，各厂在提高装料设备的寿命上，往往提出了更高的要求。

（2）安装设备时质量上的问题。为了保证安装质量应该在各方面提出严格要求，如在运输和吊装过程中要避免碰撞和变形，准确地按照高炉中心线安装大料斗，大料斗与炉顶法兰应同心；大料斗与大钟的中心必须吻合，否则会出现局部冲击变形，产生缝隙。

（3）原料的摩擦对设备的损坏。大型高炉每天有万吨以上炉料通过大小料钟。由于高炉不断强化，单位时间内加入的原料数量不断增加；焦比不断降低，矿石和烧结矿量相对增加，这会加速磨损装料设备。从下落炉料来看，炉料从小钟落入大钟之上的轨迹是一个抛物线，如果物料落在大钟表面，对大钟表面磨损特别厉害。

B 大钟或大钟料斗冲刷磨漏的判断

（1）从大、小钟间压力差计图表上可以看出。当大钟或大钟料斗吹漏后，小钟均压阀打开时，压力下降缓慢，而且不能到零；并且小钟向大钟布第一车料，第二车料，第三车料或第四车料时，压差计线条长短基本一致，而且接近炉顶压力。

（2）当大钟吹漏后，小钟向大钟布一批料的第一车料时，尤其是布焦炭料时，小块焦从小钟打开的瞬间飞出，随着缝隙增大，飞出的焦炭颗粒也会慢慢增大。

（3）小钟均压阀打开时冒黄烟。

当大钟和大钟漏斗接触面漏煤气严重，甚至钟、斗穿孔，更换又不具备条件，只有采取焊补的办法应急处理一下。但接触面焊补后要用砂轮打磨，这样处理后必须降压生产，持续时间也不能过长。

C 提高大钟和大料斗措施

（1）采用刚性大钟与柔性大料斗结构。在炉喉温度条件下，大钟在煤气托力和平衡锤的作用下，给大料斗下缘一定的作用力，大料斗的柔性使它能够在接触面压紧力的作用下，发生局部变形，从而使大钟与大料斗密切闭合。

（2）采用双倾斜角的大钟，即大钟下部的倾角为53°，下部与大料斗接触部位的倾角为60°。

（3）在接触带堆焊硬质合金，提高接触带的抗磨性，大钟与大料斗间即使产生缝隙，也因有耐磨材质的保护而延长寿命。

（4）在大料斗内充压，减小大钟上、下压差。这一方法是向大料斗内充入半净化煤气或氮气，使得大钟上、下压差变得很小，甚至没有压差。由于压差的减小和消除，从而使通过大钟与大料斗间的缝隙的煤气流速减小或没有流通，也就减小或消除了磨损。

5.2.5 料钟操纵设备

料钟操纵设备的作用就是按照冶炼生产程序的要求及时准确地进行大、小料钟的开闭工作。按驱动形式分，有电动卷扬机驱动和液压驱动两种。

5.2.5.1 电动卷扬机驱动料钟操纵系统

对于双钟高炉，大小料钟周期性启闭通常采用平衡杆装置完成。平衡杆是料钟的吊挂装置和驱动装置之间的中间环节。

根据布料工艺及密封的要求，钟与杆须垂直运动，因此在钟杆吊挂系统中必须有直线运动机构。按料钟下降方式，可分为自由下降和强迫下降两种。

自由下降式是用挠性件（如链条）挂在扇形板上，如图5-19（a）所示。料钟借自重和料重下降，料钟永远保持在扇形板水平半径的切线上。结构简单，但当炉顶压力大于0.15MPa时，料钟受煤气浮力作用，下降困难。

强迫下降式如图5-19（b）所示。料钟升降时的直线运动是由近似直线机构（瓦特双曲线直线机构）来实现的。它是靠传动钢绳迫使料钟下降的，因为它的结构都是刚性零件，当料钟卡塞时，容易使钟杆压弯。不加料时，料钟是关闭的，要求严密可靠，所以钟是往上压紧在料斗上，但不能"紧锁"，所以钟杆上的抬力，除了负担料钟上的炉料荷重和料钟连同吊杆及悬挂装置的荷重外，要有相当的料钟与料斗得贴紧力，这个力来源于平衡重锤的重力、高炉内煤气的压力对钟的托力。

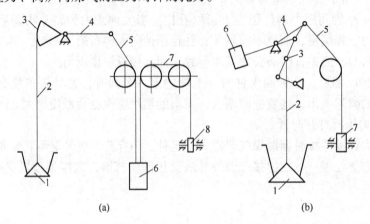

图 5 – 19　料钟传动直线机构

（a）料钟自由下降式；（b）料钟强迫下降式

1—料钟；2—料钟吊架；3—直线机构；4—平衡杆；5—操纵钢绳；6—平衡重锤；7—滑轮；8—料钟卷扬机

A　传动系统

图 5 – 20 为强迫下降料钟卷扬机传动示意图。

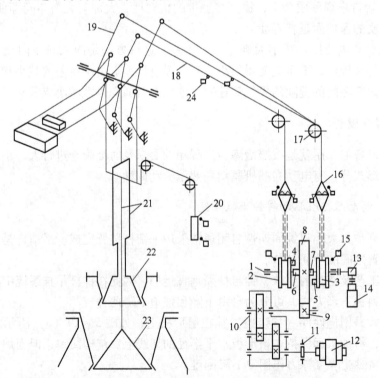

图 5 – 20　强迫下降料钟卷扬机传动示意图

1—载重轴；2—小料钟卷筒；3—大料钟卷筒；4~7—凸块；8—大齿轮；9—小齿轮；10—减速器；11—制动器；
12—电动机；13—减速机；14—主令控制器；15—限位开关；16—张力限制器；17—绳轮；18—钢绳；19—平衡杆；
20—大料钟防止假开装置；21—大小料钟拉杆；22—小料钟；23—大料钟；24—钢绳防松装置

料钟操纵设备主要由平衡杆系统、吊挂系统和卷扬机系统三部分组成。操纵料钟的驱动设备（卷扬机系统）通常是安装在料车卷扬机室内，而以钢绳与平衡杆相联系。料钟卷扬机通过链条、张力限制器及导向绳轮与平衡杆连接，以打开或关闭大小料钟。

　　B　平衡杆

平衡杆的构造如图 5-21 所示。平衡杆是用以升降大小料钟的杠杆，短臂悬挂着料钟，在它的前端系有通到电动卷扬机的钢绳，长臂上的平衡锤，保证在料钟上有料的情况下，料钟仍能压向料斗，在料钟开启下料后，能将料钟迅速关闭。只有修理时将钢绳放松，并用小车支撑住平衡杆，这样可使料钟处于半开的状态。

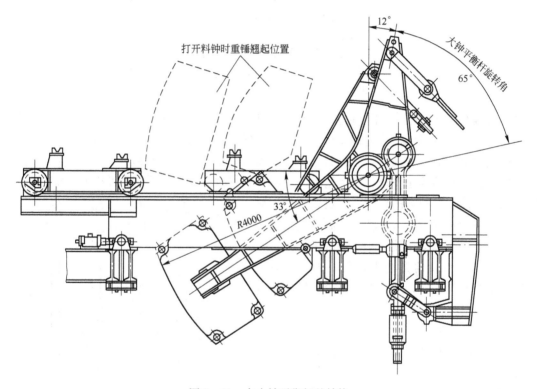

图 5-21　大小钟平衡杆的结构

平衡杆一般用焊接的板梁制成，大钟平衡杆做成弓形杠杆，互相间以平衡锤连接，并固定在公共轴上，该轴在轴承中转动。以保证大小钟能相对运动而不同时动作。轴承应很好地密封，平衡杆轴承座可前后左右调节其位置，以便调节料钟的位置，使其与料斗中心线吻合，为此，轴承座的梁要做成可移动的，用十个左右水平布置的千斤顶定位器来调整移动，其允许调整范围为 150~200mm。

平衡杆比较简单和紧凑，但是料钟和吊杆的定心和调整比较麻烦费时，虽然在操纵钢绳上设置了张力限制器等安全设备，但万一钢绳拉断，没有缓冲器以减轻料钟对料斗的冲击，这是它的不足之处。

　　C　料钟卷扬机

图 5-22 是料钟复合式卷扬机简图。电动机 1 通过减速箱 2 带动人字齿轮 3 和 4。齿轮 4 和长轴固结在一起。在同一轴上，齿轮 4 的两侧空套着两个卷筒 5 和 6。齿轮 4 的两

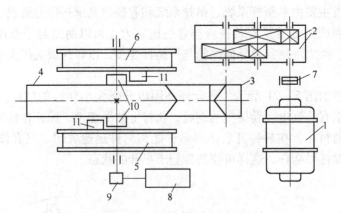

图 5 - 22　复合式料钟卷扬机

1—电动机；2—减速箱；3，4—人字齿轮；5，6—卷筒；7—制动器；
8—主令控制器；9—角度减速机；10，11—突块

侧固定有偏心突块10，它们通过卷筒上的突块11带动卷筒5和6。操纵料钟的板式链从卷筒5和6的顶点引出，通过钢绳与炉顶的平衡杆相连。当齿轮4向一方转动时，只能使一边的突块10和11互相接触，使该边的卷筒转动。而另一边的突块10和11则互相分离，故这边的卷筒静止不动。当齿轮4反转回到原位时，卷筒由平衡锤经钢绳传给链条一

个拉力，卷筒在该拉力的作用下，也跟着返回到原位。当齿轮4向另一方转动时，和上述情况相反，带动另一个卷筒，使另一个料钟动作。由于两个卷筒的工作转角都小于320°，因此不会同时带动两个卷筒旋转，从而保证两个料钟不会同时动作。

D　料钟吊架

图 5 - 23 是料钟吊架装置。它是料钟拉杆与平衡杆之间的连接装置。一般大、小钟均有各自独立的吊架装置，为了在出现误动作或为它物卡住时，强迫大、小钟同时打开。为避免大、小钟拉杆撇弯，要求小钟吊杆7的中间两个螺帽或卸松或不要。

E　钢绳张力控制器

卷扬机传动系统中的钢绳张力控制器、链条防扭转装置、限位开关等都是用来保证系统工作可靠和安全的。主令控制器是用来控制卷扬机的运行速度和停车的。

料钟操纵设备在生产中，有时会因某种原因，造成钢绳张力突然增大，导致钟对斗的很大冲击力。为了防止或减少上述现象的产生，在卷扬机的板式链条和钢绳之间安装钢绳张力控制

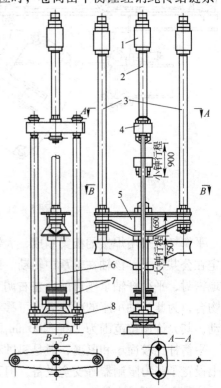

图 5 - 23　料钟吊架

1—调节螺母；2—小钟上吊杆；3—大钟吊杆；
4—小钟吊杆横梁；5—大钟吊杆横梁；6—大钟
拉杆；7—小钟吊杆；8—小钟拉杆轴承座

器，当钢绳拉力过大或过小的时候，都会自动停止料钟卷扬机的工作，同时还能缓冲钢绳张力。

钢绳拉力控制器有两种形式：杠杆式和菱形结构式。

如图 5 - 24 所示为杠杆式拉力控制器的结构图。搭板 1 和杠杆 2 之间用铰链直接连接，在搭板上固定有套筒 8，内装有大弹簧 4 和小弹簧 7，杠杆 2 的位置由销子 3 决定。杠杆的平衡条件是：

$$P_1 L = Ql \qquad (5-1)$$

式中 P_1——弹簧 4 和 7 给销子 3 的作用力；

Q——钢绳中的张力；

L，l——力臂。

由此得：

$$P_1 = Q \frac{l}{L} \qquad (5-2)$$

显然，弹簧所受的力为钢绳张力 Q 的 l/L 倍。当钢绳拉力在最大和最小之间时，销子 3 不动（如图示位置）。当钢绳拉力大于预调的最大拉力时，弹簧 4 就要受到压缩，这时板条 5 往左移动，压在终点开关 6 的滚子上，使卷扬机停车。

当钢绳中的张力 Q 小于预调的最小拉力时，销子 3 只受弹簧 7 的作用力 P_2，其平衡条件是：

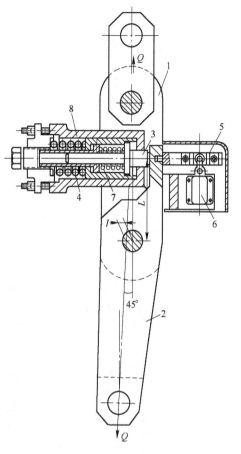

图 5 - 24　杠杆式钢绳张力限制器
1—搭板；2—杠杆；3—销子；4—控制钢绳最大张力的弹簧；5—板条；6—终点开关；7—控制钢绳最小张力的弹簧；8—套筒

$$P_2 L = Q'l \qquad (5-3)$$

这时，销子 3 和板条 5 往右移动，触动开关 6 的滚子，同样使卷扬机停车。

这种控制器的结构比较紧凑，弹簧受力小。但是由于灵敏度较低，常用于 620m³ 以下的高炉。

如图 5 - 25 所示，为菱形结构的钢绳拉力控制器。菱形钢绳拉力控制器由两端用铰链点 10 连接的四根拉杆 1 组成。拉杆中部装有套筒 2 和 3，其中压有弹簧 4，当钢绳拉力过大时，套筒压缩弹簧互相接近，与套筒 3 连接的拔尺 5 产生移动，切断固定在套筒 2 上的终点开关 6。钢绳松弛时会引起弹簧伸长，与套筒 2 连接的拔尺 7 产生移动，切断固定在套筒 3 上的终点开关 8，停止卷扬机工作或自动反转重新拉紧钢绳。

由于钢绳拉紧时会出现扭转现象，为此安装了专门的防扭装置。它由连杆 9、铰链 10、套筒 11 和轴承座 12 等组成。连杆 9 通过铰链 10 和张力控制器连接在一起。当钢绳升降时，连杆 9 可以在套筒 11 内滑动，由于套筒 11 通过轴承座 12 固定在金属结构上，因此套筒只能相对于轴承转动。

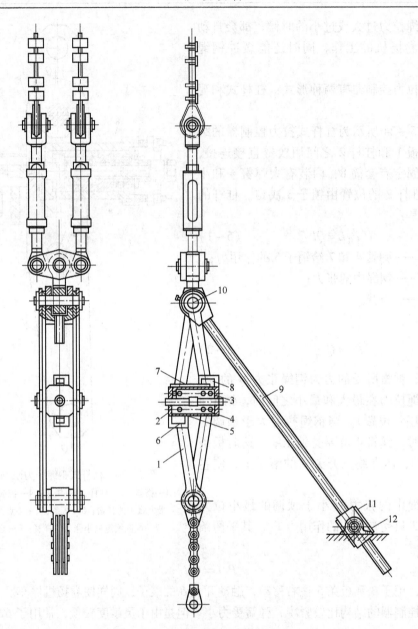

图 5-25 菱形结构的钢绳张力控制器

1—拉杆；2，3—套筒；4—弹簧；5，7—拔尺；6，8—终点开关；
9—连杆；10—铰链点；11—套筒；12—轴承座

F 电动卷扬机驱动料钟操纵系统特点

用电动卷扬机操纵平衡杆的主要优点是工作可靠。主要缺点是：在关闭大小钟时，对炉顶结构产生强烈冲击，有些高炉甚至在风口工作平台都能感到其强烈振动，甚至导致许多设备事故。由于冲击负荷过大，使炉顶装料设备的大料斗，炉顶法兰和煤气封盖的连接处密封经常冲裂，小料斗法兰也经常裂开，破坏了炉顶装料设备的气密性，还使炉顶框架和斜桥强烈振动，加重了炉体框架的负荷。为了克服这个缺点，采取了两项重要措施：

（1）料钟卷扬机用直流电动机传动，慢速关钟，控制关钟末速度。

（2）在大小料钟的吊挂系统中安装环形缓冲弹簧如图 5-26 所示，加入弹簧之后虽然降低了吊挂系统的刚性，但减少了平衡锤对炉顶设备的冲击。实践表明，采用这两项措施是比较有效的，可大大减轻对炉顶的冲击和振动。

5.2.5.2 液压驱动料钟操纵系统

由于液压传动可省去大小钟卷扬机、平衡杆及导向绳轮等部件，炉顶高度和炉顶重量大大减小，节省投资；传动平稳，避免冲击和振动，易于实现无级调速；自行润滑，有利于设备维护；元件易于标准化、系列化等优点。因此目前基本采用大小料钟液压传动系统。

料钟液压传动的结构形式应用较多的有：扁担梁-平衡杆式如图 5-27（a）所示、扁担梁式如图 5-27（b）所示、扁担梁-拉杆式如图 5-27（c）所示。

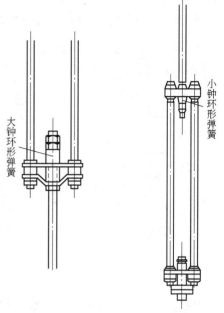

图 5-26　大小钟杆加环形弹簧的位置

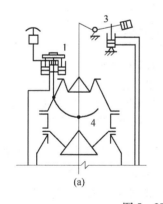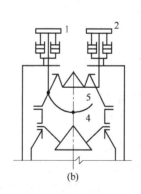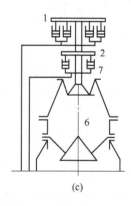

图 5-27　大、小钟液压驱动炉顶结构图

（a）扁担梁-平衡杆式；（b）扁担梁式；（c）扁担梁-拉杆式

1—大钟扁担状横梁；2—小钟扁担状横梁；3—小钟平衡杆；4，5—大小钟托梁；6—大钟拉杆；7—小钟拉杆

扁担梁-平衡杆式是取消了大料钟平衡杆，保留小料钟平衡杆。即大料钟的开闭采用双横梁双拉杆结构，由两组 4 个柱塞式液压缸驱动。拉杆靠上下导向装置保持垂直运动，拉杆与横梁之间为刚性连接，横梁与柱塞之间用铰链连接，每组油缸由刚性梁同步，两组油缸之间由液压同步。小料钟是靠在小料钟平衡杆的支撑轴与平衡杆尾端的配重之间设置一个柱塞式液压缸来驱动开钟，而借助配重来关钟和压紧的，如图 5-27 所示。小料钟打开装料后依靠液压缸保持闭锁。

扁担梁式是取消了大小料钟平衡杆，大小料钟传动结构均采用双横梁双拉杆结构。每个料钟由两组 4 个柱塞式液压缸驱动升降，每组的两个液压缸柱塞与横梁刚性连接，并采取液压同步升降，两组液压缸升降也靠液压同步。

图 5-28 是用于某厂 550m³ 高炉的炉顶液压系统。

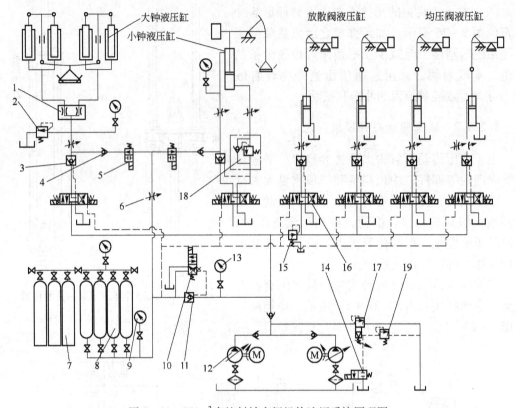

图 5-28　550m³ 高炉料钟启闭机构液压系统原理图

1—分流集流阀；2—溢流阀；3，11—液控单向阀；4—单向阀；5—二位二通阀；6—节流阀；7—氮气瓶；
8—蓄能器；9—压力表；10—二位四通换向阀；12—液压泵；13—电接点压力表；14—二位二通阀；
15—减压阀；16—三位四通换向阀；17—主溢流阀；18—单向顺序阀；19—远程调压阀

大钟挂在托梁上，大钟的载荷由托梁两端之拉杆承受。每一拉杆由两个柱塞缸传动。由于大钟液压缸大部分装在煤气封罩内，温度很高，此液压缸采用水冷结构。

装料设备还包括两个 φ250mm 均压阀和两个 φ400mm 放散阀，都由活塞缸传动。由活塞缸通过钢绳将阀打开，靠阀盖自重关闭。

高炉料钟启闭机构对液压系统的工艺要求，是由高炉生产能力和生产工艺决定的，必须得到满足。高炉生产有如下具体工艺要求：

(1) 大小料钟必须能承受漏斗中的最大料重。液压系统必须能满足最紧张的赶料线周期的要求。

(2) 必须保证在加入炉料后，料钟与漏斗口之间不漏气，要求料钟对漏斗口保持一定的压紧力。

(3) 由于在大钟漏斗中有煤气，有时会因进入空气而发生煤气爆炸。所以必须采取适当措施，使大钟拉杆等有关部件不致因爆炸而超载损坏。

(4) 为减少大钟启闭时的冲击，要求在其行程的起点和终点减速。

(5) 当料钟采用多缸传动时，为避免拉杆或柱塞杆与各自的导向套因倾斜而卡住，要求各油缸的同步精度不低于4%。

（6）均压阀、放散阀和大小料钟启闭时间的配合必须得到严格保证。

系统的回路组成及其特点如下：

（1）同步回路。大钟由4个柱塞缸驱动，为使各液压缸运动同步，采用分流集流阀1的同步回路。在料钟启闭系统中，液压缸速度的同步误差决定于拉杆或柱塞与导向套的间隙，一般允许的同步误差范围在4%左右。同时还要求料钟在上升的终点能严密关闭。虽然所选用的换向式分流集流阀在其一个出口流量为零时，另一出口也将关闭，但对柱塞缸而言，工作行程小于极限行程，当柱塞到达工作行程终点时，仍允许继续前进，液压缸流量（即分流集流阀出口的流量）不会为零。只有当料钟关严后，流量才能为零，故换向式分流集流阀的这一特点对于料钟的动作没有影响。

（2）换向阀锁紧回路。为使各液压缸在不操作时保持活塞位置不变，采用三位四通换向阀16和液控单向阀3组成换向阀锁紧回路，换向阀采用"Y"形阀芯，与电磁阀10相配合。当电磁阀16处于中位时，电磁阀14通电，液压泵卸荷，电磁阀10断电，蓄能器与主油路切断，使电磁阀16的阀芯处于无压状态。这样，所有的液压缸全不工作时，压力油几乎没有泄漏，保证活塞位置不变，而且工作可靠。

（3）补油回路。在大钟关闭后，由液控单向阀3锁紧，当料钟上增加炉料后，由于负载增加，液压缸与液控单向阀之间的油压将增加，油液的压缩将使料钟有所下降，影响了漏斗与料钟密合程度。为确保料钟对漏斗的压紧力，并补充液压缸的漏油，特设补压回路。即从蓄能器引出一条通径较小的管道，经过节流阀6和单向阀4接到大钟的液控单向阀3的出口，使液控单向阀与液压缸之间始终保持蓄能器的油压，将料钟压紧在漏斗口。

大小料钟均设有补压回路，为了避免料钟液压缸回油时与补压回路相干扰，在节流阀6与单向阀4之间再增设两个二位电磁换向阀5。当某料钟关闭时，相应的电磁阀5断电，补压回路接通。料钟开启时，则电磁阀5通电而把蓄能器到液压缸的补油通路切断。

（4）防止因煤气爆炸引起过载的溢流阀安全回路。在大钟液压缸的管路上设有溢流阀2，其调定的开启压力稍高于主溢流阀的调定压力。

（5）小钟液压缸的工作稳定性。为保证小钟对布料器的压紧力，平衡杆采用过平衡设计，由平衡重产生的平衡力矩使空钟关闭，过平衡力矩愈大，关闭时活塞下降的加速度愈大。当其下降速度超过液压站供油量所形成的速度时，液压缸上腔及相应的管道将产生负压，这是不允许的。但过平衡力矩仍必须保持一定的数量。为此，一方面应尽量减小过平衡力矩，另一方面在液压缸下腔的管道上设单向顺序阀18，使小钟关闭时，回油路管道上有一定背压，使活塞稳定下降。

（6）液压缸的缓冲装置。为防止在料钟下降到极限位置时，柱塞撞击液压缸缸底，在柱塞的端部设有缓冲装置。

（7）蓄能器储能和调速回路。系统设置有25L气囊式蓄能器8（4个）和40L氮气瓶7（3个），通过液控单向阀11与系统主油路相连接。液压泵12可向蓄能器随时供油，而蓄能器必须在电磁阀10通电时，才能向系统供油。为降低启动、制动时机构惯性引起的冲击，在任一机构启动和制动时，电磁阀均断电，仅由液压泵供油，因之只能以较小的速度启动和制动。正常速度运行时，电磁阀通电，蓄能器和液压泵共同供油。

（8）分级调压及压力控制回路。料钟液压缸的工作压力为 12.5MPa，而均压阀和放散阀液压缸的工作油压为 6MPa，故需要分两级调压。设有主溢流阀 17，其调定压力为 13.75MPa。远程调压阀 19 的调定压力为 15MPa。电磁阀 14 用以控制溢流阀 17 卸荷，电接点压力表 9 的调定压力为 12.5MPa 和 15MPa。电接点压力表 13 的调定压力为 8.5MPa 和 13.75MPa。此二压力表主要用于系统的安全保护，动作情况如下。

当电磁阀 14 断电，液压泵向主油路供油，换向阀 16 就可工作。当主油路压力小于 12.5MPa 时，压力表 9 的低压接点闭合，液压泵 12 向系统和蓄能器 8 供油，当主油路压力大于 12.5MPa 时，压力表 9 的低压接点断开，使电磁阀通电，主溢流阀 17 卸荷，液压泵空载运转。若此时油压还继续上升到 13.75MPa 时，压力表 13 的高压接点闭合报警，表明压力表或电磁铁失灵。同时，主溢流阀 17 打开。当油压再继续上升到 15MPa 时，压力表 9 的高压接点闭合，使电动机停止运转。此时表明溢流阀与油箱的通道未打开，或溢流阀 17 的先导阀失灵，则远程调压阀 19 动作，代替溢流阀 17 的先导阀，使溢流阀 17 溢流。当油压下降到 8.5MPa 以下时，压力表 13 的低压接点闭合，发出低压警报，表明系统有大量漏油现象，工作人员应及时检查，并排除故障。

为实现电动机空载启动，在电动机启动时，先使电磁阀 14 通电，溢流阀 17 卸荷。经延时继电器，待电动机达到额定转速后再使电磁阀 14 断电，这时液压泵 12 才开始向系统供油。

均压阀和放散阀油缸要求的油压为 6MPa，由调定压力为 6MPa 的减压阀 15 供给低压油。

（9）液压站设在炉顶平台或布料器房内，因离液压缸的距离很近，液压缸中的油液能回到油箱中冷却、过滤，故油管未采取任何降温措施。油箱内有蛇形管，通水冷却，采用 160 目铜网滤油器。在管道的最高处设有排气塞。

各液压缸动作的连锁由电气控制。各重要元件都设有备用回路。

料钟式炉顶液压系统常见故障及处理方法见表 5-2。

表 5-2　料钟式炉顶液压系统常见故障及处理方法

故　障	故　障　原　因	处　理　方　法
正常工作时，大、小钟主油路出口处压力表指示为零	这种情况多半是大、小钟补油路电磁阀卡，阀芯复不了位	手顶复位或换电磁阀
大钟或小钟液压油缸运行不同步，产生抖动或爬行	（1）油缸安装不良，对中性不好，或者横梁不水平； （2）管路进入气体； （3）料钟拉杆密封胶圈压得过紧	（1）重新找正，找水平，严格执行安装标准； （2）卸下油缸的排气孔，排除气体； （3）调整压紧螺栓，既保证密封，又要求运行阻力不大
油箱冒气	冒气只能是蓄能器油位下降到低位时泵不能自动打压所致，而且低位报警失灵	马上使油泵打压，如果该泵系统有故障，应立即倒换泵打压。若仍不能打压，应改自动为手动打压，保证高炉正常上料。关蓄能器出口截止阀，再处理电气或液压故障

故　障	故障原因	处理方法
液压系统油温高	（1）环境温度高； （2）溢流阀调定压力过低，溢流时间长	（1）采用循环冷却水对油箱进行降温； （2）适当提高溢流阀压力，缩短溢流时间
大、小钟溢流阀不动作	（1）总阀密封件泄漏； （2）阀本身有毛病	首先倒换控制系统，保证正常上料，然后再对分析的原因进行处理： （1）更换密封件； （2）更换阀或阀中的先导部分，但在处理之前先关闭回油截止阀
小钟开位信号不来	（1）电气故障； （2）液压系统故障； （3）大钟上面压满了料，托住小钟	（1）处理电气故障； （2）首先倒换系统，再边检查，边处理； （3）在确认液压系统无故障后，由卷扬司机手动操作处理

5.3 钟阀式炉顶设备

随着高炉高压操作应用和炉容的扩大，双钟式炉顶设备不能满足密封和布料的要求了。为了解决双钟式炉顶炉子中心布料过少，大小料钟及钟杆磨损严重，中心和边缘料面高度差增大的问题，将装料设备的两大作用分开，做到布料不密封，密封不布料，大钟只起到布料作用。所以出现了三钟两室炉顶和四钟三室炉顶，但多钟式炉顶高度太大，安装及维修困难，密封性不如阀门好，因此又出现了双钟双阀式和双钟四阀式炉顶。在解决布料方面则出现了变径炉喉。

5.3.1 双钟四阀式炉顶

双钟四阀式炉顶结构如图 5 – 29 所示。旋转布料器设置在炉顶顶部，其下为装有四个对称闸阀的贮料斗。闸阀下有四个密封阀，阀板与阀座接触部分为软密封，采用氯丁橡胶圈，并以氮气清扫密封橡胶面，密封阀不与料接触，避免了原料的打击和磨损，有利于密封和延长其寿命。密封阀下面是小料钟和小料斗，其接触面采用了软硬密封，硬密封用 25Cr 铸铁密封环，环的下部设环槽，内镶嵌硅橡胶，即软密封环。炉顶压力能达到 0.25MPa 全靠此环。大

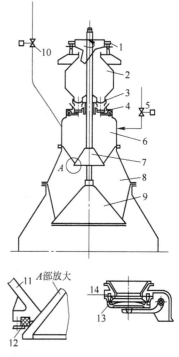

图 5 – 29　双钟四阀式炉顶结构示意图
1—旋转布料器；2—贮料斗；3—闸门；4—密封阀；
5—均压阀；6，11—小料斗；7—小钟；8—大料斗；
9—大钟；10—放散阀；12，13—硅橡胶；
14—冷却氮气入口

料钟与大料斗内为炉喉煤气压力，大料钟不起密封作用，只起布料作用。

双钟四阀式炉顶装料设备，可以满足炉顶煤气压力为 0.25MPa 的高压操作要求，并且安全、可靠。我国宝钢 1 号高炉采用双钟四阀式炉顶装料设备，炉顶操作压力为 0.25MPa，生产长期稳定。

5.3.2　变径炉喉

变径炉喉又称活动炉喉，有改变内径的移动式和改变锥度的摆动式两种。

5.3.2.1　移动式变径炉喉

A　克虏伯式活动炉喉

如图 5-30 所示。保护板 1 由 18 片耐磨钢板组成，可分为内外两圈，互相遮盖组成圆筒形状，外围的保护板下端有凸缘 3，当料打击到保护板时，凸缘便冲击固定在炉喉钢壳上的环圈 4。保护板悬挂在三角形块的臂 2 上，臂 2 可以绕支架 5 上的轴旋转，臂 2 与连杆 6 和拉环 7 用铰链连接在一起。拉环 7 由 3 个拉杆伸出炉外，与 3 个传动机构（液压缸）8 相接，炉喉直径可在 5.6~6.7m 之间变化。

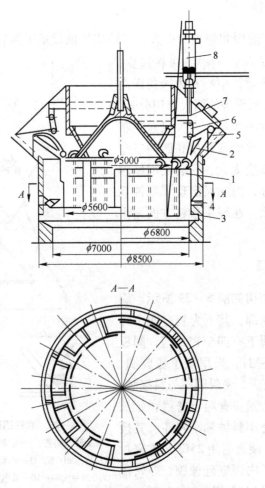

图 5-30　克虏伯式活动炉喉保护板

B 日本钢管式（NKK）活动炉喉

如图 5 - 31 所示。沿炉喉圆周共布置 20 组水平移动式炉喉板，每组炉喉板均由单独的油缸直接驱动，可使其在轨道上前进后退，行程距离常用范围在 700 ~ 800mm。由于每组炉喉板单独驱动，可以使炉喉板全部动作或部分动作，从而可随意调节炉喉布料情况，改善煤气分布。

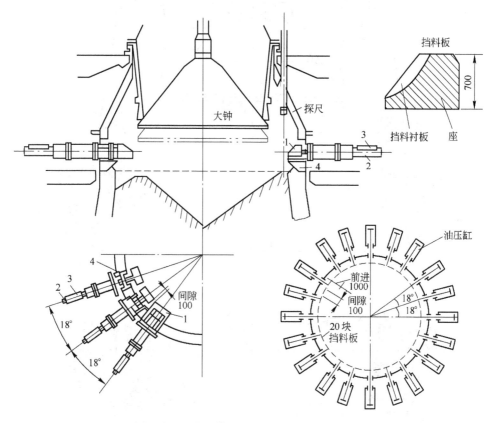

图 5 - 31 日本钢管式（NKK）活动炉喉保护板
1—炉喉板；2—油压缸；3—限位开关箱；4—炉喉板导轨

5.3.2.2 摆动式活动炉喉

A 德国 GHH 活动炉喉

如图 5 - 32 所示。油压缸 1 推动环梁 2，在内挡辊 3、下托辊 4、外挡辊 5 所限定的曲线内转动，从而带动固定的摇臂 6 上的辊子 7 旋转，并带动摇臂 6 沿轴 8 转动，通过连杆 9，使推杆 10 前进或后退，推动外侧炉喉板 11 和内侧炉喉板 12，以小轴 13 为中心前后摆动，达到改变炉喉直径的目的。

B 新日铁活动炉喉板

如图 5 - 33 所示。它沿圆周共有 24 组活动炉喉板，都连接在一个环上，在环梁下面有三个油压缸驱动环梁升降，使炉喉板摆动，从而达到改变炉喉直径的目的。炉喉板摆动位置可根据操作自动选择，通过电气系统自动控制油缸的开动和停止及升降高度，在出轴处装有一个指针，人们可以从指针的读数上判断出炉喉所在的位置。

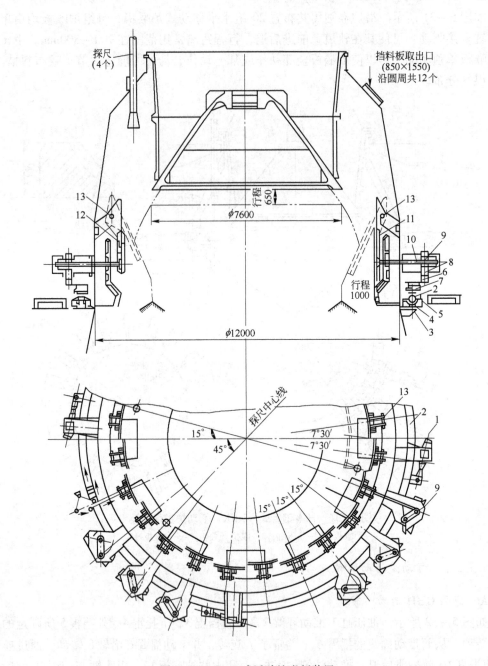

图 5 - 32　GHH 式活动炉喉板装置

1—油压缸；2—环梁；3—内挡辊；4—下托辊；5—外挡辊；6—摇臂；7—辊子；8—轴；
9—连杆；10—推杆；11—外侧炉喉板（12块）；12—内侧炉喉板（12块）；13—小轴

　　变径炉喉得到了广泛应用，高炉容积越大使用变径炉喉效果越好，如上海宝钢 4063m³ 的钟阀式炉顶高炉，配了新日铁式的变径炉喉，效果较好。对于无料钟炉顶变径炉喉就没有意义了。

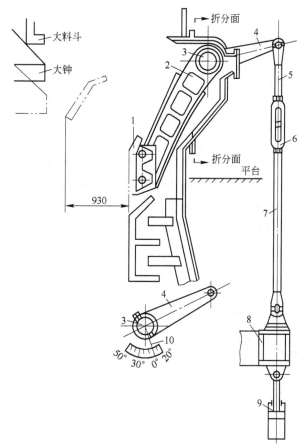

图 5 - 33   新日铁式活动炉喉板

1—炉喉板；2—板座；3—轴；4—转臂；5—上拉杆；6—调节螺母；

7—下拉杆；8—环梁；9—油压缸；10—指针

5.4 无钟式炉顶设备

5.4.1 无钟式炉顶特点及分类

5.4.1.1 无钟式炉顶特点

钟式炉顶和钟阀式炉顶虽然基本满足高炉冶炼的需要，但仍由小钟、大钟布料。随着高炉的大型化和炉顶压力的提高，炉顶装料设备日趋庞大和复杂。首先是大型高炉大钟直径 6000mm 以上，大钟和大料斗重达百余吨，使加工、运输、安装、检修带来极为不便；其次是为了更换大钟，在炉顶上设有大吨位的吊装工具使炉顶钢结构庞大；其三是随着大钟直径的日益增大，在炉喉水平面上被大钟遮盖的面积愈来愈大，布往中心的炉料就减少，因而在高炉大型化初期出现了不顺行、崩料多等现象。20 世纪 60 年代末通过使用可调炉喉，上述现象得以好转。但炉顶装置却进一步复杂化，还不能满足大型化高炉进一步强化所需要布料手段。为了进一步简化炉顶装料设备、改善密封状况、增加布料手段，卢森堡的 PW 公司于 1972 年在联邦德国蒂森 1445m³ 高炉上首先推出了无料钟炉顶装置，彻底解决了布料和密封问题。主要特点是取消了大小料钟和料斗，依靠阀门来密封炉顶煤气和用旋转溜槽布料。

无钟式炉顶有以下优点：

（1）布料灵活。无料钟炉顶的布料溜槽不但可做回转运动，并且可作倾角的调控，因此有多种布料形式（环形布料、螺旋布料、定点布料、扇形布料）。布料效果理想，能满足炉顶调剂的要求。

（2）布料与密封分开，用两层密封阀代替原有料钟密封，由大面积密封改为小面积密封，提高了炉顶压力。一般钟式炉顶压力在 0.15 ~ 0.17MPa，无钟炉顶一般可达0.25MPa，最高可达 0.35MPa，且密封阀不受原料的摩擦和磨损，寿命期较长。

（3）炉顶结构简化，炉顶设备重量减轻，炉顶总高度降低，使整个炉顶设备总投资减少，维修方便。无料钟炉顶高度比钟阀式低 1/3，设备质量减小到钟阀式高炉的 1/3 ~ 1/2。整个炉顶设备的投资减少到双钟双阀或双钟四阀炉顶的 50% ~ 60%。阀和阀座体小且轻便，可以整体更换或某个零件单独更换。

无钟式炉顶有以下优点：

（1）耐热硅橡胶圈的容许工作温度较低 250 ~ 300℃。

（2）布料器传动系统及溜槽自动控制系统较复杂。

高炉炉喉温度往往可达到 400 ~ 500℃，耐热硅橡胶圈的表面吹冷却气冷却，也可以采用硬封或软硬封相结合的结构来代替软封，以解决耐热硅橡胶圈的容许工作温度较低的问题。

无料钟炉顶在国内高炉上的应用已非常普遍。

5.4.1.2　无钟式炉顶分类

按照料罐布置方式不同，主要分为并罐和串罐两种形式，也有设计成串并罐形式的。

PW 公司早期推出的无钟炉顶设备是并罐式结构，直到今天，仍然有着广泛的市场。串罐式无料钟炉顶设备出现得较晚，是 1983 年由 PW 公司首先推出的，并于 1984 年投入运行，它的出现以及随之而来的一系列改进，使得无料钟炉顶装料设备有了一个崭新的面貌。

A　并罐式无料钟炉顶

并罐式无料钟炉顶结构如图 5 - 34 所示。并罐式无料钟炉顶特点是：两个贮料罐并列安装在高炉中心线两侧，卸料支管中心线与中心喉管中心线成一定夹角。当从贮料罐卸出的炉料较少时，通过中心喉管卸下的炉料容易产生不均匀下落，即炉料偏向于卸料罐的对面或呈蛇形状态落下，以致造成通过溜槽布入炉喉的炉料出现体积和粒度不均匀，影响布料调节效果。另外，并罐式炉顶的贮料罐下密封阀安装在阀箱中，充压煤气的上浮力作用，会使贮料罐称量值的准确性受到影响，必须进行称量补偿。当一个料罐出现故障时，另一个还可以维护生产。

B　串罐式无料钟炉顶

串罐式无料钟炉顶如图 5 - 35 所示。串罐式无料钟炉顶的特点是：这种炉顶由布置在高炉中心线上的旋转料罐和其下面的密封料罐串联组成，密封贮料罐卸料支管中心线与波纹管中心线以及高炉中心线一致。因此，避免了下料和布料过程中的像并罐式那样的粒度

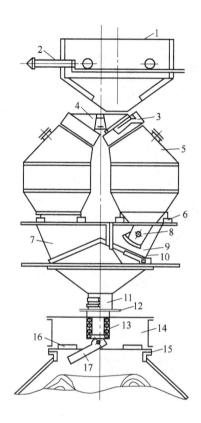

图 5-34　并罐式无料钟炉顶

1—移动受料漏斗；2—液压缸；3—上密封阀；
4—叉形漏斗；5—固定料仓；6—称量传感器；
7—阀箱；8—溜嘴；9—料流调节阀；10—下密
封阀；11—波纹管；12—眼镜阀；13—中心喉管；
14—布料器传动气密箱；15—炉顶钢圈；
16—冷却板；17—布料溜槽

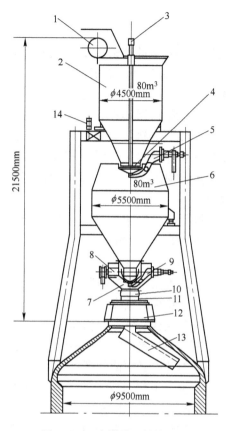

图 5-35　串罐式无料钟炉顶

1—带式上料机；2—旋转料罐；3—油缸；4—托盘式料门；
5—上密封阀；6—密封料罐；7—卸料漏斗；8—料流调节阀；
9—下密封阀；10—波纹管；11—眼镜阀；12—气密箱；
13—溜槽；14—驱动电机

和体积偏析。并且这种炉顶结构的下罐为称量料罐，它与下密封阀是硬连接在一起的，料罐的充压与卸压均不会影响称量值的准确性。当一个料罐出现故障时，高炉要休风，但投资少，结构简单，事故率要低，维修量相应减少。串罐式比并罐式更具有优越性。

C　串并罐式无料钟炉顶

串并罐式无料钟炉顶由至少两个并列的受料罐与其下面的一个中心密封贮料罐串联成上、下两层贮料罐，如图 5-36 所示。

并罐式、串罐式及串并罐式无料钟炉顶结构，除料罐的布置位置不同外，它们主要部分的构造都大体相同。

5.4.2　并罐式无钟式炉顶结构

并罐式无钟式炉顶主要有受料漏斗、料罐、密封阀、料流调节阀、中心喉管、眼镜阀、溜槽及驱动装置等组成。

5.4.2.1　受料漏斗

受料漏斗有带翻板的固定式和带轮子可左右移动的活动式受料漏斗两种。带翻板的固定式受料漏斗通过翻板来控制向哪个称量料罐卸料；带有轮子的受料漏斗，可沿滑轨左右移动，将炉料卸到任意一个称量料罐。受料漏斗外壳系钢板焊接结构，内衬为含25%的高铬铸铁衬板。

受料漏斗检修包括准备、拆卸或更换以及清洗检查等内容。

A　准备

（1）熟悉受料斗的构造和工作原理。

（2）安排检修进度，确定责任人。

（3）制定换、修零件明细表。

（4）准备需更换的备件和检修工具。

（5）料斗中必须清除剩余炉料。

（6）上、下密封阀处于"关"的位置并加机械锁定，切断电源。

（7）均压阀、充氮阀关闭，彻底与无料钟隔开。

（8）均压放散阀、紧急排气阀均处于开的位置。

（9）用切断阀断开液压系统，电磁阀断开电路。

（10）经煤气监测人员检查确认，安全无误后方准进行工作。

B　拆卸或更换

（1）确认系统停电，断开液压系统，无煤气后工作。

（2）拆除受料斗。

（3）将受料斗放置在平台。

（4）解体斗体，拆除连接螺栓，取出耐磨衬板。

C　清洗检查

（1）检查斗体的磨损情况，重点检查下锥体的磨损情况，磨损不严重可补焊，严重时可更换衬板。

（2）检查斗体是否有疲劳裂纹、变形、碰伤等缺陷。

（3）检查连接螺栓的使用情况，必要时更换。

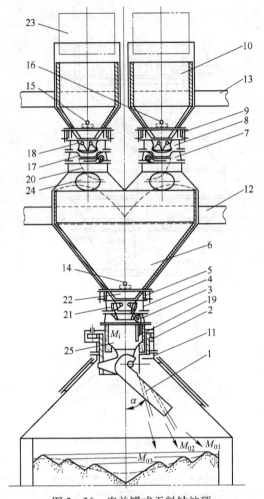

图 5-36　串并罐式无料钟炉顶

1—溜槽；2—传动箱；3，7—密封阀；4，8—节流阀；5，9—波纹管；6—中心料罐；10—受料罐；11—钢圈；12，13—炉顶钢架；14～16—γ射线装置；17，18—流线型漏斗；19—下密封阀盖；20—上密封阀轨迹；21—双扇形料门；22—波纹管漏斗；23—料车；24—人孔；25—空腔

D 安装调试

(1) 按照与拆卸相反的顺序进行组件、部件的装配及系统的总装。

(2) 调试完毕后，清理检修现场，整理和分析检测数据及备件消耗情况。

(3) 休风检修中，更换的紧固螺栓，送风后应逐个紧固，不得松动。

5.4.2.2 料罐

料罐其作用是接受、贮存炉料和均压室作用，内壁有耐磨衬板加以保护。在称量料罐上口设有上密封阀，下部装有下密封阀，在下密封阀的上部设有料流调节阀，也称下截流阀。每个料罐的有效容积为最大矿石批重或最大焦批重的 1.0 ~ 1.2 倍。上密封阀直径可取大些，因为主要考虑把受料漏斗接过来的炉料尽在 30s 内装入料罐，一般取 1400 ~ 1800mm。下密封阀直径和下截流阀水力学半径尽可能小为宜，过大易造成下料流量偏大，造成布料周向偏析；过小造成卡料，且影响生产能力。下密封阀直径 700 ~ 1000mm。与叉形漏斗的连接中间为一段不锈钢做成的波纹管连接，不能进行刚性连接。

料罐设有电子秤，用以监视料罐料满、料空、过载和料流速度等情况，同时发出信号指挥上下密封阀的开启、关闭动作和料流阀调节阀的开度，指挥布料溜槽在螺旋布料方式下何时进行倾动。有的高炉料罐没有电子秤，但有雷达或放射性同位素^{60}Co来测量料罐料满、料空信号。

料罐检修包括以下内容。

A 更换或拆卸

(1) 确认系统停电，断开液压系统，无煤气后工作。

(2) 拆除罐体下锥体外部紧固螺栓，每个紧固螺栓都配置了密封盒。密封盒由上座和盖组成，法兰结合面上用石棉橡胶板密封。

(3) 拆除上封顶板垂直引出煤气均压管和放散管接口，接口方式为法兰。

(4) 将受料斗放置在平台。

(5) 将拆下的各连接螺栓、垫片、键、密封件等分类存放。

B 清洗检查

(1) 清除各零件表面的油污、锈层、旧漆、密封胶等。重点检查密封情况。

(2) 检查罐体等结构件的表面质量，是否有疲劳裂纹、变形、磨损、碰伤等缺陷。内衬磨损严重要更换。

C 注意事项

(1) 检修应按要求挂牌操作，在检修区域设置醒目的安全标志。

(2) 拆吊设备时要与其他相邻设备同时进行，设专人指吊，手势规范，禁止斜拉横拽。

(3) 拆卸时注意保护零件不受损伤。

(4) 处理缺陷时，不少于两人，其中一人进行安全监护。

(5) 建立维护记录，详细记录发生故障、事故原因，采取措施及效果，维护时间等。

(6) 特别注意休风检修中，更换的紧固螺栓，送风后应逐个紧固，不得松动。

5.4.2.3 料流调节阀

图 5 - 37 为原料从料流调节阀流出示意图。料流调节阀是由一块弧形板所组成，由液

压缸驱动。安装在料罐下部料口的端头。料流调节阀的作用有两个：一是避免原料与下密封阀接触，以防止密封阀磨损；二是可调节阀的开度，控制料流大小，与布料溜槽合理配合而达到各种形式布料的要求。用来承受和与炉料接触处采用耐磨衬板。

料流调节阀常见故障及处理方法见表 5 – 3。

5.4.2.4 中心喉管

中心喉管是料罐内炉料入炉的通道，它上面设有一叉形管和两个称量料罐相连。中心喉管和叉形管内均设有衬板。为减少料流对中心喉管衬板的磨损及防止料流将中心喉管磨偏，在叉形管和中心喉管连接处，焊上一定高度的

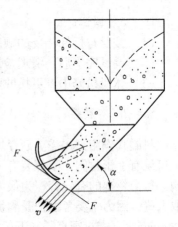

图 5 – 37　原料从料流调节阀流出示意图

挡板，用死料层保护衬板，结构如图 5 – 38 所示，但是挡板不宜过高，否则会引起卡料。中心喉管的高度应尽量长一些，一般是其直径的两倍以上，以免炉料偏行，中心喉管内径应尽可能小，但要能满足下料速度，并且又不会引起卡料，一般为 $\phi500 \sim 700$mm。

表 5 – 3　料流调节阀常见故障及处理方法

故　障	故　障　原　因	处　理　方　法
挡料阀移位	(1) 大块原料卡住； (2) 轴承损坏； (3) 液压系统有故障	(1) 清除阀中料块； (2) 检查轴承及供油状况或更换轴承； (3) 检查液压缸及液压系统的压力是否变化，如有泄漏应处理

5.4.2.5 密封阀

A　结构特点及工作原理

密封阀用于料罐密封，保证高炉压力操作。因此对它的性能要求：密封性能好；耐磨性能好。根据不同位置，分为上密封阀和下密封阀，两者结构完全一样，只是安装时阀盖和阀座的位置不同。密封面采用软硬接触，阀座采用合金钢制造，接触面为牙齿形，阀座外围装设有一个电加热圈，阀座加热过程中产生弱振动使其不粘料，不积灰垢。阀盖上装有硅橡胶圈，以保证密封严密。传动装置采用液压油缸，行

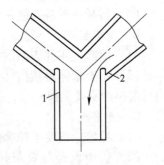

图 5 – 38　叉形管简图
1—叉形管；2—挡板

程位置由接近开关控制。图 5 – 39 为密封阀总图。这种阀密封性能好，不粘料。但最怕杂物卡住，一旦卡住，高压煤气流就冲刷接触面，破坏密封性。

阀瓣"开"时，先从阀座上垂直离开 10 ~ 12mm，然后再以轴心绕弧线运动把阀瓣全开，为装入炉料创造条件。"关"的动作与此相反，先是弧线运动，后垂直运动。开、关的动力是两个液压缸，其中一个是专管阀瓣的离合、垂直运动，另一个是专管阀瓣的弧线

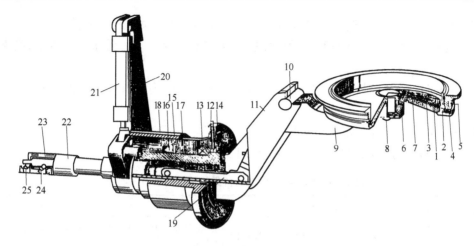

图 5-39 密封阀总图

1—阀瓣；2—硅橡胶圈；3—盖板；4—加热圈；5—阀体；6—轴；7—轴承；8—保护罩；9，11，19—连杆；
10—小轴；12—密封；13—滚柱轴承；14—主轴外壳；15—空心轴；16—滚柱轴承；17—轴颈；18—密封；
20—弧线运动支臂；21，22—液压缸；23—程序控制器；24—备用传送器；25—限位开关

运动。密封阀的开、关机构，是一个空心轴 15，它装在阀壳密封轴颈 17 中。此轴中心有一个连杆 9 和 11，它们支撑着 1、2、3、6、7、8 六个部件。此轴中心有一个连杆 19 可做往复运动。

轴颈 17 上也有一个连杆与液压缸 21 相连，液压缸做往复运动，使空心轴 15 做旋转运动，把阀瓣全开或全关。

液压缸 22 与空心轴内的连杆 19 相连。液压缸动作时，连杆产生推或拉的动作使阀瓣做上、下垂直运动，从阀座上离开 10~12mm。如果是上密封阀，液压缸和连杆往回收是开，下封阀往里推是开。在关的时候其动作与开相反。

控制机构上的电控设备均有两个接近型限位开关 25，它指示密封阀阀门的"开"或"关"的位置，并把此信号传到主控室的仪表盘上，其中有一个为备用。

B 检修注意事项

在检修密封阀之前，必须采取以下安全措施，并经安全检查部门确认无误之后，方准进行工作。

（1）关闭眼镜阀，并切断液压管路和电气回路。

（2）把上、下密封阀均打开并加机械锁定，将液压系统管路切断。

（3）料流调节阀关闭并加以锁定，将液压管路切断。

（4）均压阀关闭并锁定，将液压及电气回路切断。

（5）打开放散阀，将液压及电气回路切断。

（6）关闭氮气充气阀并加以锁定。

（7）经煤气测定人员确认安全时，方准进行工作。

C 拆卸密封阀的顺序

（1）拆下保护罩 8。

（2）使密封阀阀瓣处于"开"的位置，正好对准拆卸孔，便于拆出。

（3）卸开 M42 螺栓，取下保险板和垫圈。

（4）用气焊割开盖板3，然后拆出轴承6和轴承7，但要防止轴承脱落。

重新装上去的顺序与拆卸相反，但要注意把组装件清洗干净，需涂油的部位要涂好润滑脂。

更换和拆卸液压缸时，可以在外部工作，不必进入阀内，只拆下支撑体和23、24、25即可。

D　密封阀常见故障判断及处理方法

CF900型密封阀常见故障判断及处理方法见表5-4。

表5-4　CF900型密封阀常见故障及处理方法

故　障	故　障　原　因	处　理　方　法
漏煤气	（1）加热环损坏，不能加热，唇圈附着粉尘； （2）硅橡密封环损坏，唇圈被损坏或断裂； （3）限位器的位置不准； （4）阀座吹损； （5）阀体轴端填料损坏； （6）料仓受料口损坏； （7）料仓受料口磨损	（1）检查加热环的电阻，如确认损坏，应更换新件； （2）检查硅橡密封圈，如有磨损或断裂，应更换新件； （3）应检查限位器"开""关"的位置是否指示正确，如有误差，应调准确； （4）更换阀座； （5）更换密封填料； （6）检修或更换受料口； （7）更换受料口
有煤气从控制机构中漏出	（1）密封圈被磨损或缺少润滑油； （2）中空轴的连杆9密封不好	（1）检查密封圈是否有缺损，检查供油量是否充足； （2）检查连杆有否断裂、密封件有否磨损，以上各项如有缺损，应更换新件
阀门"开""关"困难	（1）转动部位润滑不良； （2）驱动臂轴承损坏； （3）液压系统压力不够或液压油缸内泄，油缸耳轴轴衬卡； （4）阀上粘有炉料或其他杂物； （5）料罐内料位高	（1）改善润滑条件，使之畅通； （2）更换驱动臂轴承； （3）查清系统压力不足的原因后处理或更换油缸，更换油缸耳轴轴衬； （4）检查料流阀是否关闭严密，有问题及时处理，再清除炉料和杂物； （5）手动操作排料后即可排除故障

E　维护检查周期

CF900型密封阀上、下密封阀维护检查周期见表5-5。

表5-5　CF900型密封阀上、下密封阀维护检查周期

检查点	每8h	每24h	每7d	每30d	每60d	每180d
有否杂音	△					
自动加油	△					
液压缸	△					
液压系统			△			
行程限位器			△			
锁定件及紧固件			△			
漏煤气否		△				
阀座及密封件				△		
控制机构组件						△

5.4.2.6 眼镜阀

A 结构特点及工作原理

眼镜阀的作用是在高炉休风时，把无料钟部分与炉内隔开。即使是在有轻微煤气或蒸汽的状态下，更换料斗衬板；更换各种阀、中心喉管及其他部件，都能确保安全作业。

如图 5-40 所示，为眼镜阀立体示意图。该阀的特点是阀板具有通孔端及盲板切断端，形似眼镜形，其上有 4 个冲程油缸，阀板上、下都有密封胶圈，阀的上部法兰上装有膨胀节。传动部分采用液压马达带动链轮转，以此来拖动阀板前后移动。即由一个带轨道框架和链轮槽道、两个阀板（一个盲板，一个是通孔板，其两面均有硅橡胶圈）、一个带链轮的驱动油马达、4 个冲程油缸组成。

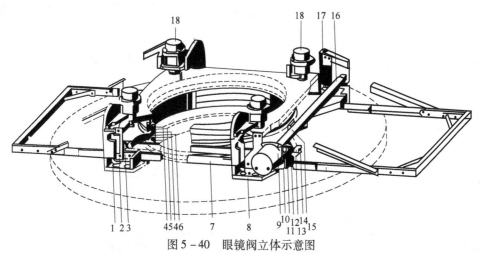

图 5-40 眼镜阀立体示意图

1—支架；2—导轮托架轨道；3—导向轮；4—"O"形密封圈；5—拉板；6—阀板支架（上、下法兰）；
7—导轨；8—托架；9—液压马达；10—耦合器；11—压盖；12—轴承；13—链轮；14—托架；
15—轴套；16—传动轴；17—支架；18—冲程油缸

眼镜阀动作包括顶开阀板和移动阀板两个动作。启动冲程油缸，则固定在齿轮箱法兰上的 4 个冲程油缸 18 首先将阀的上法兰 6 顶开 7.5mm，使之与阀板脱开。同时随着上行的还有与膨胀节法兰固定在一起的拉板 5 及升降轨道 2，当轨道 2 上升到 7.5mm 时，轨道与导向轮 3 接触时，油缸活塞继续上升，不仅膨胀节法兰 7、眼镜阀上法兰 6、拉板 5 上升，轨道 2 也跟着继续上行，同时与轨道接触的导向轮 3 及阀板也开始上行，脱离下法兰，这样再行 8.5mm，活塞到位，升降轨道与外轨道平齐，而且阀板与上法兰间隙 7.5mm，与下法兰间隙 8.5mm，阀板可以自由移动，此时启动液压马达，带动阀板移动，移动距离由限位开关控制，到位后冲程油缸泄压。由于这 4 个冲程油缸装有预压紧力弹簧，在弹簧力的作用下，阀板恢复到原位，密封圈又被压紧。这里要说明的是，阀板中间有实体和空心之分，起隔断和连通作用。但不管是隔断还是连通，圆周的密封结构形式是相同的。

为了安全保险起见，设置了手摇泵。当停电检修时可用手摇泵开、关眼镜阀。

B 维修注意事项

（1）阀板每次动作前，要保证其表面清洁。不得在阀板上的密封圈未吹扫干净就动作阀板，否则密封圈损坏。

（2）当炉顶压力不高时（小于0.05MPa），要检查阀的密封性。若密封性不好，用液压装置略微移动一下冲程油缸，通过法兰和阀板间隙吹一点高炉煤气，吹掉杂质，再使冲程油缸动作，压紧阀板，就可以密封了。但如果是"O"形圈损坏，就会漏煤气，并只有等休风时才能更换"O"形圈。

C　眼镜阀常见故障及处理方法

眼镜阀常见故障及处理方法见表5-6。

表5-6　眼镜阀常见故障及处理方法

故　障	故　障　原　因	处　理　方　法
漏气	（1）膨胀节导向螺栓、螺母限制了压紧装置的紧固； （2）"O"形圈损坏； （3）法兰座损坏； （4）阀板不到位； （5）阀板超越极限位	（1）调节下部螺母，调整与密封圈的间隙； （2）更换密封胶圈； （3）更换法兰； （4）检查调整液压系统，核对限位开关位置； （5）如果阀板卡阻，要吹扫干净。阀板超级限位，手动使阀板复位
阀板工作不灵活	（1）液压压力不够； （2）冲程油缸不动作； （3）膨胀节导向螺栓的螺母限制了压紧装置的"开"； （4）轨道上有炉料卡阻	（1）调整液压压力； （2）处理液压装置； （3）调节上部螺母，使之脱开密封圈； （4）清除轨道上的炉料
阀板动作后，冲程油缸不关闭	（1）阀芯卡阻； （2）阀座和阀板间有脏物	（1）手捅阀芯至灵活或拆下清洗阀芯； （2）清除杂物并检查密封圈，损坏件要更换

5.4.2.7　布料器

A　布料器传动机构

根据布料要求，布料器的旋转溜槽应有绕高炉中心线的回转运动和在垂直平面内改变溜槽倾角的运动，这两种运动可以同时进行，也可分别独立进行。

（1）图5-41是布料器传动方案之一。

布料器传动系统由行星减速箱 A（1~9）和气密箱 B（10~27）两大部件组成。布料器气密箱通过壳体27支持在高炉炉壳28上。行星减速箱支持在气密箱的顶盖26上。气密箱直接处于炉喉顶部，为了保证轴承和传动零件的工作温度，箱内工作温度不应超过50℃，所以必须通冷却气体进行冷却，冷却气的压力比炉喉压力应大0.01~0.015Pa，以防炉内荒煤气进入气密箱内。冷却气由密封箱底板与气密箱侧壁之间的间隙C排入炉内。行星减速箱处于大气环境中工作，不必通冷却气体，只有齿轮10和11的同心轴伸入气密箱内，因此需要转轴密封。

布料器的旋转圆筒上部装有大齿轮12，由主电机 n_1 经锥齿轮对和两对圆柱齿轮（3、5，10和12）使其旋转。旋转圆筒下部固定有隔热屏风18，跟着一起旋转。

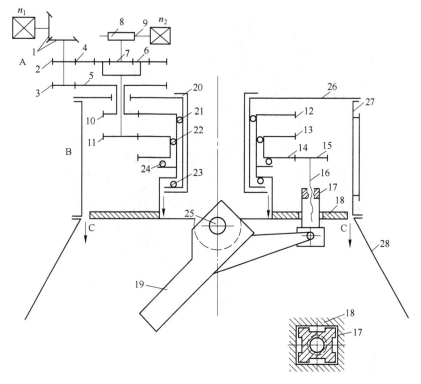

图 5 – 41　溜槽倾角采用尾部螺杆传动时的布料器传动系统

n_1，n_2—主副电机；1～5，7，10～15—齿轮；6—行星齿轮（共 3 个）；8，9—蜗轮蜗杆；
16—螺杆；17—升降螺母；18—旋转屏风；19—溜槽；20—中心喉管；21，22—径向
轴承；23，24—推力向心轴承；25—溜槽回转轴；26—顶盖；27—布料器外壳；28—炉喉外壳

旋转圆筒下部的溜槽回转轴 25 伸入炉内，它是布料溜槽 19 的悬挂和回转点。溜槽的尾部通过螺杆 16 和方螺母 17 与浮动齿轮 14 相连。当溜槽环形布料时，它和旋转圆筒一起转动，倾角不变。这时副电机 n_2 不动，运动由主电机 n_1 经两条路线使气密箱内的两个大齿轮 12 和 13 转动。即一条路线是由齿轮 3、5 和 10 使大齿轮 12 转动，另一条由齿轮 2、4（齿轮 4 有内外齿）、行星齿轮 6 和齿轮 11 使浮动大齿轮 13 转动。这时，两个大齿轮以及旋转圆筒都以同一速度旋转。小齿轮 15、螺杆 16 和螺母 17 也一起绕高炉中心线旋转，不发生相对运动，这时溜槽的倾角不变。

溜槽的倾角可以在布料器旋转时变动，也可以在布料器不旋转时变动。当需要调节倾角时，开动副电机 n_2，使中心的小太阳齿轮 7 转动，从而使行星齿轮 6 的转速增大或减小（视电机转动的方向而定），使浮动齿轮 13 和 14（双联齿轮）的转速大于或小于大齿轮 12（亦即旋转圆筒）的转速。这时齿轮 15 沿浮动齿轮 14 滚动，使螺杆 16 相对于旋转圆筒产生转动，带动螺母 17 在屏风 18 的方孔内做直线运动，溜槽的倾角发生变化。

（2）图 5 – 42（a）是国外使用的无料钟炉顶布料器的立体简图，图 5 – 42（b）是国外使用的传动系统简图。

溜槽传动系统的工作原理是：当电动机 1 工作，电动机 24 不工作时，电动机 1 一方面通过联轴器 28 和齿轮 2、3、5、6、7 使齿轮 8 转动。与齿轮 8 固连在一起的旋转圆筒 9、底板 29、蜗轮传动箱 C、耳轴 18 和溜槽 20 也一同转动。而电动机 1 另一方面通过联

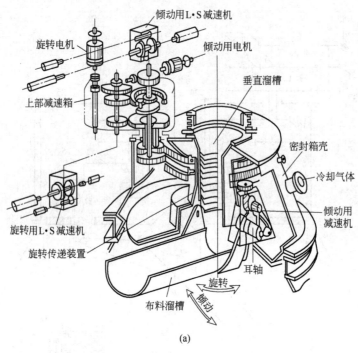

(a)

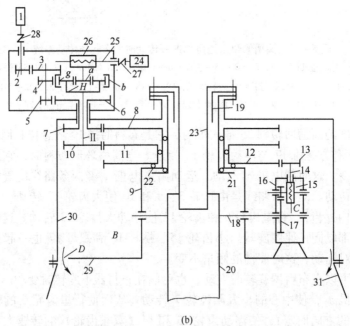

(b)

图 5 - 42　无料钟炉顶布料器的立体简图和传动系统简图

（a）无料钟炉顶布料器的立体简图；（b）传动系统简图

1—旋转电动机；2~5，8，10，13，16，17—圆柱齿轮；6，7，11，12—双联齿轮；9—旋转圆筒；
14，25—蜗杆；15，26—蜗轮；18—耳轴；19—套管；20—溜槽；21—固定喉管；22—滚动轴承；23—中心喉管；
24—溜槽摆动电动机；27，28—联轴器；29—气密箱底板；30—气密箱壳；31—高炉外壳；a，b，H，g—行星轮系

轴器 28，齿轮 2、3、4 和行星齿轮 b、g 及系杆 H，齿轮 10，使双联齿轮 11 与 12 转动。
由于电动机 1 带动齿轮 8 和 12，两个转动的总传动比设计得完全相同，即齿轮 8 和 12 是

同步的，因此齿轮13与齿圈12之间无相对运动，所以此时溜槽只有转动而无倾动。

当电动机1不工作，而倾动电动机24工作时，通过蜗杆14、25、蜗轮15、26、中心齿轮 a、行星齿轮 g、系杆 H、齿轮10、13、16、双联齿轮11和12以及耳轴18，使溜槽只倾动而不转动。

当电动机1和24同时工作时，由于行星轮系的差动作用，就使得大齿圈8和12之间也产生差动，从而使传动齿轮13与齿圈12之间产生了相对运动，此时溜槽既有转动又有倾动。

图5-42和图5-41的传动系统的差别仅在于溜槽倾角调整机构有所不同。图5-41是用螺杆传动，而图5-42采用蜗轮蜗杆传动。用螺杆传动时，方杆螺母17（见图5-41）不但要承受轴向力，同时还有侧向力，在屏风18的方孔内做直线运动，润滑不便，摩擦较大，工作不太可靠。改用图5-42的蜗轮箱传动后，通过蜗杆、蜗轮、小齿轮和扇形齿轮，使溜槽驱动轴通过花键连接带动溜槽旋转。溜槽驱动轴支承在蜗轮箱内，润滑条件较好，工作比较可靠。

（3）图5-43是国内设计使用的一种无料钟炉顶布料器的传动系统。

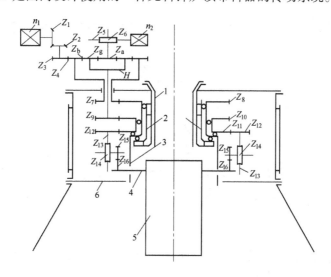

图5-43　国内设计布料器传动系统

1—中心喉管；2—固定圆筒；3—旋转圆筒；4—驱动轴；5—溜槽；6—冷却屏风；
Z_a—中心太阳轮齿数；Z_b—大太阳轮内齿齿数；Z_g—行星轮齿数；n_1—主电机转速，r/min；
n_2—副电机转速，r/min；H—行星轮的系杆

它与国外传动系统不同之处是：

1）上部主电机通过锥齿轮 Z_1、Z_2，太阳轮 Z_a 和齿轮 Z_7、Z_8 带动圆筒旋转，比原结构减少了一层齿轮，少了一对分箱面，使行星箱简化，安装调整比较方便。

2）溜槽的摆动采用双边驱动，以增加传递扭矩，但需解决传动时两边受力均衡问题。

3）下部隔热屏风采用固定式，不再与圆筒一起旋转。它可以通水冷却，使炉喉的辐射热不易传入气密箱内，并减少冷却气的用量。

　a　环形布料时两个大齿轮 Z_8、Z_{10} 同步的条件

环形布料时，溜槽只作旋转运动，不作摆动。这时副电机 n_2 不动，中心太阳轮 Z_a 固定，而且应使两个大齿轮 Z_8、Z_{10} 的转速 n_8 和 n_{10} 相等，则

$$n_8 = \frac{n_1}{\frac{Z_2}{Z_1} \cdot \frac{Z_4}{Z_3} \cdot \frac{Z_8}{Z_7}} \qquad (5-4)$$

$$n_{10} = \frac{n_1}{\frac{Z_2}{Z_1} \cdot \frac{Z_4}{Z_3} \cdot i_{bH}^a \cdot \frac{Z_{10}}{Z_9}} \qquad (5-5)$$

若 $n_8 = n_{10}$ 则得：

$$\frac{Z_8}{Z_7} = \frac{Z_{10}}{Z_9} i_{bH}^a \qquad (5-6)$$

当中心小太阳轮 a 固定，大太阳轮 b（内齿）主动，动力由内齿轮 b 传递到系杆 H 时的速比 i_{bH}^a 为：

$$i_{bH}^a = 1 + \frac{Z_a}{Z_b} \qquad (5-7)$$

当中心小太阳轮 a 主动，大太阳轮 b（内齿）固定，动力由中心太阳轮 a 传递到系杆 H 时的速比 i_{aH}^b 为：

$$i_{aH}^b = 1 + \frac{Z_b}{Z_a} \qquad (5-8)$$

将式（5-7）代入式（5-6）得：

$$\frac{Z_8}{Z_7} = \frac{Z_{10}}{Z_9}\left(1 + \frac{Z_a}{Z_b}\right) \qquad (5-9)$$

式（5-9）是两个大齿轮同步关系，在设计布料器的传动系统时，有关齿轮的齿数必须符合式（5-9）的关系。此外，齿轮 Z_7 和 Z_8、Z_9 和 Z_{10} 同在两根轴上，必须使两对齿轮的中心距相等。

b 溜槽倾角调整的转动速度

调整溜槽倾角与主电机无关，完全取决于副电机的转速 n_2 和由副电机至溜槽驱动轴之间的传动比。溜槽倾角调整的转速 n_{16} 为：

$$n_{16} = \frac{n_2}{\frac{Z_6}{Z_5} \cdot i_{aH}^b \cdot \frac{Z_{10}}{Z_9} \cdot \frac{Z_{12}}{Z_{11}} \cdot \frac{Z_{14}}{Z_{13}} \cdot \frac{Z_{16}}{Z_{15}}} \qquad (5-10)$$

将式（5-8）代入式（5-10）得：

$$n_{16} = \frac{n_2}{\frac{Z_6}{Z_5} \cdot \left(1 + \frac{Z_b}{Z_a}\right) \cdot \frac{Z_{10}}{Z_9} \cdot \frac{Z_{12}}{Z_{11}} \cdot \frac{Z_{14}}{Z_{13}} \cdot \frac{Z_{16}}{Z_{15}}} \qquad (5-11)$$

选定了调整溜槽倾角的转速 n_{16} 和 n_2 后，就可按式（5-11）分配速比和各齿轮的齿数。

传动机构设计时还应考虑，第一级减速比 Z_6/Z_5（见图5-43）或 Z_{16}/Z_{15} 采用单头蜗杆传动，以利自锁，在修理或调整抱闸时不会由于溜槽的自动倾翻力矩而转动。此外，带动溜槽的最后一级圆柱齿轮的被动轮应采用扇形齿轮，这样不但可以缩短溜槽驱动轴和

屏风之间的距离，而且在更换溜槽时能使溜槽摆成水平，便于更换。

B 气密箱

气密箱是布料器的主体部件，设计时寿命应尽可能达到一代炉龄。为了保证布料器正常工作，必须使布料器的最高温度不超过 70℃，正常温度应控制在 40℃ 左右。必须对箱体内不断通入冷却气（氮气或半净煤气）。冷却气要求：

（1）进气温度一般小于 30℃，最高不得大于 40℃。冷却气含尘量（煤气）小于 $5mg/m^3$，最高不大于 $10mg/m^3$。

（2）冷却气的压力比炉喉煤气压力高 $0.01 \sim 0.15MPa$。当炉喉压力变化时，冷却气的压力也应能自动调整。

（3）箱体内冷却气气流分布正确，来保证运动零件的正常温度。

为了简化控制，可以采用定容鼓风机，只要选用的定容鼓风机的额定压力超过炉喉最高压力，就可以保证鼓风机鼓入一定量的冷却气。设有两套鼓风机，一套工作，一套备用。当气密箱温度超过 70℃ 时，需要加大冷却气量，可以同时开两台风机。

气密箱的温度用热电偶测定，热电偶应均匀地沿气密箱的圆周分布。

（1）图 5-44 是气密箱的一种结构。为了通入氮气或半净煤气冷却气密箱，设有进气口 7 和两条排气缝 8。为了使两条排气缝的宽度在运转中保持稳定，气密箱内零件的定心必须准确，运转必须稳定。必须采用结构紧凑，支持牢靠，并且在长期运转中能维持较高精度的支撑结构。这种结构的气密箱把所有的运动零件都安装在旋转圆筒 1 上，然后通过大轴承支持在中心固定圆筒 4 上。中心固定圆筒挂在固定法兰盘 2 上。

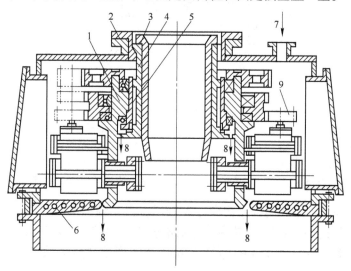

图 5-44 布料器气密箱的结构

1—旋转圆筒；2—固定法兰；3—中心喉管；4—中心固定圆筒；5—中心固定圆筒的外套；
6—水冷却屏风；7—冷却气入口；8—排气缝；9—蜗轮箱主动小齿轮

旋转圆筒 1 通过两个大轴承支撑在固定圆筒上。下面是推力向心轴承，主要是为了承受轴向力，同时也可以承受径向力。上面的轴承是纯径向轴承，可以承受齿轮传动的径向力，也可以和推力轴承一起抵抗溜槽的倾翻力矩。

浮动大齿轮（双联齿轮）也是采用两个同类型的轴承支撑在旋转圆筒 1 上。采用这种轴承的优点是可以承受轴向和径向力外，主要是安装和使用过程中不必调整轴承间隙，能长期保持运转精度。缺点是采用 4 个完全不同的轴承，制造工作量加大。

中心固定圆筒的外套上有 3 个径向供油孔；上下层油孔分别供给径向轴承和推力轴承，中层油孔穿过旋转圆筒润滑双联齿轮的两个轴承。

（2）图 5 - 45 是气密箱的另一种结构。这种结构不但通入冷却气，而且在底部有水冷却屏风，中心喉管的外围也设有水冷固定圆筒 15，这样冷却气用量大为减少。

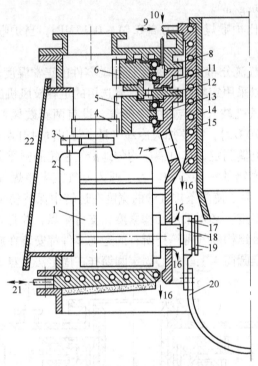

图 5 - 45　布料器气密箱的结构

1—蜗轮减速箱；2—稀油泵；3—小齿轮；4—弹性齿轮；5—浮动大齿轮；6—大齿轮；7—冷却气通道；
8—顶盖；9—冷却水入口和出口；10—干油润滑入口；11—轴承座法兰盘；12—连接法兰盘；
13—旋转圆筒；14—中心喉管；15—水冷固定圆筒；16—冷却气排出口；17—溜槽驱动臂；
18—花键轴保护套；19—驱动臂保护板；20—溜槽；21—冷却水入口和出口管；22—工作孔

这种气密箱采用 4 个相同的推力向心球轴承，由于轴承型号相同，有利于订货和制造。4 个轴承布置在同一直径上，有利于中心喉管直径的扩大，对于大型高炉采用这种结构比较有利。成对使用的推力轴承在安装时要考虑方便地调整轴承间隙，可在 8 和 11 的法兰面之间加可调垫片来解决。

轴承座法兰 11 是用螺栓连接把载荷传递到顶盖上的。由于螺栓处于冷却区域内，又有水冷却的中心固定圆筒保护，不会产生蠕变现象。

大轴承采用干油润滑。干油通过输油管 10（在圆周上共有四个）进入气密箱内的上面两个大轴承，然后通过连接法兰盘 12 的孔进入下面两个轴承。

两个大齿轮同样用干油润滑（图中未画出）。两个蜗轮箱上的小齿轮 4 和齿轮对 3 也有同样的润滑油进行润滑。

蜗轮箱内部的零件采用稀油润滑，在箱体上安有稀油泵 2，其动力由蜗杆轴通过小齿轮对3传动。当调整溜槽倾角时，通过齿轮对3带动油泵2。油泵2把辅助油箱的润滑油吸出，经过滤油器和油管送到蜗轮箱内部，喷到蜗轮蜗杆和齿轮上。

两个蜗轮箱支承在旋转圆筒13的托架（筋板）上，它和旋转圆筒一起旋转。因此，滤油器和辅助油箱（因蜗轮箱的存油量很少）都要安装在托架上跟着一起转动。如果要简化润滑，也可以考虑采用干油润滑，这只有在高炉休风时打开气密箱的工作孔22用油枪打入干油。

国外第一个无料钟炉顶的溜槽是单边传动的，由于驱动轴对溜槽的扭矩较大，容易使溜槽开裂。图5-44和图5-45采用了双边传动。

由于制造和安装等原因，双边传动受力可能不均匀，甚至于只有一边驱动，另一边反而形成阻力。可以采取以下两项措施来解决双边传动均衡问题。

1）蜗杆轴上的小齿轮（图5-44的9或图5-45的4）的键槽不要事先加工出来，可以在装配调试合适后划线再加工。这一措施只能解决双边传动和溜槽的装配问题，但由于零件制造有误差，传动过程中受力仍会出现不均匀，还必须采取第2）项措施。

2）把蜗杆轴上的小齿轮做成弹性结构，如图5-46所示。它由齿圈1和轮芯8组成。齿圈和轮芯之间的径向力通过轮芯的辐板和突缘4直接传递。齿圈和轮芯之间的扭矩则要通过弹簧2和7（共有三对）传递。为了限制弹簧的最大负荷，在弹簧内装有套筒3。当弹簧压缩到一定程度以后，齿圈的凸块5碰到套筒3可以直接传递扭力。

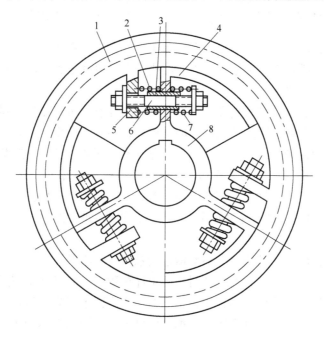

图5-46 弹性小齿轮

1—齿圈；2，7—弹簧；3—套筒；4—轮芯的辐板和突缘；5—齿圈的凸块；6—双头螺栓；8—轮芯

C 溜槽驱动轴和溜槽的悬挂结构

图5-47是溜槽驱动轴和溜槽的悬挂结构图。

溜槽的驱动轴是花键轴。溜槽和驱动轴连接的部位受扭力较大，一般宜单独制作，选用较好的耐热合金或普通镍铬合金钢。这一部分成为驱动臂。驱动臂15和溜槽13之间

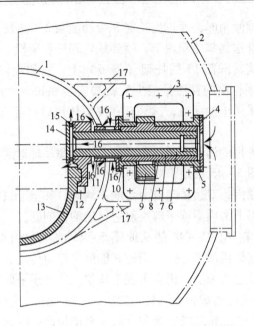

图 5 - 47　溜槽的驱动轴和溜槽的悬挂结构

1—旋转圆筒；2—气密箱外壳；3—蜗轮箱；4—轴向限位板；5—轴向定位衬套；6—花键轴；7—内花键轴；
8—套筒；9—扇形齿轮；10—轴向定位衬套；11—花键轴保护套；12—溜槽尾端挡板；13—溜槽；
14—驱动臂保护板；15—驱动臂；16—冷却气气路；17—蜗轮箱托架

有滑道相配，用螺栓联结。溜槽的尾部有挡板 12（见图 5 - 48 的 1），它是焊在溜槽端部的。通过上述结构，螺栓基本上不受剪力，溜槽的重量由滑道和尾部的挡板（见图 5 - 48 中的 2 和 1）传递到驱动臂上。

溜槽的驱动臂和驱动轴是布料器的关键零件，也是整个布料器的薄弱环节。它受扭矩较大，又处在炉喉内工作，除应选用较好的材质外，还应考虑冷却措施。图 5 - 47 驱动轴的外表面和内部是通冷却气的。为了正确引导花键槽表面的气流，并避免冷却气和炉内的脏煤气相混，设有保护套 11。为使冷却气能够冷却溜槽驱动臂 15 的内表面，把驱动轴 6 做成空心的。通过的气流在轴端部拐弯沿驱动臂表面向四周扩散出去。驱动臂内侧保护板 14 可以保证上述冷却气沿驱动臂表面的正确流动，并避免炉喉脏煤气混入。

D　溜槽本体

图 5 - 48 为溜槽的一种结构。布料溜槽直接悬挂在中心喉管下面，既要承受高温的辐射，还要承受炉料的冲击磨损，对它的衬板要求经久耐用，并且在生产过程中拆卸、安装方便。它是一个半圆形的槽体，本体用铸钢制造，内表面堆焊有硬质合金，它的衬板是成阶梯形安装的。为了提高其刚性和减小溜槽的倾翻力矩，溜槽本体做成锥形，即前端小一些，后部大一些。后部壁厚也大一些，溜槽尾部侧壁除了有与驱动臂卡靠用的导轨外，还有与其连接用的螺钉孔。

更换溜槽时，打开炉喉检修孔和布料器检修孔，把溜槽调整到接近水平位置，然后用专用吊具吊平溜槽。同时，卸去花键轴 6 的尾部轴向限位板 4，如图 5 - 47 所示，利用驱动轴端部的螺纹孔接上一个长螺杆，然后用千斤顶把两个驱动轴同时往外抽移一段距离，使花键轴的头部脱离驱动臂的花键孔。这样就可以把溜槽及其上的驱动臂一起吊出炉外。

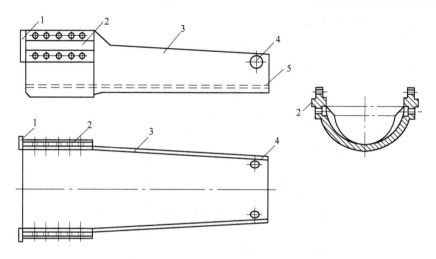

图 5-48 布料溜槽

1—轴向挡板；2—滑道；3—溜槽本体；4—换溜槽用圆孔；5—硬质合金层

换新溜槽的顺序和上述过程相反。

　　E　布料器常见故障及处理方法

　　布料器常见故障及处理方法见表 5-7。

表 5-7 布料器常见故障和处理方法

故　障	故　障　原　因	处　理　方　法
旋转困难	（1）电磁制动器未打开或间隙小； （2）减速机缺油； （3）减速机温度过高； （4）高炉料位过高	（1）调整间隙，使之均匀； （2）加润滑油，并检查自动供油装置有否问题，给予对应的处理，保证连续自动加油； （3）检查氮气冷却及炉顶自动打水装置等，进行相应处理； （4）暂停上料，并检查垂直探尺检测的料位是否正确
倾动困难	除与旋转减速机相同的原因外还有：溜槽倾动的齿轮传动系统有异常	检查自由倾动
行星减速机的电动机工作时振动	（1）电机与减速机轴线不同心； （2）地脚螺栓松动； （3）电动机故障	（1）重新调整、校正电机和减速机轴线使其同心； （2）紧固地脚螺栓； （3）处理或更换电机

5.4.3　无钟式炉顶布料与控制

5.4.3.1　溜槽布料方式

　　无料钟炉顶的布料溜槽不但可作回转运动，并且可作倾角的调控，因此有多种布料方式：环形布料、定点布料、螺旋布料、扇形布料，如图 5－49 所示。

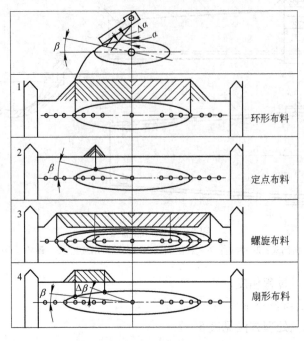

图 5－49　四种典型的布料方式

A　环形布料

环形布料是使布料溜槽以一定的倾角 α 作环形旋转运动，将炉料布在炉喉的一定半径的环带上。由于能自由选择溜槽倾角 α，可以在炉喉半径的任一部位作单环、双环和多环布料。在一次布料过程中，如果只选用一个溜槽倾角位置称单环布料，选用两个倾角位置称双环布料，选用三个以上的倾角位置称多环布料。环形布料还可以通过改变溜槽的旋转速度，使不同种类和不同重量的炉料达到相同布料层数的目的。

B　定点布料

在高炉生产过程中，炉子截面的某一部位的煤气出现管道等不正常现象，需要将炉料集中地布到炉喉截面的某一点位置时，使用定点布料。定点布料操作是靠人工手动控制固定溜槽的倾斜角 α 和方位角 β，将炉料布到所要求的点上。

C　螺旋布料

螺旋布料时布料器的主、副电动机同时启动，溜槽作匀速旋转运动的同时，溜槽倾角 α 还作渐变或跳变径向运动，使炉料形成变径螺旋形分布。螺旋布料时溜槽倾角 α 的改变，一般是采取由外向内跳变。这种布料方式能将炉料布到炉喉截面上的任一部位，并可根据需要调整料层的厚度，以获得较为平坦的料面。

D　扇形布料

扇形布料是在炉料发生偏行和产生局部崩料时所采取的一种布料方法。扇形布料时，溜槽的方位角 β 在 10°～12°范围内往复旋转，同时溜槽倾角 α 不断变化，使炉料在炉喉的某一区域内形成扇形分布。

除了以上四种基本布料方式外，在环形布料和螺旋布料的基础上，还有不均匀环形布料、不均匀螺旋布料，以及环形和螺旋形混合布料等。不均匀环形布料是在环形布料过程中几个或每个溜槽倾角 α 位置上的布料圈数不相等。不均匀螺旋布料是在螺旋布料过程中溜槽在各倾角位置上的布料圈数不相同。环形和螺旋形混合布料则是在一次布料过程中既有环形布料又有螺旋布料。布料时溜槽旋转圈数和倾动角均由电子计算机自动选定。

溜槽布料举例如下：

某高炉采用溜槽环形布料，一批料的装料次序为：$C_1 \downarrow C_2 \downarrow O_1 \downarrow O_2 \downarrow$，设每下一次料溜槽旋转 5 圈，即焦批 10 圈，矿批 10 圈，共 20 圈，设定 10 个溜槽倾角位置点的倾角度数为：

倾角位置点号	1	2	3	4	5	6	7	8	9	10
倾角度数/(°)	49	47	46	44	43	41	38	35	31	24

布一批料所选择的溜槽倾角位置为：$C_1 \downarrow$：22244，$C_2 \downarrow$：33377，$O_1 \downarrow$：44455，$O_2 \downarrow$：66555。

即一批料的布料过程为：$C_1 \downarrow$，溜槽倾角在 47° 旋转 3 圈，在 44° 旋转 2 圈。$C_2 \downarrow$，溜槽倾角在 46° 旋转 3 圈，在 38° 旋转 2 圈。$O_1 \downarrow$，溜槽在 44° 旋转 3 圈，在 43° 旋转 2 圈。$O_2 \downarrow$，溜槽倾角在 41° 旋转 2 圈，在 43° 旋转 3 圈。

一批料的溜槽倾角位置及旋转圈数的组合称为布料程序。

在考虑溜槽布料程序时，当采用环形或螺旋布料，为了减小布料的开始和终了由于下料量变化较大对布料准确性的影响，要求一个贮料罐的装料量不得少于使溜槽旋转 3~4 圈的料流量。布料操作控制溜槽倾角的方法，可以按时间（即溜槽旋转圈数）或按料罐重量的变化进行控制。一般采取控制溜槽旋转圈数的方式较多，只有在称量检测水平较高的高炉上才有采用按重量变化的方法来控制溜槽倾角位置的。布料过程中的料流量是依靠调节料流阀的开度控制的，而料流量还与炉料的粒度等性质有关，难以用理论计算出料流阀的准确开度，生产中料流量与料流阀开度之间的关系一般都是通过实际测定得到的。提高料流阀的制造精度和控制系统的控制准确性是实现准确控制料流量的基本条件。

5.4.3.2　无钟式炉顶优点

无钟式炉顶与有钟式炉顶的布料相比有下列优点：

（1）可以把原料布到整个料面上，包括在大钟下面的广大面积。图 5-50 为料钟式炉顶布料（大钟布料）和无钟式炉顶布料（旋转溜槽布料）的对比，料钟式只能环形布料，无料钟式炉顶可以把料布到炉喉的整个料面。

（2）围绕高炉中心线可以实现任何宽度的环形布料，每次布料的料层厚度可以很薄。

（3）可以减少原料的偏析和滚动，各处的透气性比较均匀。

（4）由于原料由一股小料流装入炉内，不影响炉喉煤气的通道，因此由煤气带出的炉尘比料钟装料的少。用大钟装料时，原料猛然从大钟上一起落下，减小了煤气的通道，增加了煤气的速度，从而增加炉尘的吹出量。

（5）有利于整个高炉截面的化学反应。采用"之"字形装料，即把环形装料和螺旋布料结合起来，使高炉煤气在炉内上升时，走曲折的道路，延长煤气和炉料的接触时间，有利于煤气能量的利用。

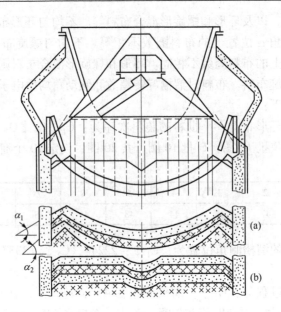

图 5 – 50　用大钟布料和旋转溜槽布料的对比（$\alpha_1 < \alpha_2$）

(a) 大钟布料；(b) 旋转溜槽布料

（6）可以实现非对称性的布料，如定点布料或定弧段的扇形布料。当高炉料柱发生偏行或"管道"时，可以及时采取有效的补救措施。

5.4.3.3　装料、布料操作

装料操作包括装料方法和均压制度。并罐式无料钟炉顶向贮料罐装料，一般采取焦矿左右料罐轮换装料。均压制度一般分为正常均压制和辅助均压制。正常均压制是当贮料罐上密封阀关闭后立即充压，辅助均压制是在贮料罐下密封阀打开前才进行充压。均压时向料罐充压，一般是用半净煤气进行一次充压，用氮气进行二次充压。

并罐式炉顶设备的装料、布料顺序如下。

装料前将受料斗移至对应罐之上，打开该罐放散阀，开启上密封阀，装完一批料后，关上密封阀和放散阀，此时如果料罐电子秤发出超重信号，将不允许关上密封阀，只能在非连锁状态下放料，处理好后再向料罐内均压。

当料线下降到需装料位置时，探尺提起至安全坡位位置，同时溜槽启动旋转，料罐均压阀打开，均压好后打开下密封阀。待布料溜槽转到预定的布料起始位置时，控制系统使料流调节阀打开到规定的开度，炉料按规定的卸料时间通过中心喉管经布料溜槽布入炉内。当料仓卸空后由测力仪（电子秤）发出信号，先关闭料流节流阀，再关闭下密封阀，然后打开放散阀，溜槽回到原等待位置。

当第一个料罐往炉内布料时，第二个料罐可以接受装料，两个料罐交替工作，使炉顶装料具有足够的能力。

一般装料与布料操作的程序控制是连锁的，对连锁的要求如下：

（1）垂直探料尺提升到机械零位，水平探尺退回到原位后才允许布料溜槽启动。

（2）下密封阀未关闭严密时，上密封阀不能打开。

（3）下密封阀未全打开时，料流调节阀不能打开。

（4）贮料罐内有炉料时，禁止打开上密封阀，避免重复装料。

（5）一个贮料罐的下密封阀打开时，另一个贮料罐的下密封阀禁止打开。

5.4.4 无钟式炉顶维护与检修

5.4.4.1 无料钟式炉顶设备的维护

无料钟式炉顶设备的维护主要是润滑、密封和紧固等方面。维护和操作人员应按时按规定进行检查和维护。检查的内容如下：

（1）受料漏斗的油缸有无泄漏，销轴是否窜位或严重磨损，轴承有无卡阻，车轮转动是否灵活，衬板有无严重磨损。

（2）上、下密封阀和料流调节阀的油缸有无渗漏，销轴有无窜位或严重磨损，操作杆有无窜动或弯曲，轴承有无卡阻，填料是否漏气，阀体与胶圈有无损伤或渗漏。

（3）眼镜阀的密封有无渗漏，各部螺栓是否齐全且无松动，各焊点有无炸裂，各运动部件是否转动灵活。

（4）行星减速机的散热孔有无堵塞，密封有无渗漏，润滑是否良好，油温是否正常（应不大于65℃），各部螺栓是否齐全无松动。

（5）气密箱的各接口处有无漏气，声音是否正常，各部螺栓是否齐全无松动。

（6）均压阀和球阀的密封、润滑油路有无泄漏，各部螺栓是否齐全无松动，各运动部件运动是否灵活。

（7）布料溜槽的衬板是承受从中心喉管下来的料流冲击和摩擦的易损件。特别是正对喉管下方的三块衬板磨损最为严重。因此，必须每56天至70天检查一次，如果发现这三块衬板有较严重的磨损，那就要在下一次检查周期内，把备用溜槽换上去。

5.4.4.2 无料钟式炉顶设备的检修

无料钟式炉顶装料设备主要易损零部件的寿命与更换所需时间如表5-8所示。

表5-8 主要易损零部件的寿命与更换所需时间

零部件名称	平均寿命/a	更换时间/h
上密封阀	1.5	2
下密封阀	1.0	2
密封阀胶圈	0.6~0.8	2
叉形管	1.0	4
中心喉管	1.0	4
布料溜槽	2~3	2~3
料仓衬板	2	6~8
料流调节阀	3	4

从表5-8可知，由于易损零部件的寿命大多数都在一年以上，而且更换均在8h以内完成，因此，更换易损零部件的工作可在高炉计划休风时间完成。无料钟式炉顶装料设备

的检修拆卸和部件更换可利用炉顶专用起重机进行。检修拆卸步骤以图 5 - 51 为例进行
说明。

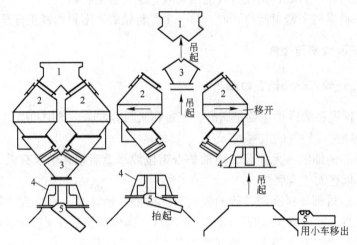

图 5 - 51　无料钟炉顶料设备的解体过程示意图
1—受料漏斗；2—料仓；3—叉形管；4—气密箱；5—旋转溜槽

（1）拆掉上密封阀处的法兰螺栓，将受料漏斗 1 移开或吊走。

（2）拆掉下密封阀处的法兰螺栓，把左右两个料仓 2 沿着轨道移向两侧。

（3）拆掉叉形管 3 与气密箱 4 之间的连接螺栓，吊走叉形管。

（4）利用吊装工具把旋转溜槽 5 抬起一定倾角，将检修小车从人孔移入炉内，然后
卸下溜槽销钉，溜槽即由小车运出炉外。

（5）拆掉气密箱 4 底部法兰上的螺栓，把气密箱整体吊走，以进行内部检修和更换。

对各有关零部件进行检修或更换后，可按照拆卸时的步骤进行安装。

5.4.5　无钟式炉顶液压系统

无钟炉顶有十几个工作阀门，若采用机械传动，则每个阀门都要有自己的电动机、减
速器和制动器。若通过钢绳传动，还要有卷筒、钢绳、绳轮等。采用液压传动则可以共用
一个液压站，每个工作阀门只要有一个油缸就可以驱动。

图 5 - 52 和图 5 - 53 是高炉无钟炉顶的液压传动系统图。两个料仓各有 7 个工作阀
门，其中料流调节阀用 2 个油缸驱动（用 1 个也可以），加上漏斗翻斗用的一个油缸，共
需 17 个油缸。由于各油缸均需双向作用，因此采用活塞式油缸。

整个系统配有两台手调轴向柱塞式油泵（25SCY - 1A 型），配 7.5kW 电动机
（JZR2 - 31 - 8）。油泵长期工作，一台工作，一台备用。同时选用两个 25L 的蓄能器，每
个蓄能器各配 2 个 40L 的氮气瓶，充氮压力 6.5MPa。系统主油路的工作压力为 9MPa。在
油泵和蓄能器之间有两套溢流保护系统（一套工作，一套备用），溢流阀弹簧调到
10MPa。当油压超过 10MPa 时，溢流阀自动溢流，起保护作用。

在主油路上装有两个电接点压力表。一个压力表的高压接点为 9.5MPa，低压接点为
8MPa。当主油路的压力达 9.5MPa 时，控制溢流阀的电磁阀接通，使油泵在卸荷状态下运
转。当主油路的压力下降到 8MPa 时，上述电磁阀断开，油泵向系统供油。

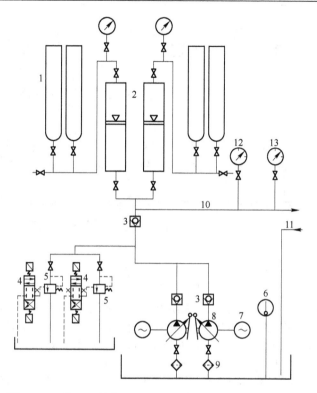

图 5-52 某厂 2 号高炉炉顶液压传动的油箱和蓄能器系统

1—氮气瓶（40L×4）；2—蓄能器；3—单向阀；4—电磁阀；5—溢流阀；6—油温警报器；7—电动机（JZR2-31-8 型，7.5kW）；8—手调柱塞泵（25SCY-1A）；9—粗滤油器；10—高压油主油路；11—低压油回油路；12—电接点压力表（6MPa、10.5MPa）；13—电接点压力表（8MPa、9.5MPa）

另一个电接点压力表的高压接点为 10.5MPa，低压接点为 6MPa。当压力达到 10.5MPa 或下降到 6MPa 时，油泵就自动停泵并发出信号，过高的压力说明控制电磁阀或溢流阀失灵。过低的压力说明管路破裂大量漏油，都需要及时停泵和抢修。

通往各支路的换向阀除受料漏斗翻斗和料流调节阀采用三位四通阀外，其余采用两位四通阀。因为这些工作阀门只需两个极限位置，并要求工作阀门关闭时压紧阀座，以便确保密封。至于料流调节阀，除两个极限位置外，各种原料应具有不同的开口度，料流调节阀的位置需要随时调节，采用三位四通阀好。翻斗只有两个极限位置，没有压紧问题，可以用两位四通阀或三位四通阀。

为了防止料仓爆炸引起的损坏作用，在下密封阀的给油支管上设有溢流阀，压力可以调到 10MPa。

由于液压站（包括泵站和控制阀门）设在远离炉顶 160m 的较低的房间内，为了防止回油时卸空产生振动，在每条回油支管上都装有溢流背压阀。不但可以防止管路振动，而且可以控制各工作阀门的启闭速度。

合理的布置应该把液压站分为两部分。一部分是泵房，包括蓄能器、氮气瓶、电接点压力表、油泵、油箱和溢流保护系统，如图 5-52 所示；另一部分是主油路后的各种阀门，如换向阀、液控单向阀、溢流背压阀和截门，如图 5-53 所示。前者（即泵房）可以设在离炉顶较远的地方，便于管理和维护；后者，可以用积木块的方式安装在控制架

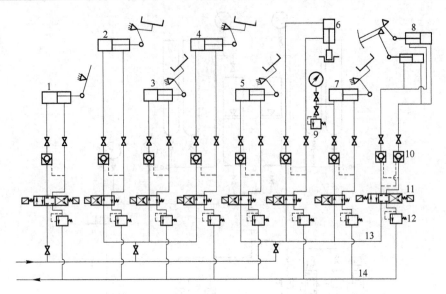

图 5 – 53　某厂 2 号高炉炉顶液压传动的阀门和油路系统（除翻板外，只画出右料仓各工作阀门的液压传动，左料仓的液压传动完全相同，此图从略）

1—翻斗油缸；2—右一次均压阀油缸；3—右上密封阀油缸；4—右放散阀油缸；5—右事故排压阀油缸；
6—右二次均压阀油缸；7—右下密封阀油缸；8—右节流阀油缸；9—右料仓安全溢流阀；10—液控单向阀；
11—三位四通阀；12—溢流式背压阀；13—高压主油路；14—低压回油路

上，放在离炉顶工作机构较近的炉顶平台的下房间内。

5.4.5.1　液压系统的维护

液压系统的维护内容如下：

（1）定期紧固。液压设备在运行中由于振动、冲击，管接头及紧固螺钉会慢慢松动，如果不及时紧固，就会引起漏油，甚至造成事故，所以要定期对受冲击影响较大的螺钉、螺帽和接头等进行紧固。10MPa 以上的液压系统，应每月紧固一次，10MPa 以下的系统可每隔 3 个月紧固一次。

（2）定期更换密封件。密封在液压系统中是至关重要的，密封效果不好会造成漏油、吸空等故障。

间隙密封多使用在液压阀中，如阀体和阀芯之间。间隙量应控制在一定范围内，间隙量的加大会严重影响密封效果。因此要定期对间隙密封进行检查，发现问题要及时更换、修理有关元件。

密封件的密封效果与密封件结构、材料、工作压力及使用安装等因素有关。目前弹性密封件材料，一般为耐油丁腈橡胶和聚氨酯橡胶。这类橡胶密封件经过长期使用，将会自然老化，且因长期在受压状态下工作，还会产生永久变形，丧失密封性，因此必须定期更换。目前，我国密封件的使用寿命一般为一年半左右。

（3）定期清洗或更换滤芯。滤油器经过一段时间的使用，滤芯上的杂质越积越多，不仅影响过滤能力，还会增大流动阻力，使油温升高，泵产生噪声。因此要定期检查，清洗或更换滤芯。一般液压系统可每 2 个月清洗一次，多尘环境的液压系统，如铸造设备上的液压系统，滤芯应 1 月左右清洗或更换一次。

（4）定期清洗油箱。液压系统油箱有沉淀杂质的作用，随工作时间的延长，油箱底部的脏物越积越多，有时又被液压泵吸入系统，使系统产生故障。因此要定期清洗油箱，一般每隔4~6个月清洗一次，特别要注意在更换油液时必须把油箱内部清洗干净。

（5）定期清洗管道。油液中脏物同样也会积聚在管子和油路块中，使用年限越久，聚积的脏物越多，这不仅增加了油液的流动阻力，还可能被再次带入油液，堵塞液压元件的阻尼小孔，使元件产生故障，因此，要定期清洗。

（6）定期过滤或更换油液。油的过滤是一种强迫滤除油中杂质颗粒的方法，它能使油的杂质控制在规定范围内，对各类设备要制订强迫过滤油的间隔期，定期对油液进行强迫过滤。液压油除了变脏外，还会随使用时间的增加氧化变质、颜色加深、发臭或变成乳白色等，这种情况要换油。一般液压油使用期限为2000~3000h。

5.4.5.2 液压系统常见故障及处理方法

液压系统常见故障及处理方法见表5-9。

表5-9 液压系统常见故障及处理方法

故障	故障原因	处理方法
油温不正常	（1）温度继电器工作不正常； （2）加热器或冷却器有问题	（1）检查处理或更换温度继电器； （2）检查或更换
油位不正常	（1）管道破裂造成外泄，油位低； （2）溢流阀故障，油位高； （3）冷却水泄漏进油箱	（1）查找处理泄漏点，同时加油； （2）检查处理溢流阀； （3）处理泄漏
系统油压力不正常	（1）系统压力偏高，可能是油泵出口溢流阀不泄压，阀芯卡住或线圈烧；再一种可能是蓄能器液位失控； （2）系统压力低，可能是溢流阀调压失灵；系统泄漏；油泵内泄过大；压力继电器或压力表本身有故障	（1）检查处理溢流阀阀芯或更换线圈；检查处理电气及限位故障； （2）重新调压，检查处理或更换溢流阀；泄漏点处理；更换泵；检查或更换压力继电器或压力表
执行机构动作不平稳	（1）系统执行机构出现振动或爬行，说明系统内有空气； （2）油缸内泄；调压阀工作不良； （3）油路泄漏	（1）排气； （2）更换旧油缸；检查处理调压阀； （3）检查处理泄漏点

5.4.6 均压系统设备

为了强化高炉冶炼，冶炼时应加大风量。但鼓风量加大使煤气流速加快，这样不仅使煤气在炉内停留时间短，不能充分利用其化学能和热能，而且由于煤气流速加大对炉料的托力也增大，使炉料不易下降而产生"悬料"、"崩料"等事故。为使炉料顺行，可以从料和风两个角度来加以解决。一是用精料，以改善料柱透气性，从而增大鼓风量。二是增加炉内的气流压力，因气流压力提高，如果鼓风量不变，则煤气体积会缩小，密度增大，气流速度也降低，煤气流在炉内停留时间就长，以改善其化学能与热能的充分利用；同时也减少对料柱的托力，促使炉料顺行下降。如果把高压操作时的压头损失保持在常压时的压头损失，就能从风口鼓入更多的风量，以提高冶炼强度。国内外有关资料表明，炉顶压力由 0.01MPa 增加到 0.1MPa 后，一般产量能提高 10% ~ 15%，降低焦比 6%，减少炉尘吹出量 30% ~ 50%。如果把炉顶煤气压力提高到 0.2 ~ 0.3MPa，可以获得更大的收益。因此，目前大型高炉设计的炉顶压力均为 0.25 ~ 0.3MPa。

高压炉顶操作的高炉，为了使料钟或密封阀能顺利打开装料，必须采取炉顶均压措施。均压的方法是在大小料钟之间或上下密封阀之间用半净煤气和氮气进行充压和排压。均压系统就是用来完成炉顶均压任务的设备。均压系统的主要设备是均压阀、排压阀、管道及其他附属设备等。

5.4.6.1　炉顶高压建立

以宝钢 1 号双钟四阀炉顶为例说明炉顶高压的建立。

在高压操作时，炉顶压力必须提高。因此在洗涤塔或在文氏管后面设置调压阀组如图 5 - 54 所示，进行煤气节流。调压阀组通常为安装在煤气总管内五根平行管子如图 5 - 55 所示，其中四根管子中设有蝶形阀。调节和开关这些蝶形阀就可调节炉顶压力。

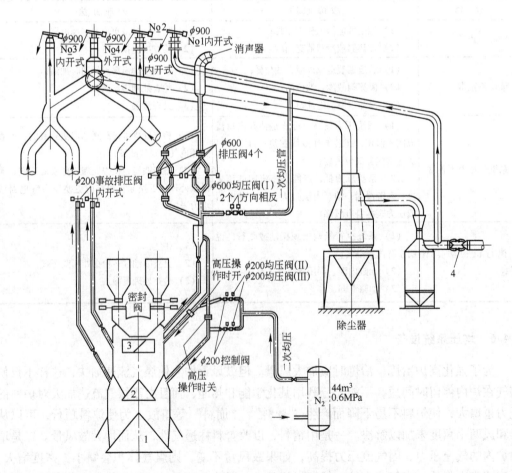

图 5 - 54　炉顶压力控制系统示意图

1—大钟；2—小钟；3—布料器；4—调压阀组

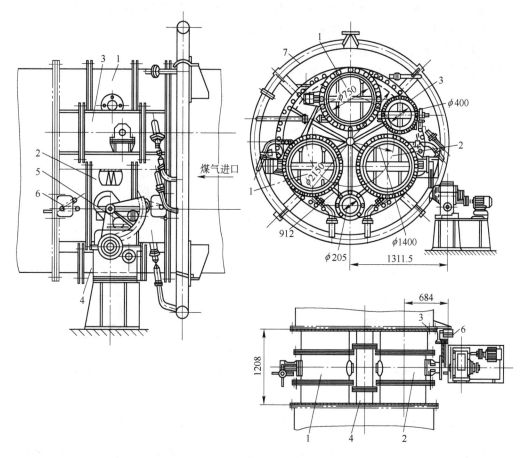

图 5-55 调压阀组

1—手动调节阀；2—电动调节阀；3—自动控制调节阀；4—常通管；5—传动扇形齿轮；6—行程开关；7—喷水环管

在常压操作时，4个蝶形阀全部打开。高压操作时其中三个直径相同的蝶形阀是关闭的（其中两个手动，一个电动）。另一个尺寸较小，控制比较灵敏。蝶形阀调节是自动控制的，通过它来建立和保持炉顶所需的煤气压力。它的操作由高炉值班室遥控操作。

高压操作时，凡属压力调节阀分系统，包括鼓风机、冷风管道、热风炉、热风围管、高炉以及压力调节阀前的煤气除尘系统，都处于高压状态。

为了防止调节阀组的管子和蝶形阀黏结灰尘，应不断喷水冲洗。因此，压力调节阀组在一定程度上也起煤气净化作用。调节阀组最下面一根管子为不设阀门的常通管，它的作用是排除污水和防止炉内煤气压力突然升高时，其他管子都呈关闭状态，起到降压作用，以防止设备的损坏。

5.4.6.2 炉顶均压装置

A 均压系统布置

在大钟打开以前，将炉顶的高压煤气充入大、小钟之间，使得大钟便于打开。引入的均压煤气一般是半净煤气，经过管道引进炉顶。由于半净煤气在管道中流动时有压力损失，其压力比炉喉煤气低约 $0.01MPa$。所以在新建造的大型高炉要经过二次均压，就是先用半净煤气通入装料装置，然后再把经过煤气压缩机增压的净煤气或高压氮气引入充入大、小钟之间，使大钟上下压力均衡或大于炉喉压力，使大钟顺利打开，并防止料钟及密封零件被脏煤气冲刷，从而延长设备的寿命。

双钟炉顶均压系统布置如图5-56所示。

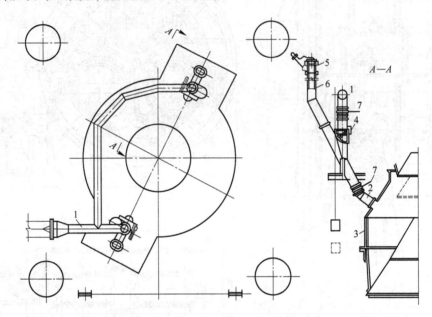

图5-56　炉顶均压系统配置图（方案之一）

1—半净煤气均压管；2—管接头；3—装料器；4—大钟均压阀；5—放散阀（排压阀）；6—放散管；7—闸板阀

在大钟煤气封罩上设有两个均压阀，放散管道6可以在两条均压支管上接出，也可以独立地从大气罩上接出。放散阀5一般设在放散管6的顶部，并采用外开式放散阀。为了使放散阀在结构上和均压管统一，同时便于采用消声措施，也可把放散阀放在放散管内部。

采用两套均压或放散阀（排压阀）门，一套工作，另一套检修备用。当均压阀或放散阀（排压阀）修理时可以关闭闸板阀7，使其与高压气体隔绝。

　　B　均压阀、放散阀（排压阀）的结构

　　a　均压阀

图5-57是均压阀的结构。均压阀由阀盖1、可拆的阀座2和阀壳3组成。阀盖和阀座的接触面堆焊有硬质合金。在阀轴4上装有扇形轮6，其上固有两根钢绳7和8。一根与操纵卷扬机的卷筒相连或与操作油缸相连，是用来开启阀门的。传动装置安装于卷扬室。当卷筒缠绕钢绳7时，绳7向上带动轮6和轴4转动，使阀盘顺时针方向旋转90°，打开阀门，另一根钢绳与平衡锤9相连接。当放松钢绳7时，阀盘1在平衡锤9的作用下作逆时针方向旋转，关闭并压紧在阀座2上，关闭阀门。轴4与壳体3之间用填料5密封。阀盖和接触面焊有硬质合金。

对于1000~1500m³的高炉，阀孔内径等于250mm，因此又称φ250均压阀。

这种阀安全可靠，事故率较小，但其管道时有吹漏的现象，特别是拐弯处。平时生产中不能焊，休风时间短也焊不了，正常的焊补是要待"赶"煤气后才能焊。在休风时间较长，又不"赶"煤气的情况下，先将洗涤塔处与均压管连通的阀门关闭，再将水管打开，使均压管里充水，一直灌到水位接近炉顶拐弯处，然后焊补，焊完后把水放掉（这种方法只能焊补炉顶部分）。

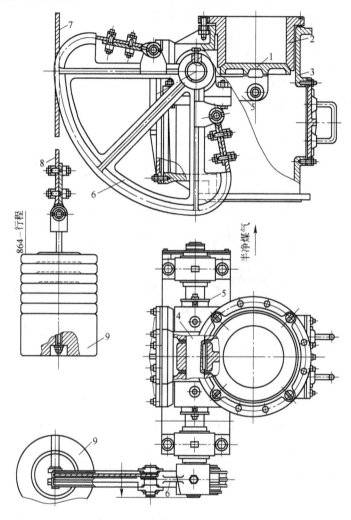

图 5－57　均压阀

1—阀盖；2—阀座；3—阀壳；4—轴；5—填料密封；6—扇形轮；7—操纵钢绳；8—平衡锤钢绳；9—平衡锤

b　放散阀（排压阀）

在小钟打开以前，将大、小钟之间的煤气放散，以使小钟下的压力与大气压力平衡，便于小钟开启。开关次数比均压阀多，直径比均压阀要大，以便煤气迅速排除。要求也就更严，密封性能要好些，转动要灵活，寿命要长，工作要可靠。

由于放散阀（排压阀）放出的是脏煤气，因此采用大气阀型（设在炉顶煤气上升管的顶部），只是直径比大气阀小一些。

图 5－58 是放散阀（排压阀）的结构。放散阀（排压阀）主要部分是阀盖 1、阀座 2、阀壳 3 和轴 4 组成。在轴 4 上装有曲柄 5 和支撑平衡锤 7 的两根杠杆 6。阀门由卷扬机或油缸通过钢绳打开，靠平衡锤关闭。传动装置安装于卷扬室。

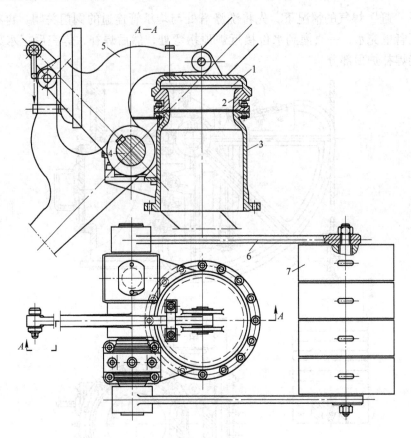

图 5-58 放散阀

1—阀盖；2—阀座；3—阀壳；4—轴；5—曲杆；6—杠杆；7—平衡锤

这种放散阀由于设在放散管的顶部，因此当阀门打开时，可避开放气口逸出的气流，避免阀盖被带尘气流吹蚀磨损。但在打开的瞬间，在先开启的一侧，仍然遭到气流的冲刷而磨损，使阀盖和阀座关闭时漏气。这种阀的寿命很短，只有一两个月，而且关闭时平衡锤重量大，但由于放在炉顶，更换阀盘和阀座比较容易。

为了减轻磨蚀作用，把阀的直径（$\phi400$）做得比均压阀（$\phi250$）大一些，以降低气流的动能。

与小钟放散阀相连的放散管有吹漏时，不休风的焊补方法是：同高炉工长，卷扬司机联系好后，赶料线到最高值时，并改"小钟辅助制"，即四车料开一次大钟过程中，除第一车料倒下之前，小钟放散阀打开之外，其他三车料倒下之前均不开小钟均压阀，利用这段不开小钟均压阀的间隙时间焊补。如果一次不够，在大钟开时避开，等到第二个循环时再焊，直到焊好为止。

    c 宝钢使用的均压阀和放散阀

为了使放散阀在结构上和均压阀统一，同时便于采用消声措施，现在开始把放散阀放在放散管的内部，如图 5-54 所示。

图 5-59 是宝钢使用的均压阀和放散阀的结构简图。其结构形式一样，但安装时必须注意阀盖关闭的方向要和气流的方向一致。阀盖的启闭是由液压缸驱动的。活塞杆和齿条

4 相连，齿条在滑道 3 上滑动，使大齿轮 5 和轴 8 转动，因此使阀盖 2 启闭。在阀座 6 和阀盖 2 的接触表面上焊有硬质合金层，然后研磨加工成球面接触。此外，在阀盖上固定有一圈硅橡胶制成的软密封。这种软硬密封相结合的均压和放散阀，密封性良好。

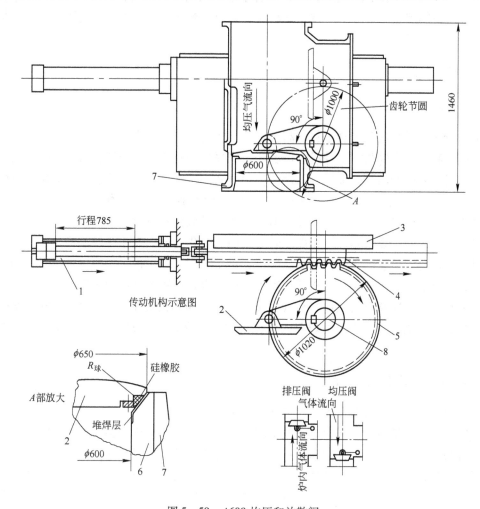

图 5-59　φ600 均压和放散阀

1—油压缸；2—阀盖；3—滑道；4—齿条；5—大齿轮；6—阀座；7—阀体；8—轴

宝钢一号高炉均压系统（见图 5-54）中，在一条均压管道上，都装有两个均压阀。两者的安装方向相反，以防炉内煤气产生倒流。此外，为了降低气流通过放散阀（排压阀）时的速度，在一根放散管上采取两个放散阀（排压阀）并联。这不但可以使放散阀（排压阀）采用与均压阀同样的结构，而且在尺寸上可以完全相同。

由于放散阀（排压阀）开启瞬间有很大的噪声，需要采取消声措施。图 5-54 表示四个放散阀（只有两个工作）共用一个消音器。有两个事故排压阀，当大小料斗内的压力大于炉顶压力 0.01MPa 时，通过自动控制系统将阀门自动打开进行排压，用以保护炉顶设备的安全。

C　炉顶放散阀（又称休风放散阀）

由图 5-54 还可以看出，在炉顶煤气上升管和半净煤气管的最高处设有四个大气阀又称休风放散阀。其中三个是内开式的，一个是外开式的。外开式大气阀需用较大的平衡锤，内开式由于炉喉煤气或半净煤气的压力是有助于阀盖关闭的，故平衡锤的重量较轻。在出现设备事故或其他威胁生产的事故、紧急休风或正常休风时使用，正常生产时关闭。对其要求是关闭严密，耐温耐磨蚀，开启灵活，而且要能迅速放散炉内高压煤气，它是保证高压生产的一种重要设备。

5.4.7　探料设备

5.4.7.1　探料设备的作用

炉内料线位置是达到准确布料和高炉正常工作的重要条件之一。

料线过高，当大钟强迫下降时有可能使拉杆顶弯和有关零件损坏；料线过低，又会使炉顶煤气温度显著升高，会降低炉顶设备使用寿命。根据标准，料线应低于大钟下降位置 1.5 ~ 2m。对于无料钟式炉顶，料线过高会造成溜槽不能下摆或使溜槽旋转受阻，损坏有关传动零件。一般料线不能高出旋转溜槽前段倾斜最低位置以下 0.5 ~ 1m。

对于探料设备的要求是能连续探测炉喉料面的变化情况。对于中、小高炉来说，掌握炉喉直径方向两点位置的料面情况已足够了；对于大型高炉来说，掌握炉喉整个料面的情况越来越重要了。一般安装三个机械探料尺，还要设置一些辅助探料装置。

目前常用的探料器有机械探料器（机械垂直探料器和机械水平探料器）、同位素探料器（固定式和跟踪式），随着高炉向大型化的发展，又出现了红外线探料器、激光探料器等。

5.4.7.2　机械垂直探料器

图 5 - 60 是机械垂直探料器的构造和布置图。

重锤探头 1 由链条悬挂着，链条的上端绕在卷筒 9 上。重锤的最大行程 12m，一般的工作行程为 4 ~ 5m，卷筒壳体和套管 4 相连，把卷筒和链条都封闭在高炉炉喉相通的空间内。只有卷筒轴 7 的两端伸出壳体，支承在轴承 8 上。因此伸出壳体之外的轴需要进行填料密封。卷筒轴 7 的一端装有钢绳卷筒 10，它在壳体之处，不需要密封，通过钢绳与操纵卷扬机的卷筒相连。

当重锤探头（习惯上称为探尺砣）烧坏需要更换时，可以把它升到最高位置，然后把旋塞阀 3 关上使其和炉内煤气隔绝，然后打开孔盖口 12 进行更换修理。但在现场使用中，由于旋塞阀平时很少用，一旦需要用时，不是关不严就是关不了，容易漏煤气或影响工作，因此，操作时必须十分小心。

当探尺砣随料线下降到规定的数值时，探尺砣被提起到极限位置（习惯上称坡"n"位，它定在大钟关闭后底部水平线以上 200 ~ 800mm 左右，料也打不着，大钟开、关也碰不上，所以一般又把它称为安全位），同时发出连锁信号，即可装料入炉。炉料入炉以后，探尺砣又被放下，接触料面后随料下降，并发出料线高度指示，当料线到达规定值后，又一次被提起，周而复始，自动重复地做这些工作。

探尺砣脱落时，与之相连的传动钢绳必会松弛，以至松脱。但钢绳松脱并不说明探尺砣已经脱落，还需要证实。首先检查炉顶卷筒上钢绳是否脱落，如果脱落就需将钢绳缠绕

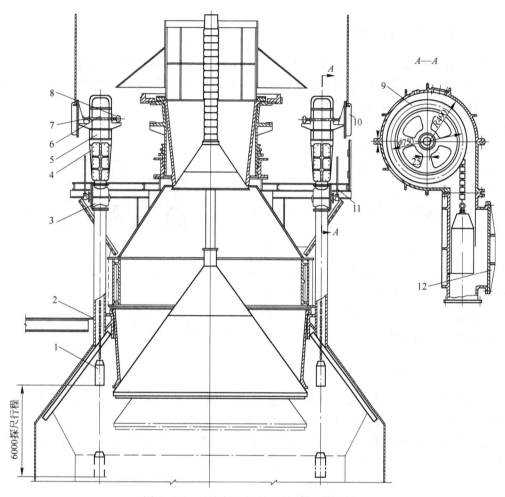

图 5-60　炉喉料面机械探料器布置和结构

1—重锤；2—密封管；3—旋塞阀；4—套管；5—密封外壳；6—密封盖；7—轴；

8—轴承；9—链轮；10—钢绳卷筒；11—手柄；12—换重锤孔盖

于卷筒上，然后把探尺卷扬抱闸人为打开，再用手盘动卷扬，使松脱的钢绳完全缠绕于卷扬的卷筒上，继续盘动卷扬，如果钢绳仍呈松弛状态，则证明探尺砣已经脱落，否则就不是。

机械垂直探料器常见故障判断及处理见表 5-10。

表 5-10　探料器常见故障和处理方法

故　障	故　障　原　因	处　理　方　法
探尺砣往下放时无信号	（1）探尺砣及链条熔化了，此时用手盘动卷扬机，反向提起探尺一点也不费劲； （2）链轮箱轴承坏，反向提起探尺时相当费力； （3）钢绳卡子碰撞滑轮，反向运转时正常； （4）电气故障	（1）更换探尺砣及链条； （2）更换轴承； （3）钢绳卡子移位； （4）由电气专业人员排除故障

5.4.7.3 同位素探料装置

当放射性同位素发出的射线通过炉喉时，有料的地方射线被吸收，因此到达射线接收器的强度就弱，而没有料的地方射线顺利通过并且全部被射线接收器所接受，因而强度就大，从而指示出哪里有料和哪里无料。图5-61表示固定位置式的工作原理。

同位素探料装置有以下突出的优点：

（1）同位素管和计数管耐高温，不会被烧掉，其他仪器均在计器室内。

（2）同位素探料装置无需在炉顶开孔，有利于炉顶密封。

（3）结构轻便紧凑，所占空间小，维修管理方便。放射性同位素测量料线的方法还能记录炉料下降的速度和规律。但它也存在一些缺点，只能反映高炉炉墙附近几点情况，不能测量中部和整个料面的情况。

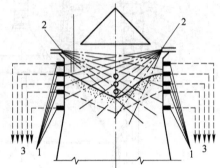

图5-61　放射性同位素测量料面示意图
1—计数器；2—辐射能源；3—通往检测仪的电线

5.4.7.4 激光探料器

激光探测料面技术是在高炉炉顶安装激光器，连续向料面发射激光，激光反射波被接收器接收和处理后，经计算机计算可显示出炉喉布料形状和料线高度。

激光料面器早在20世纪80年代就已经开发成功，在我国的鞍山等高炉上均有运用，工作原理是利用光学三角法，如图5-62所示。

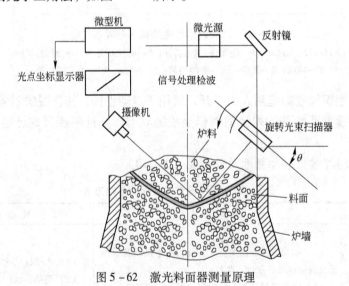

图5-62　激光料面器测量原理

5.4.7.5 红外线探料器

现代高炉料面红外线技术是用安装在炉顶的金属外壳微型摄像机获取炉内影像，通过具有红外线功能的 CCD 芯片将影像传到高炉值班室监视器上，在线显示整个炉内料面的气流分布图像，如将上述图像送入计算机，经过处理还可得到料面气流分布和温度分布状况的定量数据，绘制出各种图和分布曲线。

红外线摄像仪工作的特点是：

（1）红外线摄像仪直接测得料面温度，真实反映炉顶的煤气和炉料的分布。

（2）红外线摄像仪可根据操作者的需要显示任何位置上的径向温度分布，消除了十字测温装置温度曲线的局限性。

（3）红外线摄像仪可在高炉值班室内观察布料溜槽或大钟工作状况和料流流股情况。

（4）红外线摄像仪还可监视高炉料柱内管道、塌料等异常情况。

5.4.7.6 料层测定磁力仪

料层测定磁力仪是利用矿石和焦炭透磁率相差较大的特点，在高炉炉壁埋设具有高敏感度的磁性检测仪，用来测试矿石层与焦炭层的厚度及其界面移动情况。这对了解下料规律及焦、矿层分布很有意义。

思 考 题

5-1 对炉顶装料设备应该有哪几方面的要求？

5-2 大钟和大料斗的结构如何？

5-3 大钟与大料斗损坏的主要原因是什么，如何提高大钟与大料斗的寿命，应采取哪些措施？

5-4 双钟炉顶的大钟为什么采用双折角形式？

5-5 空转布器与马基式布器比较有哪些优点？

5-6 双钟高炉炉顶设备的哪些部位需要加强密封处理，分析在这些部位可以采取的密封措施。

5-7 炉顶液压传动和机械传动相比有哪些优点？

5-8 什么是变径炉喉，它有哪几种形式？

5-9 无料钟炉顶的主要优点是什么，并罐式和串罐式无料钟炉顶在结构和炉料分布方面有何不同？

5-10 无钟炉顶的溜槽是如何旋转的，如何摆动的？

5-11 无料钟炉顶旋转溜槽布料有哪几种基本布料方式，这几种基本布料方式各有何特点？举例说明螺旋布料操作方法。

5-12 气密箱内的氮气压力为什么要高于炉顶煤气压力？

5-13 什么是均压的基本工作制和辅助工作制？

5-14 目前国内有哪些常用的探料方式？简述这些探料方式的工作原理。

6 铁、渣处理设备

铁、渣处理系统的主要设备包括：风口平台与出铁场、开铁口机、堵铁口机，堵渣口机、换风口机、渣罐车、铁水罐车、铸铁机以及炉渣水淬设施等。

6.1 风口平台与出铁场

6.1.1 风口平台与出铁场

在高炉下部，沿高炉炉缸风口前设置的工作平台为风口平台。为了操作方便，风口平台一般比风口中心线低 1150~1250mm，应该平坦并且还要留有排水坡度，其操作面积随炉容大小而异。操作人员在这里可以通过风口观察炉况、更换风口、检查冷却设备、操纵一些阀门等。

出铁场是布置铁沟、安装炉前设备、进行出铁放渣操作的炉前工作平台。出铁场和操作平台上设置有以下设备：渣铁处理设备，主沟铁沟等修理更换设备，能源管道（水、煤气、氧气、压缩空气）、风口装置和更换风口的设备，炉体冷却系统和燃料喷吹系统的设备，起重设备，材料和备品备件堆置场、集尘设备，人体降温设备，照明设备以及炉前休息室、操作室、值班室等。在出铁场上把这些布置合理，使用方便，减轻体力劳动，改善环境，保证出铁出渣等操作的顺利进行是设计时必须考虑的事项。为了减轻劳动强度，采用可更换的主沟和铁沟，开口机换杆、泥炮操作、吊车操作采用遥控，铁水罐车自动称量，渣铁口用电视监视等。设置大容量效果好的炉前集尘设备以改善环境，渣铁沟和流嘴加设保护盖，除出铁开始及终了时以外，渣铁是见不到的，改变了炉前的操作状况。

出铁场一般比风口平台约低 1.5m。出铁场面积的大小，取决于渣铁沟的布置和炉前操作的需要。出铁场长度与铁沟流嘴数目及布置有关，而高度则要保证任何一个铁沟流嘴下沿不低于 4.8m，以便机车能够通过。根据炉前工作的特点，出铁场在主铁沟区域应保持平坦，其余部分可做成由中心向两侧和由铁口向端部随渣铁沟走向一致的坡度。

出铁场布置形式有以下几种：1 个出铁口 1 个矩形出铁场，双出铁口 1 个矩形出铁场，3 个或 4 个出铁口两个矩形出铁场和 4 个出铁口圆形出铁场，出铁场的布置随具体条件而异。目前 1000~2000m³ 高炉多数设 2 个出铁口、2000~3000m³ 高炉设 2~3 个出铁口，对于 4000m³ 以上的巨型高炉则设 4 个出铁口，轮流使用，基本上连续出铁。

图 6-1 为宝钢 1 号高炉出铁场的平面布置图。宝钢 1 号高炉是 4063m³ 巨型高炉，出铁场可以处理干渣、水渣两种炉渣，设有两个对称的出铁场，4 个铁口，每个出铁场上设置两个出铁口。出铁场分为主跨和副跨，主跨跨度 28m，铁沟及摆动溜嘴布置在主跨；副跨跨度 20m，渣沟、残铁罐设置在副跨。每个出铁口都有两条专用的鱼雷罐车停放线，并且与出铁场垂直，这样可以缩短铁沟长度，减小铁沟维修工作量，减小铁水温度降。

图 6-2 为日本福山厂 4 号高炉（4197m³）出铁场的平面布置图。

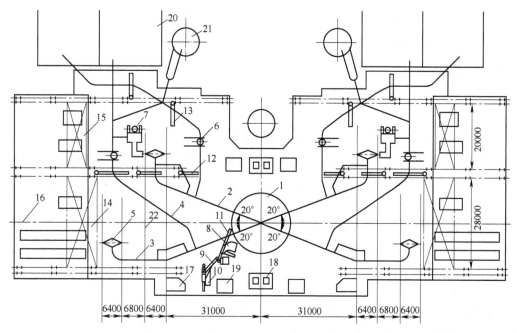

图 6-1 宝钢 1 号高炉出铁场的平面布置

1—高炉；2—活动主铁沟；3—支铁沟；4—渣沟；5—摆动流嘴；6—残铁罐；7—残铁罐倾翻台；
8—泥炮；9—开铁口机；10—换钎机；11—铁口前悬臂吊；12—出铁场间悬臂吊；13—摆渡悬臂吊；
14—主跨吊车；15—副跨吊车；16—主沟、摆动流嘴修补场；17—泥炮操作室；18—泥炮液压站；
19—电磁流量计室；20—干渣坑；21—水渣粗粒分离槽；22—鱼雷罐车停放线

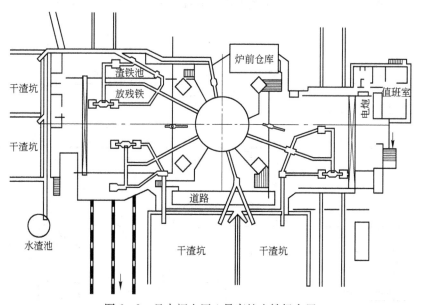

图 6-2 日本福山厂 4 号高炉出铁场布置

　　风口平台和出铁场的结构有两种：一种是实心的，两侧用石块砌筑挡土墙，中间填充卵石和砂子，以渗透表面积水，防止铁水流到潮湿地面上，造成"放炮"现象，这种结构常用于小高炉；另一种是架空的，它是支持在钢筋混凝土柱子上的预制钢筋混凝土板或直接捣制成的钢筋混凝土平台。其下面可做仓库和存放沟泥、炮泥，填充 1.0~1.5m 厚的砂子。渣铁沟底面与楼板之间，为了绝热和防止渣铁沟下沉，一般要砌耐火砖或红砖基础层，最上面立砌一层红砖或废耐火砖。

6.1.2　铁沟与撇渣器

6.1.2.1　主铁沟

从高炉出铁口到撇渣器之间的一段铁沟称为主铁沟。它是在 80mm 厚的铸铁槽内，砌一层 115mm 的黏土砖，上面捣以碳素耐火泥。容积大于 620m³ 的高炉主铁沟长度为 10 ~ 14m，小高炉为 8 ~ 11m，过短会使渣铁来不及分离。主铁沟的宽度是逐渐扩张的，这样可以减小渣铁流速，有利于渣铁分离，一般铁口附近宽度为 1m，撇渣器处宽度为 1.4m 左右。主铁沟的坡度，一般大型高炉为 9% ~ 12%，小型高炉为 8% ~ 10%，坡度过小渣铁流速太慢，延长出铁时间；坡度过大流速太快，降低撇渣器的分离效果。为解决大型高压高炉在剧烈的喷射下，渣铁难分离的问题，主铁沟加长到 15m，加宽到 1200mm，深度增大到 1200mm，坡度可以减小至 2%。

高压操作的高炉出铁时，铁水呈射流状从铁口射出，落入主铁沟处的沟底最先损坏，修补频繁。为此大型高炉采用贮铁式主铁沟，沟内贮存一定深度的铁水，使铁水射流落入时不直接冲击沟底。此外，贮铁式主铁沟内衬还避免了大幅度急冷急热的温度变化，实践证明，贮铁式主铁沟寿命较干式主铁沟长久。大型高炉主铁沟贮铁深度 450 ~ 600mm，沟顶宽度 1100 ~ 1500mm。

某厂 4 号高炉干式主铁沟与贮铁式主铁沟断面尺寸，如图 6-3 所示。

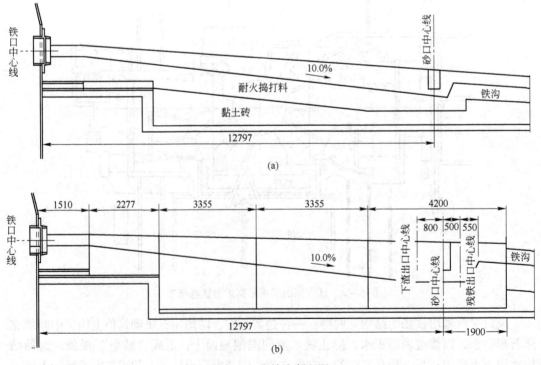

图 6-3　主铁沟断面图
(a) 干式；(b) 贮铁式

6.1.2.2　撇渣器

撇渣器（渣铁分离器）又称为砂口或小坑，如图6-4所示，它是保证渣铁分离的装置。利用渣铁密度的不同，用挡渣板把渣挡住，铁水从下面穿过，达到渣铁分离的目的。近年来由于不断改进撇渣器（如使用炭捣或炭砖砌筑的撇渣器），寿命可达几周至数月，大大减轻了工人的劳动强度，而且工作可靠性增加。为了使渣铁很好地分离，必须有一定的渣层厚度，通常是控制大闸开孔的上沿到铁水流入铁沟入口处（小坝）的垂直高度与大闸开孔高度之比，一般为2.5~3.0，有时还适当提高撇渣器内贮存的铁水量（一般在1t左右），上面盖以焦末保温。每次出铁可以轮换残铁，数周后才放渣一次以提高撇渣器的寿命。现在有的高炉已做成活动的主铁沟和活动的砂口，可以在炉前冷却的状态下修好，更换时吊起或按固定的轨道拖入即可。

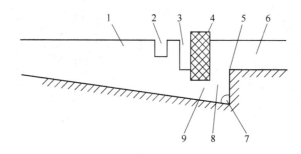

图6-4　撇渣器构造

1—主铁沟；2—下渣沟砂坝；3—残铁沟砂坝；4—挡渣板；5—沟头；
6—支铁沟；7—残铁孔；8—小井；9—砂口眼

6.1.2.3　支铁沟和渣沟

支铁沟是从撇渣器后至铁水摆动流槽或铁水流嘴的铁水沟。大型高炉支铁沟的结构与主铁沟相同，坡度一般为5%~6%，在流嘴处可达10%。

渣沟的结构是在80mm厚的铸铁槽内捣一层垫沟料，铺上河砂即可，不必砌砖衬，这是因为渣液遇冷会自动结壳。渣沟的坡度在渣口附近较大，约为20%~30%，流嘴处为10%，其他地方为6%。下渣沟的结构与渣结构相同。

6.1.3　流嘴

流嘴是指铁水从出铁场平台的铁沟进入到铁水罐的末端那一段，其构造与铁沟类同，只是悬空部分的位置不易炭捣，常用炭素泥砌筑。小高炉出铁量不多，可采用固定式流嘴。大高炉渣沟与铁沟及出铁场长度要增加，所以新建的高炉多采用摆动式流嘴。要求渣铁罐车双线停放，以便依次移动罐位，大大缩短渣铁沟的长度，也缩短了出铁场长度。

摆动铁沟流嘴如图6-5所示，它由曲柄连杆传动装置、沟体、摇枕、底架等组成。内部有耐火砖的铸铁沟体支持在摇枕上，而摇枕套在轴上，轴通过滑动轴承支撑在底架上，在轴的一端固定着杠杆，通过连杆与曲柄相接，曲柄的轴颈联轴节与减速机的出轴相连，开动电动机，经减速机、曲柄带动连杆，促使杠杆摆动，从而带动沟体摆动。沟体摆动角度由主令控制器控制，并在底架和摇枕上设有限制开关。为了减轻工作中出现的冲击，在连杆中部设有缓冲弹簧。在采用摆动铁沟时，需要有两个铁水罐并列在铁轨上，可按主罐列和辅助罐列来分，辅助罐列至少需要由两个铁水罐组成。摆动铁沟流嘴一般摆动角度30°，摆动时间12s，驱动电动机8kW。

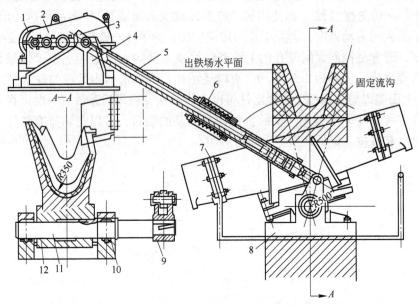

图 6 - 5   摆动铁沟流嘴

1—电动机；2—减速机；3—曲轴；4—支架；5—连杆；6—弹簧缓冲器；7—摆动铁沟沟体；
8—底架；9—杠杆；10—轴承；11—轴；12—摇枕

6.1.4   出铁场的排烟除尘

在开出铁口时将产生粉尘。在出铁过程中，高温铁水流经的路径都会产生烟尘，以出铁口和铁水流入铁水罐时产生的烟尘最多。为了保证出铁场的工作环境和工作人员的身体健康，必须在出铁场设置排烟除尘设备。

排烟除尘系统由烟尘收集设备、烟尘输送设备、除尘设备、粉尘输送设备等组成。其作用主要是将出铁场各处产生的烟尘收集起来，经烟尘输送管道送到除尘器进行除尘。其设备有吸尘罩、管道和抽风机等。

目前较完善的出铁场烟尘的排除设备包括以下三部分：

（1）出铁口、铁水沟、挡渣器、摆动铁沟及渣铁罐处都设有吸尘罩，将烟尘抽至管道中。

（2）出铁口及主铁水沟的上部设有垂幕式吸尘罩，将烟尘排至管道中。

（3）出铁场厂房密闭，屋顶部位设有排烟尘管道。

将以上三部分烟尘管道联在一起组成总管道，将烟尘汇集排送到除尘器进行除尘。

烟尘收集设备主要是吸尘罩。吸尘罩主要包括垂幕式吸尘罩和伞形吸尘罩两种。高炉出铁场除采用垂幕式吸尘罩外，其他各尘源点均采用伞形吸尘罩。

出铁口和主铁沟上方设有垂幕式吸尘罩。垂幕罩是由罩垫、幕布和炉体形成一个较高大的空间，将烟尘收集起来，并排至烟尘管道中。垂幕罩只是当打开出铁口和堵出铁口时才应用，因为这时产生的烟尘量最多。为此垂幕应能升降，当不用时将垂幕升起。每面的垂幕均设有独立的卷扬设备能够将垂幕升起。垂幕由幕布、幕布连接件、保险链及吊挂件等组成。垂幕布是用石棉和玻璃纤维制成，表面附以铝箔贴面，以提高其耐热性能。这种垂幕罩的吸尘效果好，经济性也好。

抽风机是布袋式除尘器中的关键设备，用于抽集烟尘输送给除尘器进行除尘及反吹清除黏附在布袋上的粉尘。除尘用抽风机为双吸口离心式抽风机；清灰用抽风机为单吸口离心式抽风机。

除尘器为出铁场排烟除尘系统的主体设备，从各尘源点收集起来的烟尘均抽送给除尘器进行除尘。宝钢1号高炉出铁场均采用布袋式除尘器。

6.2 开铁口机

设在高炉炉缸一定部位的铁口，是用于排放铁水的孔道。在孔道内砌筑耐火砖，并填充耐火泥封住出口。在铁口内部有与炉料及渣铁水接触的熔融状态结壳。结壳外是呈喇叭状的填充耐火泥。在其周围为干固的旧堵泥套和渣壳及被侵蚀的炉衬砖等，如图6-6所示。打穿铁口出铁时要求孔道按一定倾角开钻，放出渣铁后能在炉底保留部分铁水俗称死铁层，目的是保持炉底温度，防止炉底结壳不断扩大而影响出铁量。

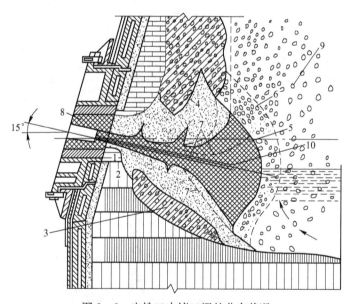

图6-6 出铁口内堵口泥的分布状况

1，2—砌砖；3—渣壳；4—旧堵口泥；5—堵口时挤入的新堵口泥；6—堵口泥最多可能位置；
7—出铁后被侵蚀的边缘线；8—出铁泥套；9—炉缸中焦炭；10—开穿前出铁口孔道

在实际生产中，打开出铁口方法可有下面几种：

（1）用钻头钻到赤热层后退出，然后用人工、气锤或氧气打开或烧穿赤热层。

（2）用钻杆送进机构，一直把铁口钻通，然后快速退回。

（3）采用具有双杆的开口机，先用一钻孔杆钻到赤热的硬层，然后用另一根通口杆把铁口打开，以防止钻头被铁水烧坏。

（4）在泥炮堵完泥后，立即用钻头钻到一定深度，然后换上捅杆捅开口，捅杆留在铁口不动，待下次出铁时，由开口机将捅杆拔出。

开口机按动作原理可分为钻孔式开口机和冲钻式开口机，但不管何种开口机，都应满足下列条件：

（1）开孔的钻头应在出铁口中开出具有一定倾斜角度的直线孔道，其孔道孔径应小于100mm。

（2）在开铁口时，不应破坏覆盖在铁口区域炉缸内壁上的耐火泥。

（3）开铁口的一切工序都应机械化，并能进行远距离操纵，保证操作工人的安全。

（4）开口机尺寸应尽可能小，并在开完铁口后远离铁口。

6.2.1　钻孔式开口机

6.2.1.1　结构特点

这种开口机在我国已沿用了几十年，虽已改进为各种形式，但变化不很大。它主要由三部分组成，如图6-7所示。

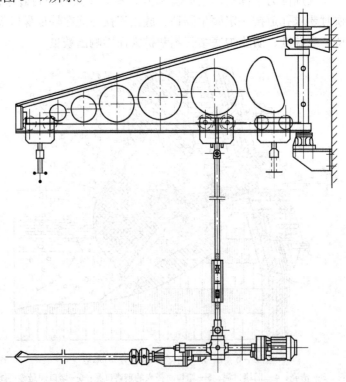

图6-7　"一重"设计的钻孔机总图

（1）回转机构。回转机构由电动机驱动回转小车，带着可绕固定在炉皮上的转轴运动的一根主梁，沿着弧形轨道运动。

（2）移送机构。移送机构主要包括电动机、减速机、小卷筒、导向滑轮、牵引钢绳、走行小车和吊挂装置。吊挂长短可以调整，用来改变开口机的角度。

（3）钻孔机构。钻孔机构主要由电动机、减速机、对轮、钻杆及钻头组成。钻杆和钻头是空心的，以便通风冷却，排除钻削粉尘。这种开口机经常要更换左旋和右旋钻杆、钻头，以改变旋向，弥补孔眼钻偏。

钻孔式开口机的特点：

（1）结构简单、操作容易，但它只能旋转不能冲击。

（2）钻头钻进轨迹为曲线，铁口通道呈不规则孔道，给开口带来较大阻力。

（3）当钻头快要钻到终点时，需要退出钻杆，人工捅开铁口，劳动强度大，具有较大危险性。

6.2.1.2 检修

（1）平时检修比较多的是开口机钻杆减速机容易灌铁，主要原因有两种：一种是风压低于炉内压力时容易灌铁；另一种是操作工提前关风所致。灌铁后只有更换减速机。

（2）传动中钢绳容易磨损。特别是卷筒磨损有坑槽时，钢绳更换更频繁。因此，提高卷筒的耐磨性，保持卷筒接触钢绳面的完整是减少钢绳磨损的有效途径。

（3）各焊点开焊、补焊，要求打坡口，清除旧焊缝。焊缝要连续均匀，高度为0.5mm。

6.2.1.3 钻孔式开铁口机常见故障及处理方法

钻孔式开铁口机常见故障及处理方法见表6-1。

表6-1 钻孔式开铁口机常见故障及处理方法

故 障	故 障 原 因	处 理 方 法
弧形轨小车走到某一段后卡轨，行车困难	（1）弧形轨道产生局部变形，增加小车运动阻力； （2）弧形轨道曲率半径不规范，即曲率半径与小车的回转半径局部不吻合。多发生在更换的新轨道上； （3）电气故障	（1）处理局部变形； （2）处理轨道或调整小车轮子左右间隙； （3）由电气专业人员解决有关问题

6.2.2 冲钻式开铁口机

6.2.2.1 结构和工作原理

这种开铁口机是在钻机钻头旋转钻削的基础上，使钻头在轴向附加一定的冲击力，这样可以加快钻进速度，结构如图6-8所示。

开铁口时，移动小车12使开口机移向出铁口，并使安全钩脱钩，然后开动升降机构10，放松钢绳11，将轨道4放下，直到锁钩5钩在环套9上，再使压紧气缸6动作，将轨道通过锁钩5固定在出铁口上。这时钻杆已对准出铁口，开动钻孔机构风动马达，使钻杆旋转，同时开动送进机构风动电机3使钻杆沿轨道4向前运动。当钻头接近铁口时，开动冲击机构，开口机一面旋转，一面冲击，直至打开出铁口。

当铁口打开后应立即使送进机构反转（当钻头阻塞时，可利用冲击机构反向冲击拔出钻杆）使钻头迅速退离铁口。然后开动升降机构使开口机升起，并挂在安全钩上，同小车 12 将开口机移离铁口。

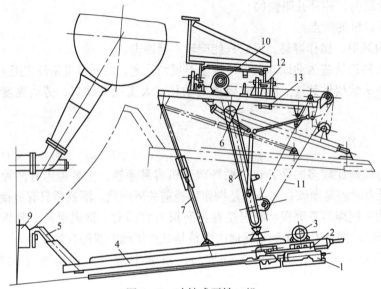

图 6 - 8　冲钻式开铁口机

1—钻孔机构；2—送进小车；3—风动马达；4—轨道；5—锁钩；6—压紧气缸；7—调节连杆；
8—吊杆；9—环套；10—升降卷扬机；11—钢绳；12—移动小车；13—安全钩气缸

（1）横向移动机构。钻机主梁上的移动小车，在横移轨道上移动将冲钻带到铁口正上方位置。移动小车通过其专用卷扬系统拖动。

（2）钻机升降机构。在主梁上的升降卷扬系统施放钢绳 11，通过吊杆 8 的下降，将钻机本体下降到工作位置，最过调节连杆 7 的调整，使冲钻机轨道 4 与理论钻孔轴线平行，同时使钻杆与理论钻孔轴线同轴。

（3）锁紧机构。在钻机下降至终点位置时，锁钩 5 落入设在铁口上方的环套中。抵消冲钻时钻机产生的反作用力。

（4）压紧机构。压紧气缸 6 推动支撑杆，支撑住吊杆 8，防止正在作业时机体向上弹跳。

（5）送进机构。通过送进风动马达 3 运转，将钻机沿轨道 4 移向出铁口。

（6）钻孔机构。通过钻孔风动马达运转，带动钻杆回转进行钻削。

（7）冲击机构。打开通气阀门，将压缩空气通入钻机配气系统推动冲击锤头撞击钻杆挡块，使钻杆产生冲击运动，加快钻削速度。

6.2.2.2　冲钻式开铁口机维护

（1）保证金属软管不与其他部位相碰，发现漏气及时更换。

（2）定期加润滑油和润滑干油。

（3）每季检查、清洗活塞导向套及活塞杆。

（4）马达在安装一个月后进行第一次清洗或更换，以后每季一次。

6.2.2.3　冲钻式开铁口机常见故障及处理方法

冲钻式开铁口机常见故障及处理方法见表 6 - 2。

表 6-2 冲钻式开铁口机常见故障及处理方法

故　障	故　障　原　因	处　理　方　法
钻杆不旋转	(1) 风压低于规定值； (2) 控制阀缺油或损坏； (3) 管路泄漏； (4) 内斜花键套及其轴磨损严重或卡死	(1) 调整风压至规定值； (2) 加油或更换控制阀； (3) 处理管路泄漏； (4) 更换相应零部件或相应处理
振动器不工作	(1) 气体中有杂质或压力不符合要求； (2) 相关阀门位置不当或损坏； (3) 振打器缺油或杂物卡死	(1) 除杂质或调整压力； (2) 调整有关阀门的位置或换阀门； (3) 注入清洁油或取出杂物

现在有部分厂家炉前设一液压站，液压系统为高炉液压泥炮、堵渣机和开口机提供压力油源，保证液压泥炮、堵渣机和开口机的正常工作。对于炉前液压开口机由设置在液压操作台上的四个操作手柄进行控制，分别为回转手柄，送进手柄，转钎手柄，冲击手柄。其钻头有液压冲击器实现冲击运动，并有使钻杆旋转的钻孔机构。同时又有使钻孔机构送进/后退用的移送机构以及使开口机旋转和摆钎机构。

对于液压开口机的维护保养等可参考液压泥炮。

6.3 堵铁口机

高炉在出铁完毕至下一次出铁之前，出铁口必须堵住。堵塞出铁口的办法是用泥炮将一种特制的炮泥推入出铁口内，炉内高温将炮泥烧结固状而实现堵住出铁口的目的。下次出铁时再用开孔机将出铁口打开。在设置泥炮时应满足下列要求：

（1）有足够的一次吐泥量。除填充被铁渣水冲大了的铁口通道外，还必须保证有足够的炮泥挤入铁口内。在炉内压力的作用下，这些炮泥扩张成蘑菇状贴于炉缸内壁上，起修补炉衬的作用。

（2）有一定的吐泥速度。吐泥过快，使炮泥挤入炉内焦炭中，形不成蘑菇状补层，失去修补前墙的作用。吐泥过慢，容易使炮泥在进入铁口通道过程中失去塑性，增加堵泥阻力，炉缸前墙也得不到修补。

（3）有足够的吐泥压力。为克服铁口通道的摩擦阻力、炮泥内摩擦阻力、炉内焦炭阻力等。

（4）操作安全可靠，可以远距离控制。由于高炉大型化并采用了高压操作，出铁后炉内喷出大量的渣铁水，所以要求堵口机一次堵口成功，并能远距离控制堵口机各个机构的运转。

（5）炮嘴运动轨迹准确。经调试后，炮嘴一次对准出铁口。

6.3.1 液压泥炮特点

按驱动方式可将泥炮分为汽动泥炮、电动泥炮和液压泥炮 3 种。汽动泥炮采用蒸汽驱动，由于泥缸容积小，活塞推力不足，已被淘汰。随着高炉容积的大型化和无水炮泥的使用，要求泥炮的推力越来越大，电动泥炮已难以满足现代大型高炉的要求，只能用于中、小型常压高炉。现代大型高炉多采用液压矮式泥炮。

液压泥炮具有如下特点：

（1）有强大的打泥压力，打泥致密，能适应高炉高压操作，压紧机构具有稳定的压紧力，不易漏泥。

（2）体积小，重量轻，不妨碍其他炉前设备工作；为机械化更换风口、弯管创造了条件。

（3）工作平稳、可靠。由于采用液压传动，机件可自行润滑，且调速方便。

（4）结构简单，易于维修。由于去除了大量机械传动零部件，大大减轻了机件的维修量。

6.3.2　矮式液压泥炮

图 6-9 为 2380kN 矮式泥炮液压传动系统图。泥炮由打泥、压炮、锁炮和回转机构四部分组成。其中打泥、压炮、开锁（锁炮是当回转机构转到打泥位置时，由弹簧力带动锚钩自动挂钩，将回转机构锁紧）均是液压缸传动，而回转机构则是液压马达通过齿轮传动。

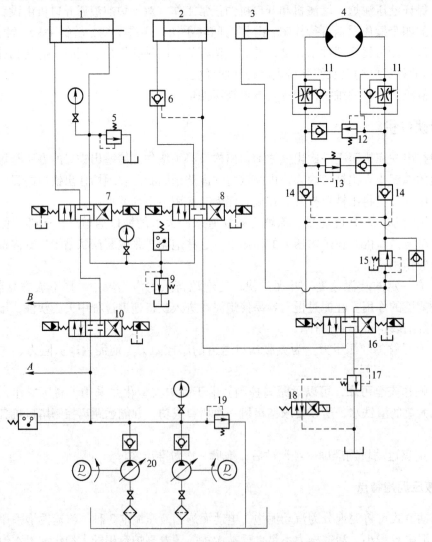

图 6-9　2380kN 矮式泥炮液压传动系统

1—打泥缸；2—压炮缸；3—开锁缸；4—回转液压马达；5, 9, 12, 13, 17, 19—溢流阀；6, 14—液控单向阀；
7, 8, 10, 16—电液换向阀；11—单向调速阀；15—单向顺序阀；18—二位四通换向阀；20—柱塞泵工艺参数如下：

打泥机构：泥缸容积　　　　　　0.25m³

　　　　　泥缸直径　　　　　　540mm

　　　　　最大推力　　　　　　2380kN

　　　　　炮身倾角　　　　　　19°

　　　　　炮嘴出口直径　　　　150mm

　　　　　炮嘴吐泥速度　　　　0.2m/s

压炮机构：最大压炮力　　　　　210kN

　　　　　送炮时间　　　　　　10s

　　　　　回程时间　　　　　　6.85s

回转机构：最大回转力矩　　　　17.5kN·m

6.3.2.1　液压传动系统参数

液压系统参数：

　　　　　　打泥回路工作压力　　　　21MPa

　　　　　　压炮回路工作压力　　　　14MPa

　　　　　　开锁回路工作压力　　　　4MPa

　　　　　　回转回路工作压力　　　　14MPa

轴向柱塞泵 20（手动变量式，2台）：

　　　　　　额定压力　　　　　　　　32MPa

　　　　　　额定流量（每台）　　　　160L/min

　　　　　　传动功率　　　　　　　　55kW

　　　　　　转速　　　　　　　　　　1000r/min

　　　　　　打泥缸 1　　　　　　　　ϕ380mm×1100mm

　　　　　　压炮缸 2　　　　　　　　ϕ125mm×700mm

　　　　　　开锁缸 3　　　　　　　　ϕ50mm×100mm

回转液压马达 4（径向柱塞式）：

　　　　　　单位流量　　　　　　　　1.608L/min

　　　　　　额定转速　　　　　　　　0~150r/min

　　　　　　工作压力，额定　　　　　16MPa

　　　　　　　　　　　最大　　　　　22MPa

　　　　　　扭矩，额定　　　　　　　3.75kN·m

　　　　　　　　　最大　　　　　　　5.16kN·m

　　　　　　溢流阀 5 的预调压力　　　8MPa

　　　　　　溢流阀 12、13 的预调压力　15MPa

　　　　　　溢流阀 17 的预调压力　　　0.5MPa

6.3.2.2　系统工作原理

系统各回路的工作压力，由有关溢流阀或顺序阀调定（其预调压力见前）。工作泵 20

提供的压力油除供给本图所示泥炮使用以外，还从 A 出口供给其他一台同样的泥炮使用；还从 B 出口供给本高炉的堵渣机等应用。本系统的特性是在同一时间内，只容许一个用油点工作（这与生产工艺是符合的）。因此，当一个系统或一个系统内一个用油点工作时，必须把其他系统或同系统内其余用油点的换向阀一律置于"0"位。

　　系统工作时，电液换向阀 10 的右端接电处于右阀位，打泥缸 1 的打泥压力，由溢流阀 19 调定，压炮缸 2 和回转马达 4 的工作压力由溢流阀 9 调定。在压炮回路中，设有液控单向阀 6，防止泥炮在打泥时，压炮缸活塞后退，压不住铁口泥套，引起跑泥。

　　在打泥完毕回转机构返回运动之前，必须先把锁炮锚钩打开，回转液压马达 4 方能启动，因此，在回路中设有单向顺序阀 15，其作用是：当电液换向阀 16 处于右阀位时，先向开锁缸 3 进油，打开锚钩。当锚钩完全打开，活塞停止前进，回路压力上升，达到 4MPa 时，顺序阀 15 打开，液压马达 4 才开始进油，进行回转运动。液压马达的回转速度有单向可调节流阀 11 进行回油调节；液压马达在停止时，由于惯性作用在排油侧所产生的冲击压力，由溢流阀 12 或 13 进行溢流限制，所溢出的油液通过单向阀向进油侧进行补充。液压马达在停止后，由两个液控单向阀 14 进行锁紧。

　　在一次打泥工作循环结束后，各有关电液换向阀 7、8、16 均恢复到中间"0"位。此时，如果其他系统未工作，换向阀 10 仍处于右阀位，则泵的排油通过各换向阀卸荷运转。

6.3.3　液压泥炮维护

6.3.3.1　工作油的维护使用

A　工作油的性质

泥炮液压系统采用纯三磷酸脂作为工作油。这种油不易燃烧，即使燃烧也能立即扑灭，不会发生大的火灾。但对一般矿物油液压系统中使用的零件、材料不能适用，它对非金属材料的影响尤为显著。一般矿物油用的密封圈、垫圈和涂料用于本工作液压系统中在短时期内会膨胀、变形和溶解。此油具有毒性，使用时要特别注意对皮肤和眼睛的危害。

B　工作油的检验

每 6 个月应对工作油进行一次检验。检验工作油应从油箱、油管途中和执行装置 3 个部位取样，以确定部分更换或全部更换工作油。

C　工作油的使用

（1）注油时必须经滤油器向油箱注油。

（2）排除的回收油必须经制造厂净化后才可使用。

（3）油箱要经常保持正常油位，防止液压泵把空气吸入到系统中引起工作油的劣化和其他故障。

（4）泥炮长期不使用时，为防止工作油在管内滞留时间过长，应每 3 个月使其工作油在管内强行循环一次。

6.3.3.2　其他设备维护

（1）泥炮使用六个月后应清洗一次油箱，更换新油，以后每隔一年清洗一次，并更换新油。在清洗油箱的同时应清洗或更换滤油器的滤芯，正常使用时如滤油器警报装置发出信号，应及时更换滤芯。

（2）泥炮使用一个月后应将泥炮炮体和液压站的各处螺栓全部拧紧一次，以后隔3个月检查拧紧一次。

（3）当泥炮出现故障需要检修时，用备件将炮身或油缸整体换下，运至机修车间进行检修。不管油缸密封件是否损坏，一般在6个月左右将油缸换下，检查或更换密封圈，更换备件时注意各接头的洁净。

（4）炮身安装完毕后要注意检查两极限位置，压下炮后达规定倾角，停炮后应水平。

（5）炮身上的各润滑点应每周注二次润滑油。

（6）每天检查工作油缸平稳与泄漏。

（7）每天检查系统各阀及油路是否泄漏。

（8）每天检查炮身泥饼无倒泥现象，如严重倒泥及时更换。

（9）每天检查炮嘴，发现两端烧坏，及时更换炮嘴帽或炮嘴。

6.3.4 液压泥炮常见故障及处理方法

为了尽早发现故障，应首先对以下项目进行初步检查和处理：

（1）泥炮液压系统是否按操作规程进行。

（2）电动机旋转方向是否正确。

（3）液压泵工作是否正常。

（4）油箱油量是否适当。

（5）截止阀开闭是否正确。

（6）油路是否有泄漏。

液压泥炮常见故障及处理方法见表6－3。

表6－3 液压泥炮常见故障及处理方法

故　障	故　障　原　因	处　理　方　法
油缸不动作 （或转速太慢）	（1）安全阀故障； （2）单向阀故障； （3）换向阀故障； （4）油缸内漏	更换、检查、修理、调整
打泥时动作太慢	（1）油缸内漏； （2）流量阀故障	（1）更换修理； （2）清洗修理流量阀
泥缸跑泥严重	活塞与缸体间隙过大	更换泥炮活塞，缩小间隙
泥炮嘴对不上铁口	悬挂拉杆调节螺母角度不正确	调整其相应角度

6.4 堵渣口机

6.4.1 渣口装置

高炉渣口用于出渣。通常渣口（见图6－10）由青铜小套1、青铜三套2、铸铁二套3、铸铁大套4和法兰盘5等组成。为便于更换，用锥面相互连接，防止炉内压力使这些零件产生轴向移动，设置了支撑挡块7，挡块一端支撑在相应零件的底面，另一端用螺栓和楔块固定在法兰盘5上。

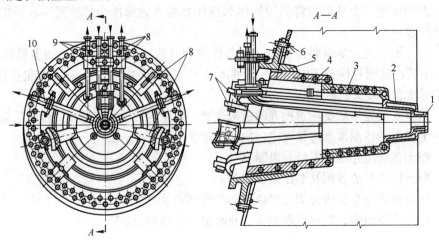

图 6 - 10　渣口装置

1—青铜小套；2—青铜三套；3—铸铁二套；4—铸铁大套；5—法兰盘；6—铆钉连接；
7—支撑挡块；8—冷却水进水管；9—出水管；10—青铜冷却器的支撑挡块

由于渣口装置处于高温区域，要求小套、三套、二套和大套都使用压力循环水冷却，青铜冷却器的挡块10也用水冷却，此时进水管和出水管兼起挡板作用。在渣口装置内侧砌耐火砖。炉渣经渣口内套和耐火砖砌的孔直接流入渣沟。

6.4.2　堵渣口机

高炉的渣口要求在出渣后，将渣口迅速堵住。在堵渣口时，要求堵渣口机械工作可靠，结构紧凑，可以远距离操作，塞头进入渣口的轨迹应近似于一条直线。

目前国内外研制的堵渣口机结构形式较多，按驱动方式可分气动、电动和液压三种。国内使用较多为连杆式堵渣口机和液压折叠式堵渣口机。

6.4.2.1　连杆式堵渣口机

图 6 - 11 为连杆式堵渣口机结构。连杆式堵渣口机的主要部分是铰接的平行四连杆4，四连杆的下杆件延伸部分是带塞头1的塞杆2。平行四连杆的每一根斜杆都用两根引杆与支承框架3连接起来，支承框架固接于高炉炉壳上。用汽缸11通过钢绳8将塞杆拉出，并提起连杆机构。当从汽缸上部通入压缩空气时，汽缸活塞向下运动，从而带动操纵钢绳8，钢绳拉着连杆机构绕固定心轴7回转，整个机构被提起而靠近框架3。在连杆机构被提起位置，用钩子9把机构固定住，以待放渣时进行操作。

为了堵住渣口，把压缩空气通入汽缸下部，活塞上升，钢绳8松弛，然后操作钢绳10，使钩子9脱钩。此时，连杆机构在自重和平衡锤6的作用下，向下伸入渣口，塞头紧紧堵塞在渣口内套上。

冷却塞杆和塞头的冷却水从管子5通入。

为了避免塞头楔住，塞头设有挡环，而且塞头和内套都应有10% ~15%锥度。

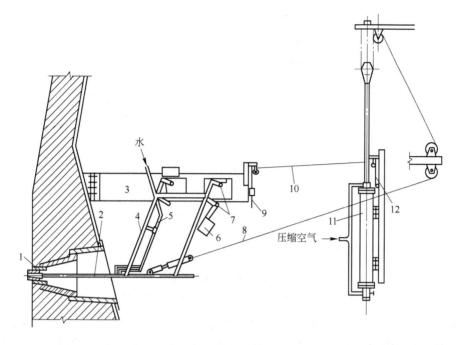

图6-11 连杆式堵渣口机

1—塞头；2—塞杆；3—框架；4—平行四连杆；5—塞头冷却水管；6—平衡锤；7—固定心轴；
8—操纵钢绳；9—钩子；10—操纵钩子的钢绳；11—汽缸；12—钩子的操纵端

近年来，许多高炉将压缩空气缸驱动改为电动机卷扬驱动。

四连杆堵渣口机的塞杆和塞头是空心的，内通循环水冷却。放渣时，堵渣口机塞头离开渣口后，人工用钢钎捅开渣口放渣，很不方便，也不安全。因此将其改进为吹风式。即塞杆和塞头中心有一个孔道，堵渣时，高压空气通入孔道吹入高炉炉缸内。为了防止渣液倒灌入通风管，在塞头中心孔连续不断地吹入压缩空气，并在通风管前端装一小型逆止阀，若逆止阀被渣堵死，可以拧下更换。这样渣口始终不会被熔渣封闭，放渣时拔出塞头自动放出，无须再用人工捅渣口，操作方便。塞头内通压缩空气不仅冷却塞头，而且吹入炉内的压缩空气还能消除渣口周围的死区，延长渣口寿命。

吹风式堵渣口机，通风式塞头结构如图6-12所示。

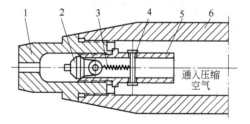

图6-12 通风式塞头结构图

1—小塞头；2—逆止阀；3—拉力弹簧；
4—销轴；5—阀芯管；6—大塞头

四连杆式堵渣口机的主要特点是结构简单，工作可靠，可以远距离操作。但是外形尺寸大，占据空间大，机构受热易变形；连杆结构铰接点太多，容易磨损；妨碍炉前机械化更换风口。

6.4.2.2 液压折叠式堵渣口机

A 结构和工作原理

液压折叠式堵渣口机结构，如图6-13所示。

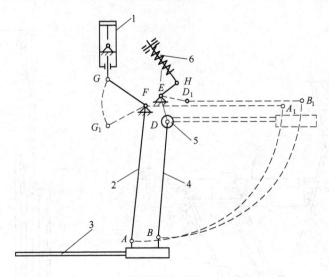

图 6 – 13　液压折叠式堵渣口机结构

1—摆动油缸；2，4—连杆；3—堵渣杆；5—滚轮；6—弹簧

开启渣口时，液压缸活塞向下移动，推动刚性杆 *GFA* 绕 *F* 点转动，将堵渣杆 3 抬起。在连杆 2 未接触到滚轮 5 时，连杆 4 绕铰接点 *D*（*DEH* 杆为刚性杆，此时 *D* 点受弹簧的作用不动）转动。当连杆 2 接触滚轮 5 后就带动连杆 4 和 *DEH* 杆一起绕 *E* 点转动，直到把堵渣杆抬到水平位置。*DEH* 杆转动时弹簧 6 受到压缩。堵渣杆抬起最高位置离渣中心线可达 2m 以上。堵出渣口时，液压缸活塞向上移动，堵渣杆得到与上述相反的运动，迅速将渣口堵住。

在这种堵渣口机上也采用了通风式塞头。

这种堵渣口机的主要优点：

（1）结构简单，外形尺寸小，放渣时堵渣杆可提高到 2m 以上的空间，这为炉前操作机械化创造了有利的条件。

（2）采用通风式塞头，放渣时拔出堵渣杆，渣液自动流出。

主要缺点：

（1）堵渣杆与连杆都较长，铰接点多，连杆机构的刚度不易保证，可能会出现塞头运行时偏离设计轨迹。

（2）原设计驱动油缸靠近炉皮，检修更换困难。修改后的结构，液压缸由原来靠里的垂直位置改为向外并与水平线成一夹角的位置，相应修改了驱动转臂的铰链点，并设置了隔热板。因修改的需要，取消了产生弹簧平衡力矩的一些零件如图 6 – 14 所示，利用平衡杆系重心产生的力矩作平衡力矩，增加滚轮 6 的轴长作定位销轴 5，增设定位挡块 4，以保证机构转化时 O_2 点的固定位置。

B　液压折叠式堵渣口机维护

（1）本设备在液压、气动系统及所配置的管路正常条件下才能安全工作，因此必须做到：

1）保证液压油清洁度，保证气动元件的干燥及正常润滑；

2）经常检查设备上各管接头是否松动，造成渗漏及时紧固或更换；

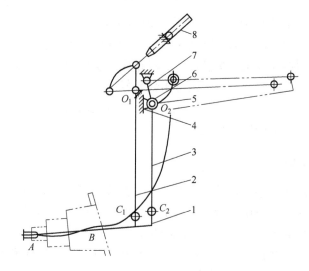

图 6-14　改进后的折叠式堵渣口机

1—堵渣杆；2—转臂；3—平衡杆；4—定位挡块；5—定位销轴；6—滚轮；
7—平衡转臂；8—液压缸

3）经常检查液压站各元件及气动系统各元件是否正常，有无泄漏，发现问题及时更换；

4）炉前环境恶劣容易造成液压软管损坏，必须及时检查和更换。

（2）经常检查各气、液配管是否损坏或泄漏，发现问题及时修补或更换。

（3）液压缸维修应该为干净的场所。

（4）设备上若有机械零件损坏，必须在完全停机的状态下才能进行检修和更换。

C　液压折叠式堵渣口机常见故障及处理方法

液压折叠式堵渣口机常见故障及处理方法见表 6-4。

表 6-4　液压折叠式堵渣口机常见故障及处理方法

故　障	故　障　原　因	处　理　方　法
油缸不动作	（1）油缸内漏，流量不足，压力太低； （2）电磁换向阀故障	（1）更换油缸内密封件，调节流量、工作压力； （2）更换、清洗及修理
堵渣机塞头不对渣口	角度不正确	角度调整：高度方向上用平衡杆 3 的螺母及平衡转杆上的调节限位螺母 7 来实现。在水平方向上由堵渣杆 1 的燕尾槽来调节
电磁阀不动作	（1）电磁阀故障； （2）电路故障	（1）检查电磁阀是否损坏； （2）检查电路电源

6.5　换风口机与换弯管机

6.5.1　换风口机

高炉风口烧坏后必须立即更换。过去国内高炉普遍采取人工更换风口，不仅工作艰巨,而且更换时间长,影响高炉生产。随着高炉容积的大型化,风口数目增多,重量增加,要求更换风口的时间减短,人工更换风口已不能适应高炉操作的要求。因此,目前国内外大型高炉已都采用换风口机来更换风口。对换风口机的要求是:灵活可靠,操作简单方便,运转迅速、适应性强,耐高温;耐冲击性较好。

换风口机按其走行方式,可分为吊挂式和地上走行式两类。我国高炉采用的换风口机一般为吊挂式,国外高炉多采用走行式。

6.5.1.1　吊挂式换风口机

吊挂式换风口机由北京钢铁设计研究总院和首钢炼铁厂共同研制,它的主要优点是机构性能良好,操作时间短,采用这种换风口机,更换一个风口大约需要 12min 左右,操作人员少,一般情况下只需要 2~3 人就可完成操作。

如图 6-15 所示,吊挂式换风口机由小车运行机构 1、立柱回转和升降机构 2、挑杆伸缩机构 3、挑杆摆动机构 4、挑杆冲击机构 5、卷扬机构 6 和油泵站等组成。

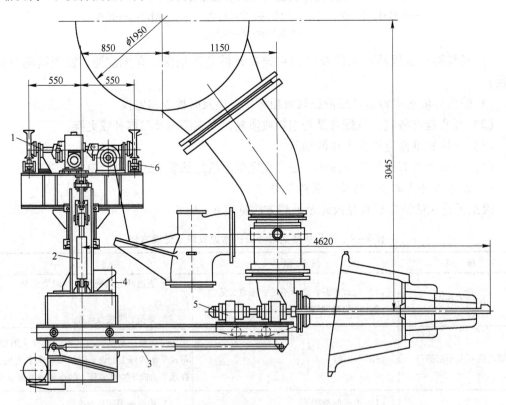

图 6-15　换风口机结构

1—小车运行机构;2—立柱回转和升降机构;3—挑杆伸缩机构;4—挑杆摆动机构;
5—挑杆冲击机构;6—卷扬机构

风口大都与渣、铁水和炉壁粘在一起,不宜用静拉的方法取出风口。一般都用冲击力使风口和炉壁冷却器的结合松动,然后再取出风口。所以应采用液压锤来冲击挑杆,使风口和炉壁冷却器的结合松动。

(1) 小车运行机构。换风口机各机构均吊挂在小车上。小车在工字梁轨道上运行,此轨道环绕在高炉周围。换风口时，换风口机可通过小车移到高炉周围任一个风口处。平时换风口机停在高炉旁的机库里。

（2）立柱回转和升降机构。在换风口的操作过程中，挑杆需要绕立柱中心线作回转运动或垂直升降运动来完成拆、装风口工作。立柱的回转运动是手动的，立柱的升降运动是用液压缸来完成的。

（3）挑杆伸缩机构。在取下（或装上）风口及直吹管时，挑杆需作伸缩移动。取下风口时，要求伸缩臂完全伸出，同时装有挑杆的小车走到伸缩臂头部，使拉风口的拉钩伸入炉内钩住风口。立柱回转时，由于风口区域位置窄小，要求伸缩臂缩回，装有挑杆的小车退回到伸缩臂尾部。这样小车的总行程可达3m左右，而伸缩臂油缸活塞行程为1m，为此采用了动滑轮钢绳传动，传动比为3，可满足上述要求。其传动如图6-16所示。驱动油缸1和定滑轮7固定在立柱的架体上，油缸活塞杆2的一端

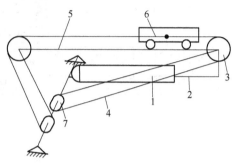

图6-16 伸缩臂钢绳传动示意图
1—驱动油缸；2—活塞杆；3—动滑轮；4—钢绳；
5—伸缩臂；6—小车；7—定滑轮

与伸缩臂5的头部固定，伸缩臂的头部还装有动滑轮3。钢绳4一端固定在伸缩臂上，另一端绕过定滑轮7及动滑轮3固定在装有挑杆的小车6上，小车可在伸缩臂上前后移动。当活塞杆向前伸出时，固定在活塞杆上的伸缩臂和动滑轮也向前移动，小车由钢绳牵引向前移动，其移动行程为活塞杆的3倍。同理，活塞杆向后缩回时，挑杆又得向后移动，其移动行程仍为活塞杆行程的3倍。

（4）挑杆摆动机构。利用挑杆挑起或放下风口及直吹管时，均要求挑杆作上下摆动运动。挑杆摆动是用两个油缸来完成的，见图6-15中4。

（5）挑杆冲击机构。换风口时，利用液压锤冲击挑杆使风口松动或撞紧风口。卸风口是利用挑杆前端的拉钩钩住风口，然后用液压锤冲击挑杆，使风口受到冲击力直到风口松动，再用挑杆将风口拉出，装风口也需用液压锤给挑杆以相反方向的冲击力，撞紧新装上的风口。

（6）卷扬机构。卸风口时，需要用卷扬机先将弯头吊起，然后卸吹管和风口。

6.5.1.2 吊挂式换风口机

日本IHI更换风口装置属于此类。它可以更换高炉进风弯管、直吹管及风口，如图6-17所示。行走车有3个轮子（一个尾轮，两个前轮），走行在风口工作平台上。操纵柄可使尾轮转动，尾轮上设有驱动机构，驱动电机为2.2kW，走速10m/min。它的作业顺序是用联杆取下弯管和直吹管，然后旋转台旋转180°，将被换的风口用钩子钩出来，再将新风口送进原来的位置。

6.5.2 换弯管机

我国第一重型机械厂设计的换弯管机的结构，如图6-18所示。它由小车运行机构1、回转机构2、升降机构3、摆动机构4、托架移动机构5和托架摆动机构6等几部分组成。

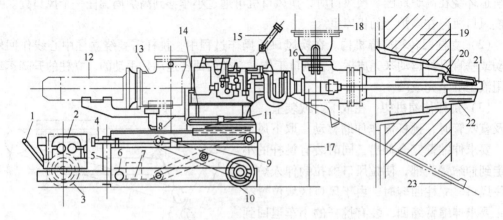

图 6 - 17　走行式换风口机

1—操作柄；2—驱动机构；3—驱动轮；4—前后移动油缸；5—液压千斤顶；6—液压泵；7—油箱；
8—联杆；9—前后行程；10—车轮；11—左右移动油缸；12—直吹管；13—进风弯管；14—旋转台；
15—倾斜油缸；16—空气锤气缸；17—旋转台提升高度；18—进风支管；19—高炉内衬；
20—安装时钩子位置；21—更换时钩子位置；22—风口；23—取新风口时钩子位置

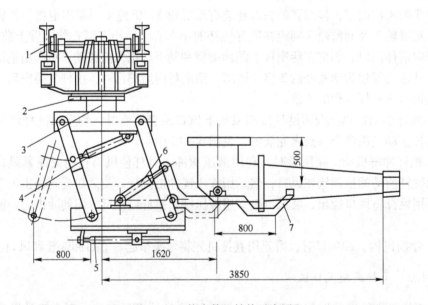

图 6 - 18　换弯管机结构示意图

1—运行机构；2—回转机构；3—升降机构；4—摆动机构；5—托架移动机构；6—托架摆动机构；7—托架

　　为了配合换风口机工作，国内还设计了换弯管机。换弯管机也是通过小车吊挂在更换风口机运行的环形轨道上运行。换弯管机工作时，将卸下的弯管和直吹管用托架 7 托起，并运送离开风口区。再用换风口机拆卸和安装风口，新的风口安装好后，再用换弯管机将弯管及直吹管托运来，放于待装位置。

6.6　铁水处理设备

　　高炉生产的铁水绝大部分用于炼钢，所以就需要有将铁水从高炉运至炼钢车间的铁水罐车。此外由于生产节奏上的原因，有时一部分炼钢生铁要铸成生铁块。有的高炉还专门生产一部分铸造生铁，这种工艺需要用铸铁机来完成。所以生铁处理设备主要包括铁水罐车和铸铁机。

6.6.1 铁水罐车

铁水罐车是高炉车间专门用于运送铁水的车辆。可在车架上倾翻而卸载，也可以用起重机吊起卸载。用普通机车牵引。

6.6.1.1 对铁水罐车的要求

（1）单位长度上有最大的容量，以降低铁口标高和缩短出铁场的长度，保证最大装入量。

（2）足够的稳定性，重心要低于枢轴，保证运行平稳，不得自行倾翻，而当需要倾翻时，倾翻所需的功率应尽量小。

（3）外形合理，适合保温，热损失小，能够承受热应力，维修方便。

（4）有足够的强度，安全可靠，结构紧凑合理，自重小。

6.6.1.2 铁水罐车

铁水罐车按铁水罐外形结构可分为锥形、梨形和混铁炉式三种。

A 锥形铁水罐

锥形铁水罐的优点是构造简单、砌砖容易、清理罐内凝铁容易。缺点是热损失大，容量少，一般仅 50 ~ 70t；使用寿命仅 50 ~ 300 次。多用于小型高炉。

目前我国高炉广泛采用的铁水罐车结构形式，如图 6 - 19 所示。车架为焊接双弯梁式，两端由支座支撑罐体，通过心盘将负荷传给转向架。铁水罐的上部为圆柱形，底部为半球形，如图 6 - 20 所示。这种形式的铁水罐清理废铁和铁瘤以及观察罐内破损情况比较方便。

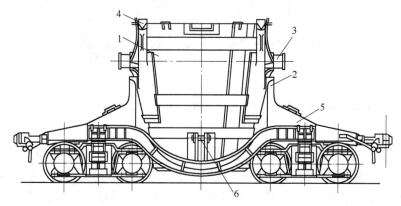

图 6 - 19 锥形铁水罐车

1—锥形铁水罐；2—枢轴；3—耳轴；4—支撑凸爪；5—平台；6—小轴

B 梨形铁水罐

铁水罐外形似梨状，如图 6 - 21 所示。散热面积小，散热损失减少，容量一般只有

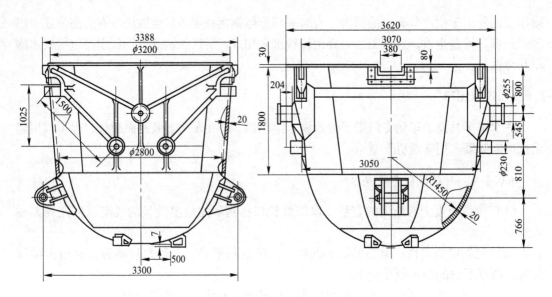

图 6 - 20　65T 铁水罐外形

100t 左右，底部呈半球形，倒罐后残铁量少，内衬寿命较长，一般为 100 ~ 500 次。但是梨形铁水罐由于口部尺寸较小，清理废铁和铁瘤不方便，也不便观察内部砖衬的破坏情况，因此，在国内未获得广泛采用。

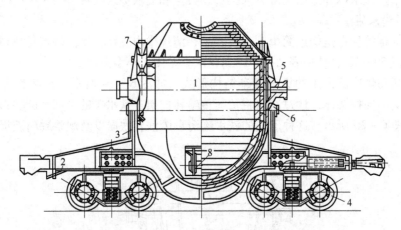

图 6 - 21　梨形铁水罐车

1—罐体；2—车架；3—吊架；4—车轮；5—吊轴；6—支轴；7—支爪；8—吊耳座销轴

C　混铁炉式铁水罐

混铁炉式铁水罐，外形呈鱼雷状，故又称鱼雷式铁水罐车，如图 6 - 22 所示。

混铁炉式铁水罐车的优点：封闭好，保温性能良好，散热损失少，残铁量少；容铁量大，一般一座高炉只设置 2 ~ 3 个铁水罐即可，可以缩短出铁场的长度，对铁水有混匀作用等。

D　铁水罐需要数量计算

铁水罐车主要由铁水罐和车架两部分组成。铁水罐依靠壳体上的两对枢轴支承在车架上。铁水罐壳体为钢板焊成，罐内砌筑耐火砖衬。中小型铁水罐内砌筑 1 ~ 2 层黏土砖，

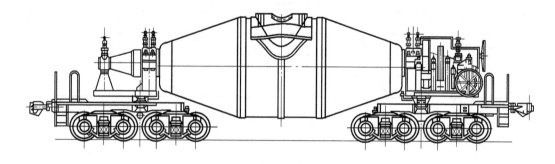

图 6 - 22 混铁炉式铁水罐车

大型铁水罐内砌筑较厚的耐火砖衬，要求耐火砖质量也较高。如某大型鱼雷罐内衬为：紧贴壳体砌筑两层 230mm 厚的黏土砖，内侧再砌两层 230mm 厚的高密度黏土砖，渣线部位砌以 400mm 莫来石砖，罐口处浇注高铝质不定型耐火材料。

铁水罐车的需要量按下式计算：

（1）每座高炉出一次铁所需铁水罐数：

$$N_{tg} = \frac{\alpha P}{na} \qquad (6-1)$$

式中　P ——高炉昼夜出铁量，t；

　　　n ——高炉昼夜出铁次数；

　　　α ——出铁不均匀系数，可取 1.2；

　　　a ——每个铁水罐有效容量，t。

（2）工作的铁水罐数量：

$$N_1 = N_{tg} \frac{\tau_t n}{24} S \qquad (6-2)$$

式中　N_1 ——车间同类型高炉工作的铁水罐数（若高炉的出铁制度和工作条件不同时，车间的铁水罐数量应按炉分别计算确定）；

　　　N_{tg} ——每座高炉铁水罐数量；

　　　τ_t ——铁水罐平均周转期，一般取 2.5～3.0h；

　　　n ——每座高炉昼夜出铁次数；

　　　S ——同类型高炉座数。

（3）检修铁水罐数：

$$N_2 = N_1 \frac{t_1 + t_2}{t_1 T_1} \qquad (6-3)$$

式中　N_2 ——检修铁水罐数；

　　　t_1 ——铁水罐大修时间，h；

　　　t_2 ——铁水罐中修时间，h；

　　　T_1 ——铁水罐两次大修期间的内衬寿命，次。

表 6 - 5 是铁水罐大中修时间参考值。

表 6-5　计算铁水罐数量时参考数据

铁水罐容量/t	35	65	100	140
大修时间/h	42 ~ 62	42 ~ 62	52 ~ 72	52 ~ 72
中心时间/h	20	20	30	30
内衬寿命/次	400	400	400	400

（4）备用铁水罐数量 N_3。采用一座高炉出一次铁所需铁水罐数 N_{tg}。

（5）高炉车间铁水罐总数 N：

$$N = N_1 + N_2 + N_3 \tag{6-4}$$

式中　N_3——备用铁水罐数量。

我国一些钢铁厂高炉铁水罐配置情况见表 6-6。

表 6-6　部分高炉出铁场铁水罐配置参考数据

炉容/m³	100	250	620	1000	1500	2000	2500
炉缸安全容铁量/t	20	65	165	230	340	470	610
铁水罐及吨位/个 × t	1 × 35	2 × 65	2 × 100	2 × 140	3 × 140	4 × 140	5 × 140

6.6.2　铸铁机

铸铁机是把铁水连续铸成铁块的机械化设备。铸铁机布置如图 6-23 所示。

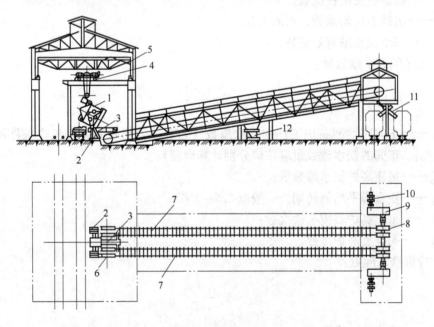

图 6-23　铸铁机布置

1—铁水罐；2—前方支柱；3—流铁槽；4—倾翻机构；5—起重机；6—星形轮；7—运输带；
8—卸铁机构；9—减速器；10—电动机；11—导向槽；12—喷灰装置

铁水车进入铸铁车间之后由专门的倾翻机构 4 将铁水罐 1 倾翻，铁水经流铁槽 3 流到铸铁机的铸铁模里。为减少从铁水罐流到流铁槽中的飞溅损失，设置前方支柱 2。它在倾翻铁水罐时，用来做铁水罐凸爪的支撑点，并使铁水罐的浇注口靠近流铁槽。流铁槽的出口和铸铁模之间的空隙不应超过 50mm。流铁槽应将铁水直接注入铸铁模的整个表面上，这样可减少铁水的飞溅损失和对铸铁模的冲刷，铸铁模磨损得均匀些。

当用混铁炉式铁水罐浇注铁块时，可不用前方支座，这时可直接驱动罐体倾动机构，使罐内铁水通过流铁槽均匀地流入铸铁机的两排铸铁模内。铸铁模平行排列，相互紧贴，并与两边的链条连接组成一条循环的运输带 7。

铸铁机的尾部装有运输带的驱动机构（电动机 10、减速器 9 和链轮 8）和卸铁机构。卸铁机构是由同主动链轮装在一起的凸轮带动，使锤子不断敲击端部模子里的铁块，使铁块脱落后通过下面旋转导向槽 11，把生铁块卸到铁路的平车上。在链带的前部还设有调节链带的张紧装置。

在传动链返回时，在铸铁机下面设有石灰浆的喷射设备 12，可将石灰浆喷洒在空模内，以防铁水和模子黏结。为加快铸铁块冷却，提高铸铁质量，在铸铁块上面采用喷水冷却，喷头设在链带钟后部。喷水量应先小后大，逐步增加。

6.6.2.1 铸铁模

铸铁模（见图 6-24）能容 25~35kg 重的生铁模子。每个模子边缘 1 必须盖住前一个模子的边缘 2 上，如果模中铁水装得太满（铁水面超过以 a—a 面）时，铁水就流到下面的铸铁模中去。铸铁模用铸铁或软钢铸成。铸铁模里铸入加固用的圆钢棒，使铸铁模不易断开。

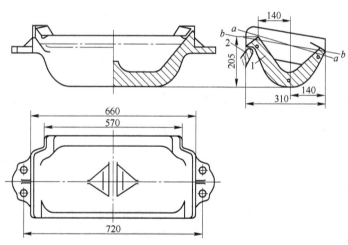

图 6-24 铸铁模

国内很多厂生产小块铸铁块，每个铸铁模可浇铸 6 小块铁块，每小块重量为 3.5~4.5kg。

采用小铁块铸铁模生产时，由于化铁炉再熔化时，时间短，可比大块铁节约焦炭约 5%，日产量提高 20% 左右。其次搬运装卸方便，使破碎工作量减小。由于小铁块冷却速度快，所以也缩短了铸铁机的长度或可加快链带的运行速度，提高生产率。

当采用小块铁铸铁模生产时，由于小块铁散热面大，冷却快，并且铸铁模的周转周期短，故铸铁模的温度比大块铁高，因而必须加强小铁块的冷却措施。为了提高小块铁模的使用寿命，一般都选用厚度大的铸铁模或铸钢模。为保证顺利脱模，应适当增加喷浆的浓度。

6.6.2.2　链带

链带结构目前常用的有两种形式：

一种是滚轮移动式，其结构形式如图6-25所示。其特点是滚轮随链带移动，链环节部件1用小轴2在两边连接，小轴2上装有转动的滚轮3。当链带运动时，滚轮3就在导轨4上滚动。在部件1的槽中放有连接板5，铸铁模的凸耳6用螺栓固定在它们的上面。连接板5上焊有筋板7，以防止连接板轴向移动。盖板8用装在连接板上的开口销9固定，保护板10的作用是防止铁水溅入部件和轮子之间，以影响滚轮在轨道上滚动，加速滚轮和导轨的磨损。当滑动的轮子很多时，链带的驱动负荷过大，而造成损坏。

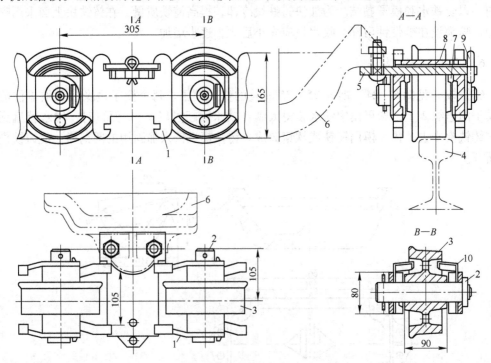

图6-25　滚轮移动式链带结构

1—链环节部件；2—小轴；3—滚轮；4—导轨；5—连接板；6—凸耳；7—筋板；8—盖板；
9—开口销；10—保护板

另一种结构是滚轮固定式，其结构如图6-26所示。链板1在固定的滚轮2上移动。链板用钢板模锻压而成，在链板上焊有角钢，两个铸铁模5的凸耳固定在角钢上。链板铰接着一个带有方形凸缘的轴套3，凸缘防止轴套在链板里旋转。这种铰接装置的摩擦面不在链板和小轴之间，而是在轴套和圆环之间。轴套和圆环用耐磨锰钢制成。连接轴4用来固定链带，以防止链带歪斜，使链带在水平面上具有较大的刚性。

实际生产证明，以上两种链带形式各有优缺点。滚轮移动式由于滚轮移动，销轴处润滑困难，而且润滑点多，链带磨损后引起铸铁模之间出现间隙引起漏铁水现象，影响正常生产。滚轮固定式由于滚轮固定克服了轮轴润滑困难的缺点，环节在车轮上行走，铁水不

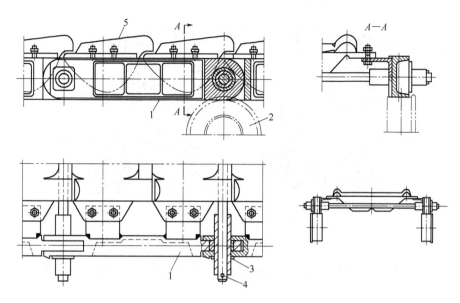

图 6 - 26　滚轮固定式链带结构
1—链板；2—滚轮；3—轴套；4—连接轴；5—铸铁模

易进入轮轴的接触面上；其次每个链环节上固定有两个铸铁模，因而减少了环节点数目。滚轮可采用滚动轴承干油集中润滑。但是这种形式的缺点是，由于链片底面支撑在滚轮上移动，链片底面成为工作面，因此增加了链片上下面的加工量。由于每个链节设两个铸铁模，不但使链片的外形尺寸和重量都较辊轮移动式增加，而且工作时受热应力和变形的影响，链片与铸铁模连接处容易损坏，铸铁模使用寿命低。

6.7　炉渣处理设备

6.7.1　渣罐车

高炉熔渣用渣罐车运输。

对渣罐车的基本要求是：

（1）渣罐的形状应保证能卸下凝固的炉渣。

（2）保证有足够的稳定性。

（3）由于渣罐内不砌耐火砖，罐壁应耐高温。

我国渣罐车的结构形式有两种：一种是渣罐车的倾翻机构设置在渣罐车上，型号为 ZZD；另一种是渣罐车上无倾翻机构，翻罐靠渣场上的起重设备完成，型号为 ZZF。

ZZD 型渣罐车的机构如图 6 - 27 所示。它由渣罐、支撑环、车架、倾翻机构和运行车轮等组成。

渣罐 1 为椭圆形截面，固定在支撑环 2 上。支撑环的两侧有两个与它铸成一体的滚动轮。滚动轮可沿装在车架上的导轨滚动，并保证扇形齿轮与固定在车架上的齿条正常啮合。

渣罐 1 固定在支撑环 2 上。支撑环的两侧有两个与它铸成一体的滚动轮。滚动轮可沿装在车架上的导轨滚动，并保证扇形齿轮与固定在车架上的齿条正常啮合。倾翻机构使支

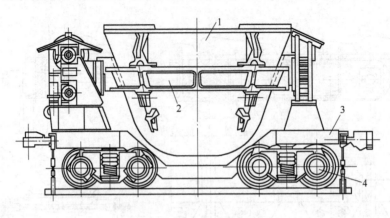

图 6 - 27　ZZD 型渣罐车

1—渣罐；2—支撑环；3—车架；4—车轮

撑环轴线与车架轴线产生相对运动时，这种啮合能保证支撑环与渣罐一起往相应的方向移动和倾翻。

渣罐倾翻机构的示意图如图 6 - 28 所示。

渣罐倾翻机构工作情况如下：电动机 1 通过联轴节 2、减速机 3 和齿轮 4 使丝杠 5 旋转。丝杠与螺母滑块 6 相啮合，在螺母滑块的槽中插入扇形齿轮 8 的枢轴 7。而扇形齿轮和齿条 9 相啮合，并与支撑环 12 的滚动轮 10 刚性连接。滚动轮支在导轨 11 上滚动轮的直径和扇形齿轮的节圆直径是相等的。

当丝杠 5 旋转时，螺母滑块 6 通过枢轴 7 把扇形齿轮往一边移动。由于与固定齿条啮合，扇形齿轮在移动的同时，还得到回转运动。回转和直线两种运动由扇形齿轮经滚动轮传给支撑环和渣罐。因此当渣罐倾翻时，它同时从车架的中间移向边缘，这样可使从渣罐倒出的熔渣远离渣车和轨道。

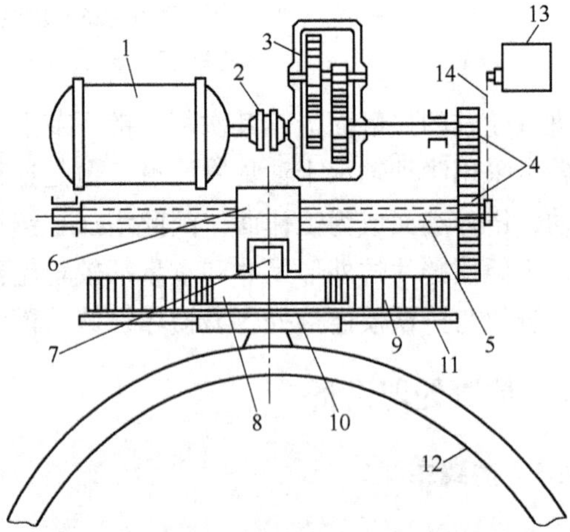

图 6 - 28　渣罐倾翻机构示意图

1—电动机；2—联轴节；3—减速机；4—齿轮；
5—丝杠；6—螺母滑块；7—枢轴；8—扇形齿轮；
9—齿条；10—滚动轮；11—导轨；12—支撑环；
13—润滑油箱；14—润滑油管

为了避免渣或铁粘在罐壁上，须用喷浆装置在它的上面喷涂一层石灰浆。罐内壁温度常达 800℃ 而且是反复受热，故热应力的作用很严重。为了使应力分布均匀，罐都做成圆形。也有为增大容量而做成椭圆形的。

6.7.2　水淬渣生产

高炉炉渣可以作为水泥原料、隔热材料以及其他建筑材料等。高炉渣处理方法有炉渣水淬、放干渣及冲渣棉。目前，国内高炉普遍采用水冲渣处理方法，特殊情况的采用干渣生产，在炉前直接进行冲渣棉的高炉很少。

水淬渣按过滤方式的不同可分为以下几种方式：

（1）过滤池过滤。有代表性的有 OCP 法和我国大部分高炉都采用的改进型 OCP 法，即沉渣池法或沉渣池加底过滤池法。

（2）脱水槽脱水。有代表性的是 RASA 法、永田法。

（3）机械脱水。有代表性的是螺旋法、INBA 法、图拉法。

6.7.2.1 底滤法水淬渣（OCP）

底滤法水淬渣是在高炉熔渣沟端部的冲渣点处，用具有一定压力和流量的水将熔渣冲击而水淬。水淬后的炉渣通过冲渣沟随水流入过滤池，沉淀、过滤后的水淬渣，用电动抓斗机从过滤池中取出，作为成品水渣外运。

沉渣池即底滤法处理高炉熔渣的工艺流程如图 6-29 所示。

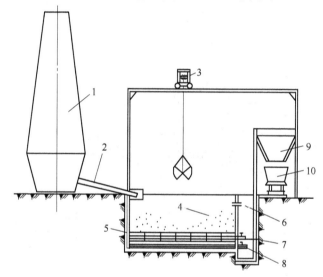

图 6-29　底滤法处理高炉熔渣的工艺流程
1—高炉；2—熔渣沟和水冲渣槽；3—抓斗起重机；4—水渣堆；5—保护钢轨；
6—溢流水口；7—冲洗空气进口；8—排出水口；9—贮渣仓；10—运渣车

冲渣点处喷水嘴的安装位置应与熔渣沟和冲渣沟位置相适应，要求熔渣沟、喷水嘴和冲渣沟三者的中心线在一条垂直线上，喷水嘴的倾斜角度应与冲渣沟坡度一致，补充水的喷嘴设置在主喷水嘴的上方，主喷水嘴喷出的水流呈带状，水带宽度大于熔渣流股的宽度。喷水嘴一般用钢管制成，出水口为扁状或锥状，以增加喷出水的速度。

冲渣沟一般采用 U 形断面，在靠近喷嘴 10~15m 段最好采用钢结构或铸铁结构槽，其余部分可以采用钢筋混凝土结构或砖石结构。冲渣沟的坡度一般不小于 3.5%，进入渣池前 5~10m 段，坡度应减小到 1%~2%，以降低水渣流速，有利于水渣沉淀。

冲渣点处的水量和水压必须满足熔渣粒化和运输的要求。水压过低，水量过小，熔渣无法粒化而形成大块，冲不动，堆积起来难以排除。更为严重的是熔渣不能迅速冷却，内部产生蒸汽，容易造成"打炮"事故。冲渣水压一般应大于 0.2~0.4MPa，渣、水重量比为 1:8~1:10，冲渣沟的渣水充满度为 30% 左右。

水温对冲渣也有影响，水温高容易产生渣棉和泡沫渣。为防止爆炸，要求上、下渣不能大量带铁。

高炉车间有两座以上的高炉时，一般采取两座高炉共用一个冲渣系统。冲渣沟布置于高炉的一侧，并尽可能缩短渣沟，增大坡度，减少拐弯。

6.7.2.2　图拉法水淬渣

图拉法水淬渣工艺的原理是用高速旋转的机械粒化轮配合低转速脱水转鼓处理熔渣，工艺设备简单，耗水量小，渣水比为1:1，运行费用低，可以处理铁含量小于40%的熔渣，不需要设干渣坑，占地面积小。唐钢2560m³高炉、济钢1750m³高炉炉渣处理系统采用了该工艺。

图拉法水淬渣的工艺流程如图6-30所示。

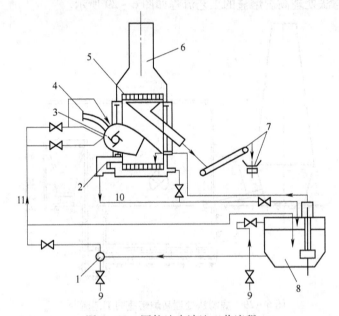

图6-30　图拉法水淬渣工艺流程

1—粒化泵；2—溢流装置；3—粒化器；4—渣沟；5—脱水器；6—烟囱；7—皮带运输机；
8—循环水罐；9—新水；10—循环水；11—用于粒化的水

高炉出铁时，熔渣经渣沟流到粒化器中，被高速旋转的水冷粒化轮击碎，同时，从四周向碎渣喷水，经急冷后渣粒和水沿护罩流入脱水器中，被装有筛板的脱水转筒过滤并提升，转到最高点落入漏斗，滑入皮带机上被运走。滤出的水在脱水器外壳下部，经溢流装置流入循环水罐中，补充新水后，由粒化泵（主循环泵）抽出进入下次循环。循环水罐中的沉渣由气力提升机提升至脱水器再次过滤，渣粒化过程中产生的大量蒸汽经烟囱排入大气。在生产中，可随时自动或手动调整粒化轮、脱水转筒和溢流装置的工作状态来控制成品渣的质量和温度。成品渣的温度为95℃左右，利用此余热可以蒸发成品渣中的水分，生产实践证明可以将水分降到10%以下。

6.7.2.3　INBA法

INBA法是由卢森堡PW公司开发的一种炉渣处理工艺，其工艺流程如图6-31所示。从渣沟流出的熔渣经冲渣箱进行粒化，粒渣和水经水渣沟流入渣槽，蒸汽由烟囱排

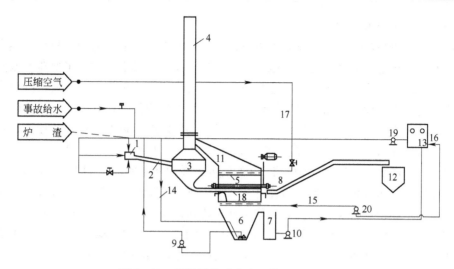

图 6 - 31　回转圆筒式冲渣工艺（INBA 法）

1—冲渣箱；2—水渣沟；3—水渣槽；4—烟囱；5—滚筒过滤；6—集水斗；7—热水池；
8—排料胶带机；9—底流泵；10—热水泵；11—盖；12—成品槽；13—冷却塔；14—搅拌水；
15—洗净水；16—补给水；17—洗净空气；18—分配器；19—粒化泵；20—清洗泵

出，水渣自然流入设在过滤滚筒下面的分配器内。分配器沿整个滚筒长度方向布置，能均匀地把水渣分配到过滤滚筒内。水渣随滚筒旋转由搅动叶片带到上方时，脱水后的粒渣滑落在伸进滚筒上部的排料胶带机上，然后由输送胶带机运至粒渣槽或堆场。滤出的水，经集水斗、热水池、热水泵站送至冷却塔冷却后进入冷却水池，冷却后的冲渣水经粒化泵站送往水渣冲制箱循环使用。

设置在过滤筒外面的滤网孔径较小，使较细的粒渣附着在滤网上也起过滤作用。为了清扫搅动叶片上积存的粒渣，防止滤网堵塞，在过滤滚筒外侧的不同位置，设置了压缩空气吹扫点和清洗水喷洗点。脱水部分结构如图 6 - 32 所示。

INBA 法的优点是可以连续滤水，环境好，占地少，工艺布置灵活，吨渣电耗低，循环水中悬浮物含量少，泵、阀门和管道的寿命长。

INBA 法在我国许多高炉上使用。武钢 3200m³ 高炉采用两台 PW 型 INBA 炉渣粒化设备。脱水过滤滚筒直径 5m，长 6m，转速 0.3 ~ 1.2r/min，最大处理能力为 8t/min，最大耗水量 500m³/h，水压 0.3MPa，耗压缩空气 800m³/h，压力 0.8MPa，最大作业率 97%，处理后水渣含水率 15% ~ 20%，冲渣水闭路循环使用。

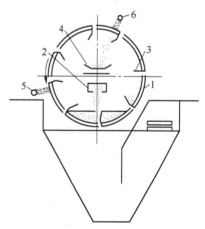

图 6 - 32　INBA 法脱水部分结构

1—过滤滚筒；2—分配器；3—搅动叶片；
4—排料皮带；5—清洗水；6—压缩空气

6.7.3　干渣生产

干渣坑作为炉渣处理的备用手段，用于处理开炉初期炉渣、炉况失常时渣中带铁的炉渣以及在水冲渣系统事故检修时的炉渣。

干渣生产时将高炉熔渣直接排入干渣坑，在渣面上喷水，使炉渣充分粒化，然后用挖掘机将干渣挖掘运走。为使渣能迅速粒化和渣中的气体顺利排出，一般采取薄层放渣和多层放渣，要及时打水冷却。干渣坑的容量取决于高炉容积大小和挖掘机械设备的形式。

干渣坑的三面均设有钢筋混凝土挡墙，另一面为清理用挖掘机的进出端。为防止喷水冷却时坑内的水蒸气进入出铁场厂房内，靠出铁场的挡墙应尽可能高些。为使冷却水易于渗透，坑底为120mm厚的钢筋混凝土板，板上铺1200~1500mm厚的卵石层。考虑到冷却水的排集，干渣坑的坑底纵向做成1:50的坡度，横向从中间向两侧为1:30的坡度。底板上横向铺设三排$\phi300mm$的钢筋混凝土排水管，排水管朝上的240°范围内设有冷却水渗入孔，冷却水经排水管及坑底两侧的集水井和排水沟流入循环水系统的回水池。

干渣采用喷水冷却，由设在干渣坑两侧挡墙上的喷水头向干渣坑内喷水。宝钢1号高炉的干渣坑在进出铁场的头部采用$\phi32mm$的喷嘴，中间部分采用$\phi25mm$喷嘴，尾部采用双层$\phi25mm$喷嘴，喷嘴间距为2m，耗水量为$3m^3/t$。

6.7.4　渣棉生产

在渣流嘴处引出一股渣液，以高压蒸汽喷吹，将渣液吹成微小飞散的颗粒，每一个小颗粒都牵有一条渣丝，用网笼将其捕获后再将小颗粒筛掉即成渣棉。

渣棉容重小，热导率低，耐火度较高，800℃左右，可做隔热、隔音材料。

6.7.5　膨渣生产

膨胀的高炉渣渣珠，简称膨渣。它具有质轻、强度高、保温性能良好等特点，是理想的建筑材料，目前已用于高层建筑。

膨渣生产工艺如图6-33所示。高炉渣由渣罐倒入或直接流入接渣槽，由接渣槽流入膨胀槽，在接渣槽和膨胀槽之间设有高压水喷嘴，熔渣被高压水喷射、混合后立即膨胀，沿膨胀槽向下流到滚筒上，滚筒以一定速度旋转，使膨胀渣破碎并以一定角度抛出，在空中快速冷却然后落入集渣坑中，再用抓斗抓至堆料场堆放或装车运走。

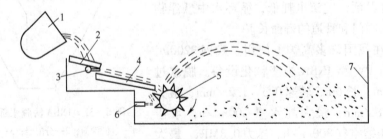

图6-33　膨渣生产工艺

1—渣罐；2—接渣槽；3—高压喷水管；4—膨胀槽；5—滚筒；6—冷却水管；7—集渣坑

生产膨渣，要尽量减少渣棉生成量，而膨胀槽和滚筒的距离对渣棉的产生有重要影响，如果距离近则会排出一股风，容易将熔渣吹成渣棉，所以距离要远些，以减小这股风力，减少渣棉量。

思 考 题

6-1 出铁场和操作平台上设置哪些设备?

6-2 什么叫主铁沟,如何确定主铁沟的长度和坡度,贮铁式主铁沟有何优点?

6-3 铁沟、渣沟、流嘴有何作用?

6-4 对开铁口机有何要求,冲钻式开铁口机的结构如何?

6-5 液压泥炮有何特点,其结构如何?

6-6 堵渣口机有几种类型,堵渣机的堵头为何采用风动式?

6-7 铁水罐车有几种类型,各有何特点?

6-8 炉前水冲渣主要有几种方法?

7 煤气除尘设备

高炉冶炼产生大量煤气。从高炉炉顶排除的煤气一般含 CO_2(15%～20%)、CO(20%～26%)、H_2(1%～3%) 等可燃成分，其发热值可达 3000～3800kJ/m^3。焦炭等燃料的热量，约有三分之一通过高炉煤气排除。因此，将高炉煤气可以作为热风炉、加热炉、烧结、锅炉等燃料加以充分利用。但从炉顶排除的粗煤气中含有粉尘，必须经过除尘器将粉尘去除，否则煤气就不能很好地利用。

7.1 煤气处理的要求

从炉顶排出的煤气（又称荒煤气），其温度为 150～300℃，含有粉尘约 10～40g/m^3。高炉煤气虽然是一种良好的气体燃料，但其中含有大量的灰尘，不经处理，用户就不能直接使用，因为煤气中的灰尘不仅会堵塞管道和设备，还会引起耐火砖的渣化和导热性变坏，甚至污染环境。同时从炉顶排出的煤气还含有饱和水，易降低煤气的发热值，煤气温度较高，管道输送也不安全。因此，高炉煤气需经除尘降温脱水后才能使用。

高炉煤气中的灰尘主要来自矿石和焦炭中的粉末，含有大量的含铁物质和含碳物质，回收后可以作为烧结原料加以利用。

高压高炉煤气中的压力能，可采用余压透平发电加以利用。

煤气中灰尘的清除程度，应根据用户对煤气的质量要求和可能达到的技术条件而定。

一般经过除尘后的煤气含尘量应降至 5～10mg/m^3。为了降低煤气中的饱和水，提高煤气的发热值，煤气温度应降至 40℃以下。

7.2 煤气除尘设备

7.2.1 煤气除尘设备分类

（1）按除尘方法，除尘设备可以分为：

1）干式除尘设备。如惯性重力除尘器、旋风式除尘器和袋式除尘器。

2）湿式除尘设备。如洗涤器和文氏管洗涤器等。

3）电除尘设备。如管式电除尘器和板式电除尘器。电除尘有干式和湿式之分。

（2）按除尘后煤气所能达到的净化程度，除尘设备可分为：

1）粗除尘设备。如重力除尘器、旋风式除尘器等。能去除粒径在 60～100μm 及其以上大颗粒粉尘，效率可达 70%～80%，除尘后的煤气含尘量在 2～10g/m^3 的范围内。

2）半精除尘设备。如各种形式的洗涤塔、一级文氏管等。能去除粒径大于 20μm 粉尘，效率可达 85%～90%，除尘后的煤气含尘量小于 0.05～1g/m^3 的范围内。

3）精除尘设备。如电除尘设备、布袋除尘器、二级文氏管等。能去除粒径小于 20μm 粉尘，除尘后的煤气含尘量降至 10mg/m^3 的范围内。

（3）按除尘器借用的外力可分为：

1）惯性力，当气流方向突然改变时，尘粒具有惯性力，使它继续前进而分离出来。

2）加速度力，即靠尘粒具有比气体分子更大的重力、离心力和静电引力而分离出来。

3）束缚力，主要是用过滤和过筛的办法，挡住尘粒继续运动。

7.2.2 评价煤气除尘设备的主要指标

评价煤气除尘设备的主要指标包括：

（1）生产能力。生产能力是指单位时间处理的煤气量，一般用每小时所通过的标准状态的煤气体积流量 m^3/h 来表示。

（2）除尘效率。除尘效率是指标准状态下单位体积的煤气通过除尘设备后所捕集下来的灰尘重量占除尘前所含灰尘重量的百分数。

部分除尘设备对不同粒径的灰尘除尘效率见表 7-1。

表 7-1 部分除尘设备的除尘效率

除尘器名称	除尘效率/%		
	灰尘粒度≥50μm	灰尘粒度为 5~50μm	灰尘粒度为 1~5μm
重力除尘器	95	26	3
旋风除尘器	96	73	27
洗涤塔	99	94	55
湿式电除尘	>99	98	92
文氏管	100	99	97
布袋除尘器	100	99	99

（3）压力降。压力降是指煤气压力能在除尘设备内的损失，以入口和出口的压力差表示。

（4）水的消耗和电能消耗。水、电消耗一般以每处理 $1000m^3$ 标态煤气所消耗的水量和电量表示。

评价除尘设备性能的优劣，应综合考虑以上指标。对高炉煤气除尘的要求是生产能力大、除尘效率高、压力损失小、耗水量和耗电量低、密封性好等。

7.2.3 常见煤气除尘系统

7.2.3.1 湿法除尘系统

所谓湿法除尘系统就是在除尘系统中至少使用洗涤塔、文氏管等用水除尘的设备。

我国 $1000m^3$ 以上的高炉曾经普遍采用的煤气除尘系统如图 7-1 所示。从炉喉出来的煤气先经重力除尘器进行粗除尘，然后经过洗涤塔进行半精除尘，再进入文氏管进行精除尘。除尘后的煤气经过脱水器脱水后，进入净煤气总管。

随着炉顶操作压力的提高，促进了文氏管除尘效率的提高。对于大型高压高炉，应优先采用双级文氏管系统。双级文氏管系统如图 7-2 所示。以第一级溢流文氏管作为半精除尘设备，代替了洗涤塔。实践证明，双级文氏管系统与塔后文氏管系统相比，显著的优点是操作、维护简便，占地少，可节约基建投资 50% 左右。但在相同的操作条件下，煤气出口温度高 3~5℃，煤气压力多降低 2~3kPa。无论是高压操作或高压转常压操作时，两个系统的除尘效率相同。高压操作时，净煤气含尘量均能达到 5mg/m³ 以下；常压操作时，净煤气含尘量在 15mg/m³ 以下。因此对于高压高炉，应优先采用双级文氏管系统。

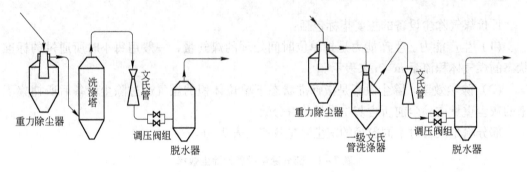

图 7-1　塔后文氏管系统　　　　　　　　图 7-2　串联双级文氏管系统

　　国内某厂 4063m³ 高炉的煤气除尘系统如图 7-3 所示。高炉煤气经文氏管精除尘后，再经过煤气透平把煤气余压回收后送往煤气总管，供给热风炉或做他用。

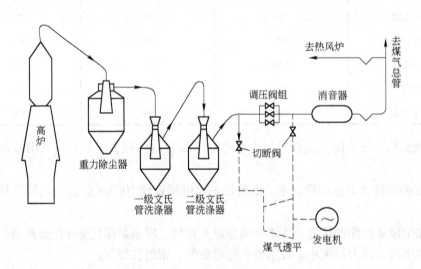

图 7-3　国内 4063m³ 高炉煤气除尘系统

　　国内 620m³ 以下的中小型高炉一般都是常压操作，炉顶压力为 20~30kPa。当炉顶压力在 20kPa 以下时，一般都采用重力除尘器、塔后调径文氏管或塔前溢流定径文氏管及电除尘系统，如图 7-4 和图 7-5 所示，其中的文氏管仅作为预精除尘装置。如果炉顶煤气压力经常保持在 20kPa 以上，煤气只供高炉热风炉和锅炉使用，对煤气除尘质量要求不是很高时，也可采用重力除尘器、一级溢流文氏管和二级调径文氏管系统，省去电除尘设备。如果需进一步提高煤气质量供焦炉使用和混合加压后供轧钢系统使用时，宜增设电除尘器。

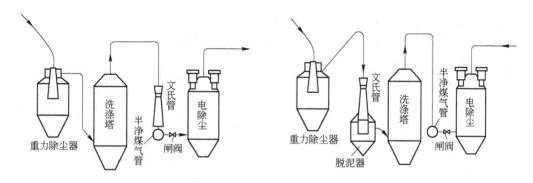

图 7-4 塔后调径文氏管系统   图 7-5 塔前溢流定径文氏管系统

7.2.3.2 干法除尘系统

干法除尘系统如图 7-6 所示。干法除尘系统的优点是工艺简单，不消耗水，不存在水质污染问题，保护环境，除尘效果稳定，不受高炉煤气压力与流量波动的影响。净煤气含尘量能经常保持在 $10mg/m^3$ 以下。但要严格控制煤气在布袋入口处的温度（不超过 350℃），出口处温度仍较高。

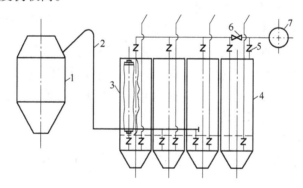

图 7-6 高炉煤气干式除尘系统
1—重力除尘器；2—脏煤气管；3—一次布袋除尘器；4—二次布袋除尘器；
5—蝶阀；6—闸阀；7—净热煤气管道

7.2.4 粗除尘设备

7.2.4.1 重力除尘器

A 重力除尘器结构和工作原理

高炉煤气自上升管道、下降管道通入重力除尘器顶部管道。带灰尘的煤气，在炉喉压力作用下沿垂直管自上而下冲入重力除尘器内腔后回转向上，由顶部侧出管排出通入下一级除尘设备。其除尘原理是利用煤气流通过重力除尘器时，由于管径的变化流速突然降低和气流的转向，较大粒度的灰尘沉降到容器底部失去动能，较细的灰尘被回升气体夹带出重力除尘器。降低底部的灰粒，通过清灰阀和螺旋清灰器定期排出。

重力除尘器的结构形式可分为直管形或扩张形两种形式，如图 7-7 所示。带扩张形的煤气进入管里的速度因管径增大而减慢，使灰尘能有一定时间由于惯性力

和重力而沉降。直管形内灰尘粒相对于煤气的
相对速度虽然不如扩张管大，然而在管端部的
速度较大，出管口时有较大的惯性力，因此除
尘率不一定比扩张形的差。

重力除尘器可以除去颗粒大于 $30\mu m$ 的大
颗粒灰尘，除尘效率可达 80% ~85%，出口煤
气含尘量为 $2 \sim 10g/m^3$。作为高炉煤气的粗除
尘是较理想的。

重力除尘器中心管垂直导入荒煤气，这样
可减少灰尘降落时受反向气流的阻碍，中心导
管可以是直筒状或是直边倾角为 5°~6.5° 的喇
叭管状。除尘的直径必须保证煤气在除尘器内
的流速不超过 0.6~1m/s（流速应小于灰尘的
沉降速度，以免灰尘被气流重新吹起带走），
除尘器直筒部分高度取决于煤气在除尘器内的
停留时间，一般应保证在 12~15s。中心导管
下口以下的高度，取决于积灰体积，一般应能

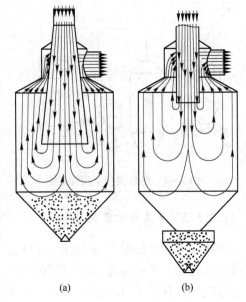

图 7-7　重力除尘器
（a）扩张形；（b）直管形

满足 3 天的贮灰量。为了便于清灰，除尘器底部做成锥形，其倾角大于或等于 50°。

重力除尘器的外壳一般用厚为 6~12mm 的 Q235 钢板焊接而成。重力除尘器内侧，过
去采用砌筑一层耐火黏土砖保护，由于砌砖容易脱落卡住清灰阀口，给清灰造成困难。目
前重力除尘器内一般不再砌耐火砖。

B　重力除尘器的清灰阀

在重力除尘器的底部安装清灰阀，当除尘器里积有一定量的瓦斯灰后就打开该阀，把
灰放掉。

图 7-8 为 φ350mm 清灰阀的结构。

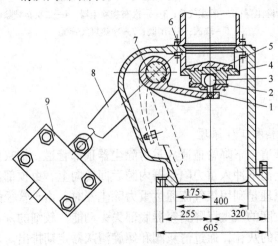

图 7-8　φ350mm 清灰阀
1—臂杆；2—压盖；3—顶杆；4—阀盖；5—保护板；6—阀座；7—转轴；8—配重杆；9—配重

为了使转动盖板阀关闭严密，支持盖板座的顶杆采用球形体，转动灵活，以便于对中。为了延长阀盖的寿命，在阀盖上装有耐磨板，承受瓦斯灰的磨损。依靠配重使阀板紧紧地盖在阀座上。需要打开时，利用电动卷扬带动钢绳，拉开阀盖。

这种清灰阀在放灰时会尘土飞扬，当煤气压力高时更是严重。因此，高压操作的大型高炉一般采用螺旋清灰器，如图7-9所示。它通过开启清灰阀将高炉灰从排灰口经圆筒给料器均压给到出灰槽中，在螺旋推进的过程中加水搅拌，最后灰泥从下口排出落入车皮中运走，从排气管排出。螺旋清灰器不但解决了尘土飞扬的问题，还可按一定的速度排灰。

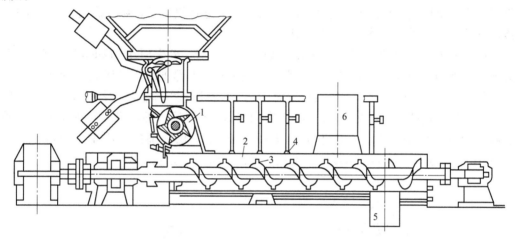

图7-9 螺旋清灰器

1—筒形给料器；2—出灰槽；3—螺旋推进器；4—喷嘴；5—水和灰泥的出口；6—排气管

7.2.4.2 旋风除尘器

如图7-10所示，旋风除尘器的除尘原理是煤气流以 $v = 10 \sim 20\text{m/s}$ 的速度沿除尘器的切线方向引入，利用煤气流的部分压力能，使气流沿器壁向下作螺旋形运动，灰尘在离心力作用下，与器壁接触失去动能，沉积在壁上，然后落入除尘器底部；煤气流旋转到底部后则转向上，在中心部位形成内旋气流往上运动，最后从顶部的出气口排入下一级除尘设备。

旋风除尘器用来去除 $20 \sim 100\mu\text{m}$ 的粉尘。

在重量作用下产生的加速度为 g，在离心力作用下产生的加速度 $\dfrac{v^2}{r}$ 通常比 g 大几倍到十几倍，因此它比重力除尘器相对好得多，除尘效率达95%以上。但煤气的压力损失也相应提高 $500 \sim 1500\text{Pa}$，器壁磨损很快。

目前一般高炉炼铁煤气除尘系统已不用旋风除尘器。而冶炼铁合金的高炉，还在重力除尘器的后面使用旋风除尘器。

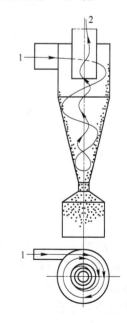

图7-10 旋风除尘器
除尘原理示意图

1—煤气进口；2—煤气出口

7.2.5　半精除尘设备

目前常用的半精除尘设备是洗涤塔和一级文氏管。

7.2.5.1　洗涤塔

洗涤塔的工作原理是：煤气自洗涤塔下部入口进入，自下而上运动时，遇到自上向下喷洒的水滴，煤气中的灰粒和水进行碰撞而被水吸收，同时煤气中携带的灰尘被水滴湿润，灰尘彼此凝聚成大颗粒，由于重力作用，这些大颗粒灰尘便离开煤气流随水一起流向洗涤塔下部，由塔底水封排走。与此同时，煤气和水进行热交换，煤气温度降低。最后，经冷却和洗涤后的煤气由塔顶部管道导出。

如图 7 – 11（a）所示，洗涤塔的结构是圆柱形塔身，外壳用 6 ~ 12mm 厚的 Q235 钢板焊成，上下两端为锥形。上端锥面水平夹角为 45°，下部锥面水平倾斜角为 60°左右，以便污泥顺利排出。圆形筒体直径按煤气流速确定，高度按气流在塔内停留 10 ~ 15s 时间考虑。一般洗涤塔的高径比为 4 ~ 5。洗涤塔内设 2 ~ 3 层喷水嘴。最上层喷水嘴向下喷淋，喷水量占 50% ~ 60%，水压不小于 0.15MPa；中下层喷嘴向上喷淋，喷水量各占20% ~ 30%。2 层喷水嘴的喷水量，上层喷水量占 70%，下层占 30%。

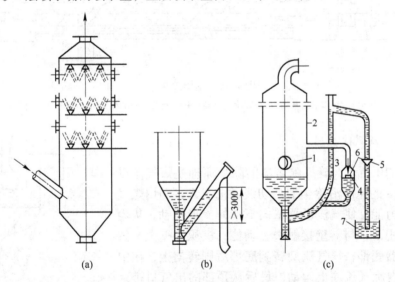

(a)　　　　　　　　　(b)　　　　　　　　　(c)

图 7 – 11　空心洗涤塔

（a）空心洗涤塔的结构；（b）常压洗涤塔水封装置；（c）高压洗涤塔水封装置

1—煤气导入管；2—洗涤塔外壳；3—水位调节器；4—浮标；5—蝶形调节阀；6—连杆；7—排水沟

洗涤塔的排水机构，常压高炉可采用水封排水，水封高度与煤气压力相适应，不小于29.4kPa，如图 7 – 11（b）所示。当塔内煤气压力加上洗涤水超过 29.4kPa 时，水就不断从排水管排出，当小于 29.4kPa 时则停止，既保证了塔内煤气不会经水封逸出，又能保证塔内水位不会把荒煤气入口封住。在塔底还安设了排放淤泥的放灰阀。高压洗涤塔上设有自动控制的排水装置，如图 7 – 11（c）所示。高压塔由于压力高，需采用浮子式水面自动调整机构，当塔内压力突然增加时，水面下降，通过连杆将蝶阀关小，则水面又逐步回升。反之，则将蝶阀开大。

洗涤塔入口煤气含尘量一般为 $2 \sim 10 \mathrm{g/m^3}$，清洗后煤气含尘量常为 $0.8 \mathrm{g/m^3}$ 左右，除尘效率为 $80\% \sim 90\%$，压力损失为 $100 \sim 200 \mathrm{Pa}$。塔内煤气流速一般为 $1.5 \sim 2.0 \mathrm{m/s}$，高的可以达到 $2.5 \mathrm{m/s}$。

7.2.5.2　一级文氏管（溢流文氏管）

目前高炉煤气除尘系统中采用的文氏管如图 7-12 所示的四种形式。

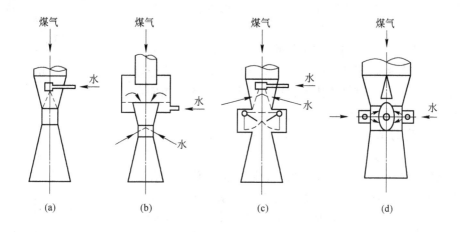

图 7-12　四种形式文氏管简图

（a）无溢流文氏管；（b）溢流文氏管；（c）叶板式可调文氏管；（d）椭圆板可调文氏管

文氏管本体由收缩管、喉口和扩张管三部分组成。

文氏管的工作原理是利用高炉炉顶煤气所具有的一定压力，通过文氏管喉口时形成高速气流，水被高速煤气流雾化，雾化水和煤气充分接触，使水和煤气中的尘粒凝聚在一起，在扩张段因高速气流顿时减速，使尘粒在脱水器内与水分离沉降并随水排出。排水机构和洗涤塔相同。

溢流文氏管一般放在重力除尘器后面，作为半精除尘使用，多用于清洗高温的未饱和的脏煤气。溢流式文氏管是在较低喉口流速（$50 \sim 70 \mathrm{m/s}$）和低压头损失（$3500 \sim 4500 \mathrm{Pa}$）的情况下不仅可以部分地去除煤气中的灰尘，使含尘量从 $2 \sim 10 \mathrm{g/m^3}$ 降至 $0.25 \sim 0.35 \mathrm{g/m^3}$，而且有效地冷却（从 $300 \mathrm{℃}$ 降至 $35 \mathrm{℃}$）。因此，目前我国的一些高炉多采用溢流文氏管代替洗涤塔作半精除尘设备。

溢流文氏管主要的设计参数：收缩角 $20° \sim 25°$、扩张角 $6° \sim 7°$，喉口长度 $300 \mathrm{mm}$，喉口流速 $40 \sim 50 \mathrm{m/s}$，喷水单耗 $3.5 \sim 4.6 \mathrm{t/km^3}$，溢流水量 $0.4 \sim 0.5 \mathrm{t/km^3}$。

溢流文氏管在生产中收到良好的效果，与洗涤塔比较，溢流文氏管具有以下特点：

（1）构造简单，高度低，体积小，其钢材消耗量是洗涤塔的 $1/3 \sim 1/2$。

（2）在除尘效率相同的情况下，要求的供水压力低，动力消耗少。

（3）水的消耗比洗涤塔少，一般为 $4 \mathrm{t/km^3}$。

（4）煤气出口温度比洗涤塔高 $3 \sim 5 \mathrm{℃}$，煤气压力损失比洗涤塔大 $3000 \sim 4000 \mathrm{Pa}$。

文氏管在高压高炉上可以起到精细除尘的效果，在常压高炉上只起半精细除尘的作用。

7.2.6　精除尘设备

精除尘设备包括二级文氏管（高能文氏管）、布袋除尘器和电除尘器。

7.2.6.1　二级文氏管

A　二级文氏管结构和工作原理

二级文氏管又称高能文氏管或喷雾管。二级文氏管是我国高压操作高炉上唯一的湿法精细除尘设备。

常用的二级文氏管如图 7-13 所示。

二级文氏管的除尘原理与溢流文氏管相同，只是煤气通过喉口的流速更大，水和煤气的扰动也更为剧烈，因此，能使更细颗粒的灰尘被湿润而凝聚并与煤气分离。

二级文氏管的基本参数：喉口煤气流速取 90~120m/s，流经文氏管的压力降为 12~15kPa。

二级文氏管的除尘效率主要与煤气在喉口处的流速和耗水量有关，如图 7-14 所示。煤气流速愈大，耗水量愈多，除尘效率愈高。但是，煤气最高流速，是由二级文氏管许可达到的压头损失来决定的。根据鞍钢高炉二级文氏管的经验，文氏管后的煤气含尘量与压头损失的关系如图 7-15 所示。由此可见，当压头损失大于 5000Pa 时，煤气含尘量可以达到 10mg/m³ 以下，达到了精细除尘的效果。只要炉顶压力不小于 20kPa，煤气含尘量可以达到 5mg/m³。

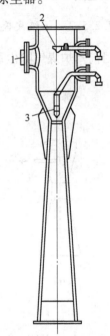

图 7-13　二级文氏管
1—人孔；2—螺旋形喷水嘴；
3—弹头式喷水嘴

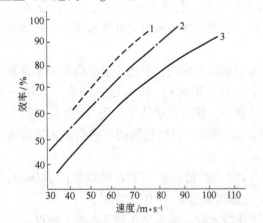

图 7-14　文氏管除尘效率与煤气速度的关系
1—水耗 1.44m³/km³；2—水耗 0.96m³/km³；
3—水耗 0.48m³/km³

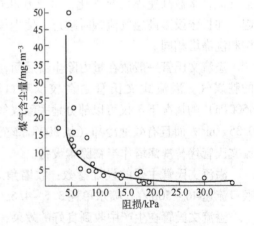

图 7-15　水耗量为 0.75~1.0m³/km³
煤气时阻损与煤气含尘量的关系

高炉冶炼条件的变化，常使煤气发生很大的波动，这将影响二级文氏管除尘效率。为了保持文氏管操作稳定，可采用多根异径（或同径）文氏管并联来调节。当煤气量大大减少时，可以关闭 1~2 根文氏管，保证喉口处煤气流速相对稳定，亦可采用调径文氏管。

调径文氏管在喉口部位装置调节机构，可以改变喉口断面积，以适应煤气流量的改变，保证喉口流速恒定，保证除尘效率。调径文氏管调径机构如图 7 - 16 所示。

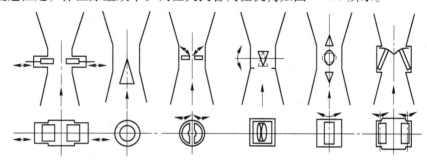

图 7 - 16　各种改变喉口断面的机构示意图

B　文氏管维护检查

文氏管维护检查内容如下：

（1）防爆膜：

1）无破损裂纹和泄漏现象，无堵塞现象。

2）配重和销轴无缺陷转动灵活。

（2）一、二文结构：

1）有无过热现象。

2）有无裂纹和漏水现象。

（3）一文喷头：

1）压力流量是否正常。

2）溢流水量充足。

（4）二文捅针：

1）有无不动作现象。

2）有无弯曲、缺陷现象。

3）气压不低于规定值，气动系统动作灵活，气柜及管路无漏气。

（5）二文翻板：

1）联杆长度调节胀套无松动现象。

2）润滑油充足不变质。

3）轴承座紧固无松动现象。

4）轴承润滑良好，无破裂，密封良好。

C　文氏管常见故障及处理方法

文氏管常见故障及处理方法见表 7 - 2。

表 7 - 2　文氏管常见故障及处理方法

故　障	产　生　原　因	处　理　方　法
供水水压低	（1）水管泄漏或喷头掉； （2）水泵泄漏； （3）仪表误差大	（1）检修； （2）检修或启用备用泵； （3）检修

故　障	产 生 原 因	处 理 方 法
供水流量低	(1) 喷头堵塞; (2) 仪表误差大	(1) 清理疏通; (2) 检修
二文捅针不动作	(1) 供气压力低; (2) 气管堵塞; (3) 捅针弯; (4) 活塞杆结垢	(1) 调整; (2) 更换; (3) 更换; (4) 清理干净
翻板液压站 电机不转	(1) 电源缺陷; (2) 电机损坏; (3) 液压泵故障,电机堵塞	(1) 检查处理; (2) 更换电机; (3) 处理泵故障
翻板不能正常动作	(1) 翻板结垢卡阻; (2) 连杆胀套螺钉松动; (3) 连杆开裂; (4) 伺服液压站故障; (5) 计控掉电	(1) 清理干净后拉动; (2) 拧紧螺钉; (3) 修复; (4) 修复液压站; (5) 计控处理

7.2.6.2　布袋除尘器

A　结构和工作原理

布袋除尘器的结构如图 7 – 17 所示。

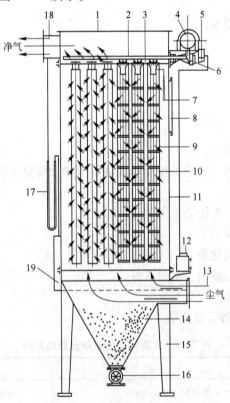

图 7 – 17　脉冲袋式除尘器

1—上箱;2—喷吹管;3—花板;4—气包;5—排气阀;6—脉冲阀;7—管;8—检修孔;9—框架;10—滤袋;
11—中箱;12—控制仪;13—进口管;14—灰斗;15—支架;16—卸灰阀;17—压力计;18—排气管;19—下箱体

布袋除尘器是一种干式除尘器。含尘煤气通过滤袋，煤气中的尘粒附着在织孔和袋壁上，并逐渐形成灰膜，当煤气通过布袋和灰膜时得到净化。随着过滤的不断进行，灰膜增厚，阻力增加，达到一定数值时要进行反吹，抖落大部分灰膜使阻力降低，恢复正常的过滤。反吹是利用自身的净煤气进行的。为保持煤气净化过程的连续性和工艺上的要求，一个除尘系统要设置多个（4~10个）箱体，反吹时分箱体轮流进行。反吹后的灰尘落到箱体下部的灰斗中，经卸、输灰装置排出外运。

含尘气体由进口管 13 进入中箱体 11，其中装有若干排滤袋 10。含尘气体由袋外进入袋内，粉尘被阻留在滤袋外表面。已净化的气体经过管 7 进入上箱体 1，最后由排气管 18 排出。滤袋通过钢丝框架 9 固定在文氏管上。

每排滤袋上部均装有一根喷吹管 2，喷吹管上有 6.4mm 的喷射孔与每条滤袋相对应。喷吹管前装有与压缩空气包 4 相连的脉冲阀 6，控制仪 12 不停地发出短促的脉冲信号，通过控制阀有序地控制各脉冲阀使之开启。当脉冲阀开启（只需 0.1~0.12s）时，与该脉冲阀相连的喷吹管与气包相通，高压空气从喷射孔以极高的速度喷出。在高速气流周围形成一个比自己的体积大 5~7 倍的诱导气流，一起经管 7 进入滤袋，使滤袋急剧膨胀引起冲击振动。同时在瞬间内产生由内向外的逆向气流，使粘在袋外及吸入滤袋内的粉尘被吹扫下来。吹扫下来的粉尘落入下箱体 19 及灰斗 14，最后经卸灰阀 16 排出。

布袋材质有两种：一种是我国自行研制的无碱玻璃纤维滤袋，广泛应用在中小型高炉（目前规格有 $\phi230$、$\phi250$、$\phi300$ 三种）；另一种是合成纤维滤袋（太钢 3 号炉采用这种，又称尼龙针刺毡，简称 BDC）。玻璃纤维滤料可耐高温（280~300℃），使用寿命一般在1.5 年以上，价格便宜，其缺点是抗折性较差。合成纤维滤料的特点是过滤风速高，是玻璃纤维的 2 倍左右，抗折性好，但耐温低，一般为 204℃，瞬间可达 270℃ 而且价格较高，是玻璃纤维滤袋的 3~4 倍，所以目前仅在大型高炉使用。

除尘效率高、煤气质量好是布袋除尘的特点之一。据测定，正常运行时除尘效率均在99.8% 以上，净煤气含尘在 $10mg/m^3$ 以下（一般在 $6mg/m^3$ 以下），而且比较稳定。

关于反吹压差值是根据滤材和反吹技术确定的，目前中小高炉在采用玻璃纤维滤袋间歇反吹的条件下，一般为 5~7kPa。大型高炉在采用合成纤维滤袋连续反吹的条件下，一般为 2.5kPa。当然，反吹压差值也可根据生产运行实践作调整。

过滤负荷是表示每平方米滤袋的有效面积每小时通过的煤气量（一般是指标态下的），是设计中的主要参数之一。

B 布袋除尘器检修

a 准备工作

（1）熟悉布袋除尘器的构造和工作原理。

（2）安排检修进度，确定责任人。

（3）制定换、修零件明细表。

（4）准备需更换的备件和检修工具。

（5）关闭煤气公管或打开高炉放散阀，开启该箱体的放散阀。

（6）关闭净煤气支管上的蝶阀、眼镜阀。

（7）用氮气赶尽煤气。

（8）压缩空气赶尽氮气并经过对系统内气体分析，确认对人体无影响的情况下，操作人员戴好个人防护用具后，方能操作检修。

 b　检修内容

（1）检查各阀门开关是否灵活可靠，是否漏煤气。

（2）各管道是否漏气，特别是煤气管道是否跑煤气。

（3）各布袋是否有损坏，布袋绑扎是否牢固可靠。

（4）箱体格板是否变形，是否有漏洞。

（5）人孔、防煤孔是否跑煤气。

 c　更换布袋

（1）按"停用箱体操作"程序，停用相应箱体。

（2）当停用箱体温度≤50℃后，打开箱体上下人孔以及中间灰斗放散阀。

（3）关闭该箱体所有氮气阀门，并断开氮气连接管。

（4）可靠切断该箱体所有设备的电源。

（5）在箱体下人孔处装抽风机，使上箱体保持负压。

（6）经 CO、CO_2 测定合格，人员方可进入该箱体。

（7）卸反吹管，分段抽出袋笼及破损布袋。

（8）清理上箱体内积灰。

（9）装新布袋、袋笼、反吹管。

（10）检查箱体内是否有人和异物，确认后封人孔。

（11）打开该箱体所有氮气包阀，该箱体所有设备送上电源。

 C　布袋除尘器维护

（1）定期巡查上下球阀的工作情况，检查上下球阀及各设备的工作是否正常，下灰是否畅通，如球阀开启不到位，应及时处理，保证收下的粉尘及时排出。

（2）定期巡查上下球阀、煤气清灰系统及周围环境空气中 CO 的含量，如果发现超标，应及时处理，防止煤气中毒。

（3）严格控制进入除尘器的煤气温度，除尘器正常使用温度 180~200℃，最高温度小于280℃，到达最高温度时，应通知高炉系统采取降温措施，使煤气温度控制在正常温度范围内，确保过滤材料的正常使用。

（4）除尘器进入正常运行中，应注意除尘器的设备阻力，该设备的阻力（包括进出管道）应保持在 2000~3000Pa 正常范围内。如低于正常范围，可延长清灰周期，以防止过度清灰而影响除尘效率；当高于正常范围时，应检查煤气总量是否增加、清灰压力是否正常，脉冲阀是否失灵，如上述工况正常，仍超高时，可缩短清灰周期，调高喷吹压力（最高不超过 0.4MPa）把滤袋表面的粉尘清扫下来，保持设备阻力在正常范围之内。

（5）需对除尘器箱体内滤袋调换时，应把该箱体内的粉尘排干净，并按除尘器的维护管理的操作顺序操作后，放能打开除尘器检修孔，调换滤袋时。先确定破损滤袋后，取出框架和破损滤袋，清理干净孔板上的积灰，再细心将新滤袋慢慢放入孔内，将袋口涨圈折成月亮弯形放入孔板口，然后松开，袋空口凹槽涨圈就镶在孔板上，使滤袋与孔板严密涨紧后再把框架插入滤袋。滤袋调换过程中，严禁杂物掉入筒内造成损坏上下球阀。滤袋调换结束要检查检修孔的密封条是否完好，如有损坏应及时更换，然后扭紧检修孔上的螺栓，且做好气密性试验，确定无泄漏才能投入使用。

（6）应定期校验温控、压力显示的一次仪表。

（7）要定期打开储气罐下的排污阀，清除器内的油水、污泥，保障脉冲喷吹系统的正常工作。

（8）每年对系统外露部分（结构件）进行油漆，防止大气腐蚀。对保温部分的箱体管道，应根据使用情况确定除锈油漆，确保设备的长期安全使用。

（9）除尘器顶部的泄爆膜损坏时，应按泄爆压力 0.145MPa 配置，才能正常使用。

（10）操作人员应定期检查煤气管道的严密，防止在使用过程中局部泄漏有害气体，引起人身、设备事故。

D 布袋除尘器常见故障及处理方法

布袋除尘器常见故障及处理方法见表 7-3。

表 7-3 布袋除尘器常见故障及处理方法

故 障	故 障 原 因	处 理 方 法
除尘器阻力过高	（1）喷吹气体的压力过低； （2）清灰周期过长； （3）清灰装置和控制仪故障； （4）灰斗积存大量粉尘	（1）提高喷吹气体的压力，并保持稳定； （2）调整清灰程序控制器，使周期缩短； （3）找出故障原因及时排除； （4）查明原因，及时排除
除尘器阻力过低	（1）喷吹过于频繁； （2）滤袋严重破损	（1）调整清灰程序控制器，延长清灰周期； （2）更换破损滤袋
排放浓度高于异常值	（1）滤袋破损； （2）滤袋脱落或未装好； （3）设备阻力过高，形成针状穿透； （4）滤袋材质较差	（1）检查并更换破损滤袋； （2）检查并重新装好滤袋； （3）找出原因及时更换； （4）更换滤袋材质
脉冲阀常开	（1）电磁阀不能关闭； （2）小阀盖的节流孔完全堵塞	（1）检查或更换电磁阀； （2）清除节流孔中的杂物
脉冲阀常闭	（1）控制仪无信号，输出或输入线中断； （2）电磁阀失效或排气孔堵塞； （3）膜片上有砂眼或破口	（1）检修控制仪，接通输出或输入线； （2）检修或更换电磁阀； （3）更换膜片
脉冲阀喷吹无力或不能常开	（1）膜片上节流孔过大或膜片上有砂眼； （2）电磁阀排气孔或小阀盖节流孔部分堵塞	（1）更换膜片； （2）疏通排气孔或节流孔
电磁阀不动作或漏气	（1）接触不良或线圈断路； （2）阀内有脏物； （3）弹簧或橡胶件失去作用或损坏	（1）调整线圈； （2）清洗铁芯； （3）调整弹簧或橡胶件

7.2.6.3　电除尘器

A　电除尘器工作原理

电除尘器是利用电晕放电，使含尘气体中的粉尘带电而通过静电作用进行分离的装置。常见电除尘器有三种形式：管式电除尘，套管式电除尘及板式电除尘。

图 7 - 18 是平板式静电除尘的原理，中间为高压放电极，在这个放电极上受到数万伏电压时，放电极与集尘极之间达到火花放电前引起电晕放电，空气绝缘被破坏，使电极间通过的气体发生电离。电晕放电发生后，正负离子中与放电极符号相反的正离子在放电极失去电荷，负离子则黏附于气体分子或粉尘上，由于静电场的作用，被捕集至集尘极板上。干式电除尘器电极板上的粉尘到达适当厚度时，捶击极板使尘粒落下而捕集到灰斗里。湿式电除尘器是让水膜沿集尘极流下，去除到达电极上的粉尘。归纳起来，电除尘的工作过程为：

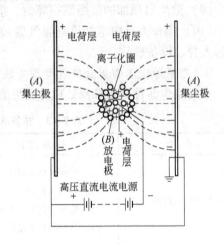

图 7 - 18　板式电除尘器的原理

(1) 粉尘被气态的离子或电子加以电荷。

(2) 带电的粉尘在电场的作用下使其移向集尘电极。

(3) 带电灰尘颗粒的放电。

(4) 灰尘颗粒从电极上除去。

B　电除尘器维护

a　日常维护

(1) 振打电机、卸灰、输灰装置的润滑。

(2) 除尘风机轴承润滑。

(3) 及时处理灰斗集灰、棚灰现象。

(4) 保持各人孔门、卸灰系统严密不漏风。每班对设备巡视 1 ~ 2 次，每小时记录一次各电场二次电压、电流和风机电机电流、轴承温度。

b　定期维护（每周或半月）

(1) 检查设备箱体是否漏风，如有漏风，及时堵漏。

(2) 检查设备各部位灰斗仓壁振动器是否完好。

(3) 检查设备所有传动及减速器、润滑部位有无不正常的声响或气味，如有及时处理。

c　停机维护

(1) 擦净设备各绝缘瓷支柱、绝缘套管、电瓷转轴、聚四氟乙烯板、保温箱、瓷轴箱积灰。

(2) 清理干净电场内气流分布板、极板、极线上的积灰。

(3) 检查极板下撞击杆是否灵活、极板是否松动，如有问题，及时处理。

(4) 检查电场内各振打锤头是否对准，中心轴承是否有明显的磨损和变形，如有问题，及时处理。

C 电除尘器检修

a 设备小修（进入电除尘器检修必修通知电工）

（1）每3~4个月进行一次。

（2）检查极板、极线、分布板积灰情况。如果积灰厚度为1mm以上，则需要进行人工清理，同时找出原因，排除故障。如果振打正常而积灰较厚，则需延长振打时间或缩短振打时间周期。

（3）检查整理连接不好的极线、极板、剪掉断线。

（4）检查电场内阴极、阳极、分布板、槽形板及各振打系统的紧固螺栓有无松动之处。

（5）检查各密封处的密封材料，损坏更换。

（6）检查阴极绝缘瓷支柱、绝缘套管、电瓷转轴、聚四氟乙烯板、电缆终端盒等绝缘件有无击穿、破裂等损坏情况，发现及时更换。

（7）清扫保温箱、瓷轴箱及进线箱内的积灰。

b 设备中修

（1）中修周期为1年。

（2）修整或校正变形的收尘板。

（3）修整变形的阳极悬挂梁和撞击杆。

（4）检查调整板距。

（5）修理或更换破损的外部保温层。

c 设备大修

（1）大修周期为3年一次。

（2）更换损坏严重的振打轴、振打锤等部件。

（3）全面检查和调整同极间距和异极间距。

（4）更换损坏或性能明显变劣的零部件。

7.3 煤气除尘附属设备

7.3.1 煤气输送管道

高炉煤气由炉顶引出，经导出管、上水管、下降管进入除尘器，如图7-19所示。

导出管的数目由高炉容积而定。大、中型高炉均用4根沿炉顶封板四周对称布置，出口处的总截面积不小于炉喉截面积的40%，导出管与水平面的倾斜角大于50°，一般大、中型高炉为53°，以保证灰尘不至于沉积堵塞而返回炉内。为减少灰尘带出量，导出管口煤气流速不宜过大，通常为3~4m/s。

导出管上部（成对地合并在一起）的垂直部分的管道称为上升管。其管内煤气流速为6~8m/s，总截面积为炉喉截面积的25%~35%，上升管的垂直高度的设计，以保证下降管具有一定的坡度为准则。

由上升管通往除尘器的一段下降管，为避免煤气中的灰尘在下降管沉积堵塞，下降管总截面积为上升管总截面积的80%，同时保证下降管倾角大于40°。下降管和下降总管的煤气流速一般为6~10m/s和7~11m/s。

煤气导出、上升、下降管用壁厚为8~14mm的Q235钢板焊成，内砌一层113mm厚

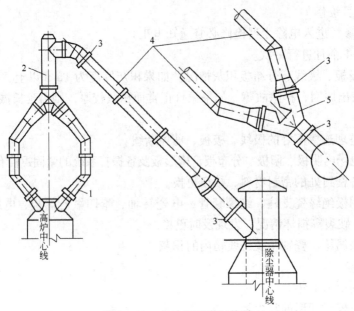

图 7 - 19　高炉炉顶煤气管道
1—导出管；2—煤气上升管；3—安装接头；4—煤气下降管；5—裤衩管

的黏土砖。每隔 1.5 ~ 2.0m 焊有托板，以保护砌牢固。管道拐弯、岔口和接头处常衬以
锰钢板加以保护。

重力除尘器以后的管道，用普通钢板焊制。要求管内流速高（12 ~ 15m/s），以免管内
积灰尘。管内衬以耐火砖或铸钢板，在弯头、岔头、接头处应避免急剧变化，管外应涂以防
腐的耐热漆。为了煤气系统的安全，应设有通入蒸汽的管道阀门和煤气管道上的放散阀。

7.3.2　脱水器

高炉煤气经洗涤塔、文氏管等除尘设备湿法清洗后，带有一定的水分。水分不仅会降
低煤气发热值，而且水滴所带的灰尘又会影响煤气的实际除尘效果。所以，必须用脱水器
把水除去。

常用的脱水器有挡板式、重力式、填料式及旋风式等几种。其工作原理是：使水滴受
离心力或本身的重力作用或直接碰撞使水滴失去动能凝集而与煤气分离。

7.3.2.1　挡板式脱水器

挡板式脱水器结构如图 7 - 20 所示。它是利用改变煤气流方向，使水滴撞于挡板上面
与气体分离的脱水设备。煤气入口为切线式。气流在脱水器内一面旋转一面沿伞形挡板曲
折上升，靠离心力、重力和直接碰撞而脱水，脱水效率约为 80%，入口煤气流速不小于
12m/s，筒体内流速为 4 ~ 5m/s，产生的压力降为 490 ~ 980Pa。这种脱水器应用于高压操
作的高炉煤气系统中，一般要设在高压调节阀组之后。

7.3.2.2　重力式脱水器

重力式脱水器结构如图 7 - 21 所示。它是利用煤气流速度降低和方向改变，使雾状水
在重力和惯性力作用下与煤气分离。煤气在重力脱水器内运动速度为 4 ~ 6m/s。

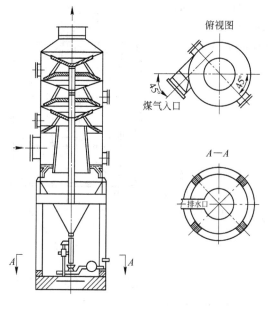

图 7-20 挡板式脱水器

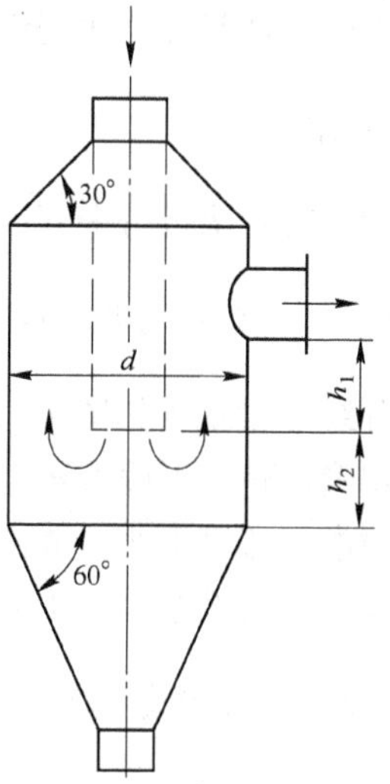

图 7-21 重力式脱水器

7.3.2.3 填料式脱水器

填料式脱水器如图 7-22 所示。它作为最后一级的脱水设备，筒体高度约为筒体直径的 2 倍，填料多用角钢代替木材。靠煤气流中的水滴与填料相撞失去动能，使水滴和气流分离。脱水煤气压力降为 500~1000Pa，脱水效率为 85%。

7.3.2.4 旋风式脱水器

旋风式脱水器如图 7-23 所示。这种脱水器多用于中小型高炉。安装在文氏管后，煤气进入脱水器后，雾状水在离心力作用下与脱水器壁发生碰撞，使水失去动能与煤气分离。

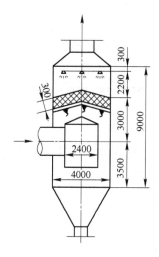

图 7-22 填料式脱水器

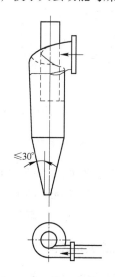

图 7-23 旋风式脱水器

现在多把脱水器和文氏管组合在一起。图 7 - 2 和图 7 - 3 的文氏管洗涤器是指这种组合装置。如图 7 - 24 所示为某厂文氏管和填料式脱水器组合在一起的文氏管脱水器。

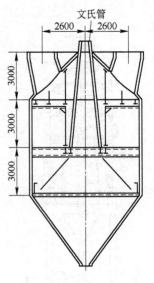

图 7 - 24　文氏管脱水器

7.3.3　喷水嘴

常用的喷水嘴可分渐开线形、碗形和辐射形等。

7.3.3.1　渐开线形喷水嘴

渐开线形喷水嘴如图 7 - 25 所示。渐开线形喷水嘴又名蜗形喷水嘴或螺旋形喷水嘴,其特点是:结构简单,不易堵塞,但喷淋中心密度小,周围密度大,不均匀,供水压力愈高愈明显,流量系数小,喷射角 68°,适用于洗涤塔。

7.3.3.2　碗形喷水嘴

碗形喷水嘴如图 7 - 26 所示。碗形喷水嘴的特点是:雾化性能好,水滴细,喷射角大 (67° ~ 97°),但结构复杂,易堵塞,对水质要求高,喷淋密度不均。常用于电除尘器和文氏管。

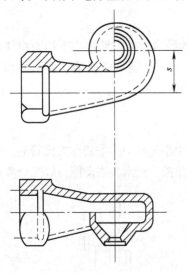

图 7 - 25　渐开线形喷水嘴

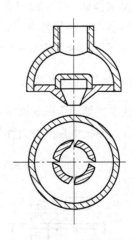

图 7 - 26　碗形喷水嘴

7.3.3.3　辐射形喷水嘴

辐射形喷水嘴如图 7 - 27 所示。辐射形喷水嘴特点是:结构简单,其中心圆柱体是空心的,沿周边钻有 $\phi6mm$ 的 1 ~ 2 排水孔。在前端圆头部分沿中心线钻一个 $\phi6mm$ 的小孔或 3 个 $\phi6mm$ 的斜孔,以减少堵塞。它适用于文氏管喉口处。

7.3.4　煤气除尘系统阀门

高炉煤气除尘系统各阀门的位置,如图 7 - 28 所示。

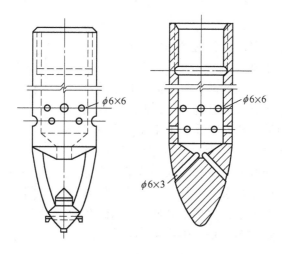

图 7 – 27 辐射形喷水嘴

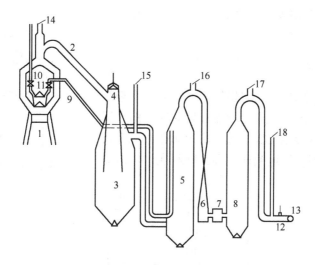

图 7 – 28 高炉煤气除尘系统的各阀门的位置示意图

1—高炉；2—荒煤气管；3—重力除尘器；4—煤气遮断阀；5—洗涤塔；6—文氏管；7—调压阀组；8—脱水器；

9—均压管；10—小钟均压阀；11—大钟均压阀；12—叶形插板；13—煤气总管；14～18—各放散阀

对于大小料钟均压阀、放散阀、调压阀组的内容见 5.4.6 内容。

7.3.4.1 煤气遮断阀

煤气遮断阀安装在重力除尘器喇叭管的顶部，它的作用是在高炉休风时，迅速将高炉和煤气管道系统隔开。要求密封性可靠。

A 锥形盘式遮断阀

如图 7 – 29 所示，高炉正常生产时阀体提到双点划线位置，其开闭方向与气流方向一致，煤气入口与重力除尘器的中心导管相通，落下时遮断。操作煤气遮断阀的装置可手动或电动，通过卷扬钢绳进行开关。开关灵活，不怕积灰。阀的运动速度控制在 0.1 ～ 0.2m/s。

B 球形遮断阀

随着高炉的大型化、现代化，遮断阀也发生了变化，现在有的厂家采用球阀。

如图 7-30 所示。需要关闭时，4 个油缸 1 充压力油，管道伸缩圈 3 被压缩，上挂座 4 被提起，形成 130mm 左右间隙。通过液压传动装置，连杆带动球阀芯 8 转动，直到球面对准煤气下降管道。极限到位后，4 个液压缸泄油，依靠上挂座的重量和压缩弹簧 2，使得上挂座紧紧压在装有密封胶圈球面环上，力通过球环再传给与之相连的压缩弹簧 7 上，这样上挂座 4、球阀芯 8、下支撑座 5 彼此压紧，接触面软硬密封。当需要打开球阀时，只需要给 4 个油缸充压力油，使活塞上移，迫使上挂座提起，形成间隙，并且阀芯 8 在弹簧 7 的作用下，使之与下支撑座脱开，产生 5mm 左右的间隙。此时，阀芯就可自由移动。

7.3.4.2 叶形插板

为了把高炉煤气除尘系统与煤气管网隔开，在精除尘设备后的净煤气管道上设置叶形煤气切断阀，即叶形插板。叶形插板一端为通孔板，另一端为无孔板，开通时用通孔端将两侧煤气管道接通，煤气顺利通过，需要

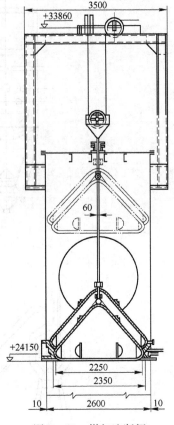

图 7-29 煤气遮断阀

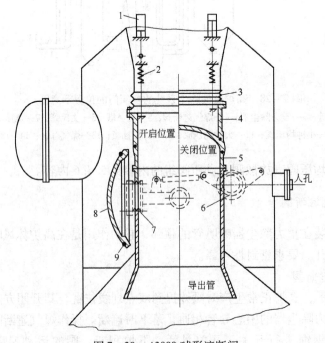

图 7-30 φ3000 球形遮断阀

1—油缸；2，7—弹簧；3—伸缩圈；4—可移动上挂座；5—下支撑座；6—连杆机构；8—球阀芯；9—密封胶圈

切断煤气时，则用无孔端板将两侧煤气管道切断。插板处于切断状态时，煤气只能漏入大气而不能进入对面管道内。叶形插板的夹紧机构形式，有机械夹紧式和热力夹紧式，国内高炉的叶形插板一般采用前者。机械夹紧式叶形插板是依靠人力经机械传动，将插板的两个法兰分开或压紧；热力夹紧式叶形插板则是借助蒸汽管道的热膨胀，将插板的两个法兰分开，依靠管内通水冷却，使管道产生收编将两个法兰压紧。在煤气管道切断处，均需安装叶形插板。

思 考 题

7-1 煤气为什么要除尘？

7-2 目前高炉煤气除尘有哪几种工艺流程，各种除尘工艺流程特点是什么？

7-3 高炉煤气除尘设备分哪几类？

7-4 叙述重力除尘器工作原理。

7-5 什么是除尘设备的效率，影响文氏管效率的因素有哪些？

7-6 文氏管分几类？叙述其工作原理。

7-7 布袋除尘器工作原理是什么？

7-8 电除尘器工作原理是什么？

7-9 高压煤气调节阀组一般由几个蝶阀组成，如何操作？

7-10 怎样降低净煤气含水量？

8 送风系统设备

8.1 热风炉设备

现代高炉采用蓄热式热风炉对冷空气加热，加热后的热风被送到高炉热风围管，通过风口鼓入高炉进行冶炼。提高送入高炉的热风温度是降低焦比，提高产量的有效措施之一。

8.1.1 热风炉工作原理

蓄热式热风炉的工作原理是先使煤气和助燃空气在燃烧室燃烧，燃烧生成的高温烟气进入蓄热室的将格子砖加热，然后停止燃烧（燃烧期），再使风机送来的冷风通过蓄热室，将格子砖的热量带走，冷风被加热，通过热风围管送入高炉内（送风期）。由于热风炉是燃烧和送风交替工作的，为了保证向高炉内连续不断地供给热风，每一座高炉至少配置两座热风炉，现在高炉基本上有三座热风炉。对于 2000m³ 以上的高炉，为使设备不过于庞大，可设四座热风炉，其中一座依靠高炉回收的煤气对蓄热室加热，一至两座处于保温阶段，一座向高炉送风。四台设备轮流交替上述过程进行作业。

在正常生产情况下，热风炉经常处于燃烧期、送风期和焖炉期三种工作状态。前两种工作状态是基本的，当热风炉从燃烧期转换为送风期或从送风期转换为燃烧期时均应经过焖炉过程。

热风炉的燃烧期和送风期的正常工作和转换，是靠阀门的开闭来实现的。这些阀门主要有：

（1）煤气管路和煤气燃烧系统的煤气切断阀、煤气调节阀、煤气隔离阀，助燃空气调节阀。

（2）烟道系统的烟道阀、废气阀。

（3）冷风管路中的冷风阀、放风阀。

（4）热风管路中的热风阀。

（5）混风管路中的混风调节阀、混风隔离阀。

热风炉在不同工作状态时，各种阀门所处的开闭状态如图 8-1 所示。

热风炉在燃烧期时，事先在燃烧器里和空气混合好的煤气在燃烧室内燃烧，燃烧的气体上升到热风炉拱顶下面的空间，再沿蓄热室的格子砖通道下降，将格子砖加热，最后进入烟道。

燃烧期打开的阀门有：煤气切断阀12、煤气调节阀4、燃烧器隔离阀3。打开上述三个阀，煤气便可进入燃烧室燃烧。此时废气要排入烟道，因此还要打开烟道阀5。由于热风炉内废气压力较高，烟道阀不易打开，为此在打开烟道阀之前先打开废气阀（又称旁通阀）6，降低炉内压力后再打开烟道阀。

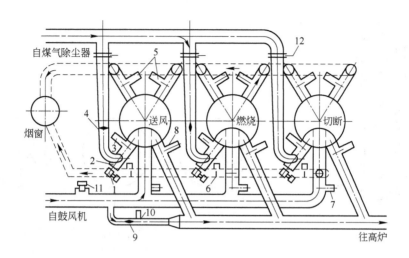

图 8-1 热风炉不同工作状态时各阀所处位置示意图

1—助燃空气送风机；2—燃烧器；3—燃烧器隔离阀；4—煤气调节阀；5—烟道阀；
6—废气阀；7—冷风阀；8—热风阀；9—混风管道上的混风调节阀；10—混风隔离阀；
11—放风阀；12—煤气切断阀

格子砖加热结束后，热风炉转入送风期，上述燃烧期打开的阀门都关闭，燃烧器停止工作，此时打开的阀门有冷风阀 7、热风阀 8。冷风进入热风炉后，自下而上通过蓄热室格子砖通道而被加热，然后沿热风管道进入高炉。为了使热风保持一定温度，在热风炉开始送风时，风温较高时要兑入适量的冷风，所以送风期还要打开混风阀 9。另外，在冷风管道中还有放风阀 11，把用不了的冷空气放入大气中。

燃烧期和送风期转换期间焖炉时，热风炉的所有阀门都关闭。

8.1.2 热风炉的形式

根据燃烧室和蓄热室布置方式不同，可分为内燃式、外燃式和顶燃式三类。

8.1.2.1 内燃式

内燃式热风炉是把燃烧室和蓄热室砌在同一个炉体内，燃烧室是煤气燃烧的空间，而蓄热室是由格子砖砌成用来进行热交换的场所。图 8-2 是这种炉子的结构形式。

内燃式热风炉的燃烧室根据断面形状不同，可分为圆形、"眼睛"形和复合形（靠蓄热室部分为圆形，而靠炉壳部分为椭圆形）三种，如图 8-3 所示。其中复合形蓄热室的有效面积利用较好，气流分布均匀，多被大型高炉采用。

内燃式热风炉占地少、投资较低，热效率高，过去很长一段时间里得到广泛应用。但这种热风炉的燃烧室和蓄热室之间存在温差和压差，燃烧室的最热部分和蓄热室的最冷部分紧贴，引起两侧砌体的不同膨胀，产生很大的热应力，使隔墙发生破坏，造成燃烧室和蓄热室间烟气短路（燃烧期）和冷风短路（送风期），不能适应高风温操作。另外，由于炉墙四周受热不同，垂直膨胀时，燃烧室侧较蓄热室侧膨胀剧烈，使拱顶受力不均，造成拱顶裂缝和掉砖。

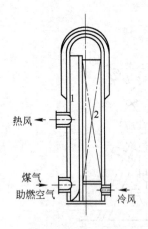

图 8－2　内燃式热风炉
1—燃烧室；2—蓄热室

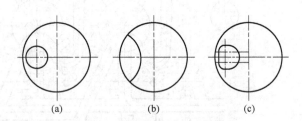

图 8－3　内燃式热风炉燃烧室的形状
（a）圆形；（b）眼睛形；（c）复合形

8.1.2.2　外燃式

燃烧室与蓄热室分别砌筑在两个壳体内，且用顶部通道将两壳体连接起来的热风炉称外燃式热风炉。就两个室的顶部连接方式的不同分为 4 种基本结构形式，如图 8－4 所示。

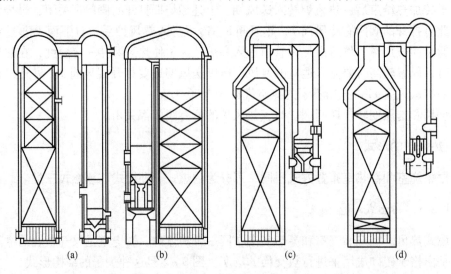

图 8－4　外燃式热风炉结构示意图
（a）考贝式；（b）地得式；（c）马琴式；（d）新日铁式

地得式外燃热风炉拱顶由两个直径不等的球形拱构成，并用锥形结构相互连通。考贝式外燃热风炉的拱顶由圆柱形通道连成一体。马琴式外燃热风炉蓄热室的上端有一段倒锥形，锥体上部接一段直筒部分，直径与燃烧室直径相同，两室用水平通道连接起来。

地得式外燃热风炉拱顶造价高，砌筑施工复杂，而且需用多种形式的耐火砖，所以新建的外燃式热风炉多采用考贝式和马琴式。

地得式、考贝式和马琴式这 3 种外燃式热风炉的比较情况如下：

（1）从气流在蓄热空中均匀分布看，马琴式较好，地得式次之，考贝式稍差。

（2）从结构看，地得式炉顶结构不稳定，为克服不均匀膨胀，主要采用高架燃烧室，设有金属膨胀圈，吸收部分不均匀膨胀；马琴式基本消除了由于送风压力造成的炉顶不均匀膨胀。

新日铁式外燃热风炉是在考贝式和马琴式外燃热风炉的基础上发展而成的，其主要特点是：蓄热室上部有一个锥体段，使蓄热室拱顶直径缩小到和燃烧室直径相同，拱顶下部耐火砖承受的荷重减小，提高了结构的稳定性；对称的拱顶结构有利于烟气在蓄热室中的均匀分布，提高传热效率。

外燃式热风炉的优点是：

（1）由于燃烧室单独存在于蓄热室之外，消除了隔墙，不存在隔墙受热不均而造成的砌体裂缝和倒塌，有利于强化燃烧，提高热风温度。

（2）燃烧室、蓄热室、拱顶等部位砖衬可以单独膨胀和收缩，结构稳定性较内燃式热风炉好，可以承受高温作用。

（3）燃烧室断面为圆形，当量直径大，有利于煤气燃烧。气流在蓄热室格子砖内分布均匀，提高了格子砖的有效利用率和热效率。送风温度较高，可长时间保持1300℃风温。

外燃式热风炉的缺点是：结构复杂，占地面积大，钢材和耐火材料消耗多，基建投资比同等风温水平的内燃式热风炉高15% ~35%，一般应用于新建的大型高炉。

8.1.2.3 顶燃式

顶燃式热风炉结构如图8-5所示。它不设专门的燃烧室，而是将煤气直接引入拱顶空间燃烧，不会产生燃烧室隔墙倾斜倒塌或开裂问题。为了在短暂的时间和有限的空间里保证煤气和空气很好混合和完全燃烧，采用4个短焰燃烧器，直接在热风炉拱顶下燃烧，火焰成涡流状流动。

顶燃式与外燃式热风炉相比，具有投资费用和维护费用较低，能更有效地利用热风炉空间的优点，而且热风炉构造简单、结构稳定，蓄热室内气流分布均匀，可满足大型化、高风温、高风压的要求，具有很好发展前景。

顶燃式热风炉的燃烧器、燃烧阀、热风阀等都设在炉顶平台上，因而操作、维修要求实现机械化、自动化。水冷阀门位置高，相应冷却水供水压力也要提高。

图8-6为顶燃式热风炉的布置图。四座顶燃热风炉采用矩形平面布置，结构稳定性和抗震性能都较好，四座热风炉热风出口到热风总管距离一样，热风总管比一列式布置的管道要短，相应可提高热风温度20~30℃。

8.1.3 热风炉检修和维护

8.1.3.1 检修

热风炉本体设备比较简单，也不易损坏，日常检修也较简单，主要是考虑对热风炉的大修。

（1）大修周期。热风炉大修周期在20年以上，大修间隔期间内可根据热风炉的具体情况进行一两次中修。

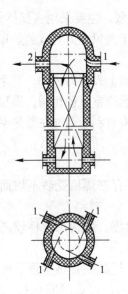

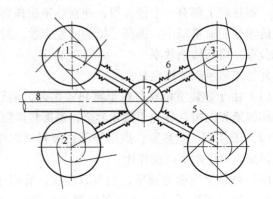

图 8 – 5　顶燃式热风炉的结构形式　　　　　　图 8 – 6　顶燃式热风炉布置图
1—燃烧口；2—热风出口　　　　　　　　1～4—顶燃式热风炉；5—燃烧口；
　　　　　　　　　　　　　　　　6—热风出口管；7—热风总管；8—热风输出口

（2）大中修依据。热风炉燃烧率降低 25% 以上，严重影响热风的温度、进风量，热风炉各部位耐火衬砖、炉子、支柱等严重损坏，炉壳裂缝漏风等使生产不能安全进行；蓄热室格孔局部老化、堵塞、拱顶局部损坏，燃烧室烧损严重，或热风炉燃烧率显著降低进行中修。

（3）热风炉大修范围。大修主要是更换全部格子砖、燃烧室拱顶、炉箅子及支柱和部分大墙。若整个大墙不能继续使用时，可结合大修更换全部砖衬。更换全部阀门。

（4）中修范围。主要是更换蓄热室三分之一的格子砖、燃烧室拱顶和部分大墙。

（5）更换损坏的阀门，处理法兰处跑风；风机换油及零部件更换；液压站换油，清理油箱，更换液压系统零部件。

8.1.3.2　维护

（1）点检路线。液压站→助燃风机→各种阀门→热风炉本体→其他。

（2）每班定期检查液压站有无漏油，备用系统是否正常，油泵运转是否正常，油箱油质、油温、油位是否在规定范围内。

（3）每班定期检查风机运转是否良好，有无剧烈振动，轴承温度是否正常，并做好记录。

（4）进出口管道法兰连接螺栓紧固，防止产生振动。

（5）每班定期检查各种阀门使用情况：

1）热风阀行程是否正常，水温有无变化，阀杆有无跑风现象，卷扬机运转是否正常，润滑是否良好。

2）冷风阀开关是否灵活，有无跑风现象，是否内漏。

3）燃烧阀开关是否灵活，有无回风现象。

4）其他阀门开关是否灵活，有无跑风现象，润滑是否灵活。

（6）每班定期检查热风炉本体有无泄漏烧红现象。

（7）在风机启动时，必须检查吸风口和风机部分有无障碍物，油位是否正常。

（8）换炉操作时，需先开风机放散，避免风量变化而缩短风机叶轮寿命。

（9）对所有设备，平台要定期清扫，确保设备清洁，同时对各润滑点也要定期加油。

（10）煤气系统发现问题及时联系处理。

8.1.4 燃烧器

燃烧器是用来将煤气和空气混合，并送入燃烧室内燃烧的设备。它应有足够的燃烧能力，即单位时间能送进、混合、燃烧所需要的煤气量和助燃空气量，并排出生成的烟气量，不致造成过大的压头损失（即能量消耗）。其次还应有足够的调节范围，空气过剩系数可在 1.05 ~ 1.50 范围内调节。应避免煤气和空气在燃烧器内燃烧、回火，保证在燃烧器外迅速混合、完全而稳定地燃烧。燃烧器种类很多，我国常见的有套筒式金属燃烧器和陶瓷燃烧器。

8.1.4.1 套筒式金属燃烧器

套筒式金属燃烧器的构造，如图 8 - 7 所示。

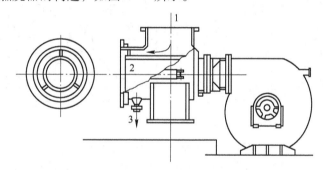

图 8 - 7 套筒式金属燃烧器
1—煤气；2—空气；3—冷凝水

煤气道与空气道为一套筒结构，煤气和空气进入燃烧室后相互混合并燃烧。这种燃烧器的优点是结构简单，阻损小，调节范围大，不易发生回火现象。因此，过去国内热风炉广泛采用这种燃烧器。其主要缺点是煤气和助燃空气混合不均匀，需要较大体积的燃烧室；燃烧不稳定，火焰跳动；火焰直接冲击燃烧室的隔墙，隔墙容易被火焰烧穿而产生短路。目前国内外高风温热风炉均采用陶瓷燃烧器代替套筒式金属燃烧器。

8.1.4.2 陶瓷燃烧器

陶瓷燃烧器是用耐火材料砌成的，安装在热风炉燃烧室内部。一般是采用磷酸盐耐火混凝土或矾土水泥耐火混凝土预制而成，也有采用耐火砖砌筑成的，图 8 - 8 为几种常用的陶瓷燃烧器结构示意图。

陶瓷燃烧器有如下优点：

（1）助燃空气与煤气流有一定交角，并将空气或煤气分割成许多细小流股，因此混合好，燃烧完全而稳定，无燃烧振动现象。

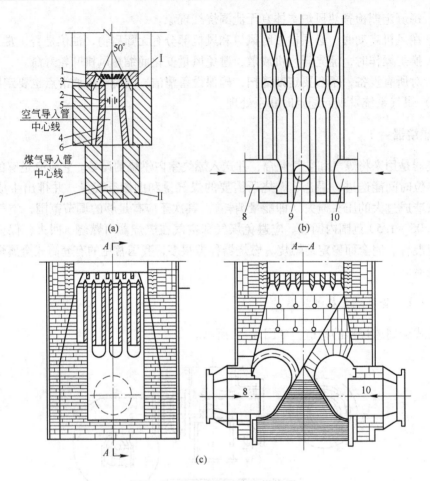

图 8 - 8　几种常用的陶瓷燃烧器

（a）套筒式陶瓷燃烧器；（b）三孔式陶瓷燃烧器；（c）栅格式陶瓷燃烧器

Ⅰ—磷酸盐混凝土；Ⅱ—黏土砖；

1—二次空气引入孔；2—一次空气引入孔；3—空气帽；4—空气环道；5—煤气直管；
6—煤气收缩管；7—煤气通道；8—助燃空气入口；9—焦炉煤气入口；10—高炉煤气入口

（2）气体混合均匀，空气过剩系数小，可提高燃烧温度。

（3）燃烧器置于燃烧室内，气流直接向上运动，无火焰冲击隔墙现象，减小了隔墙被烧穿的可能性。

（4）燃烧能力大，为进一步强化热风炉燃烧和热风炉大型化提供了条件。

套筒式陶瓷燃烧器的主要优点是：结构简单，构件较少，加工制造方便，但燃烧能力较小，一般适合于中、小型高炉的热风炉。栅格式陶瓷燃烧器和三孔式陶瓷燃烧器的优点是：空气与煤气混合更均匀，燃烧火焰短，燃烧能力大，耐火砖脱落现象少，但其结构复杂，砖形制造困难多，并要求加工质量高，一般大型高炉的外燃式热风炉，多采用栅格式和三孔式陶瓷燃烧器。

8.1.5　热风炉阀门

根据热风炉周期性工作的特点，可将热风炉阀门分为控制燃烧系统的阀门以及控制鼓风系统的阀门两类。

控制燃烧系统的阀门及其装置的作用是把助燃空气及煤气送入热风炉燃烧,并把废气排出热风炉。它们还起着调节煤气和助燃空气的流量,以及调节燃烧温度的作用。当热风炉送风时,燃烧系统的阀门又把煤气管道、助燃空气风机及烟道与热风炉隔开,以保证设备的安全。

鼓风系统的阀门将冷风送入热风炉,并把热风送到高炉。其中一些阀门还起着调节热风温度的作用。送风系统的阀门有:热风阀、冷风阀、混风阀、混风流量调节阀、废气阀及冷风流量调节阀等。除充风阀废气阀外,其余阀门在送风期均处于开启状态,在燃烧期均处于关闭状态。

8.1.5.1 热风阀

热风阀安装在热风出口和热风主管之间的热风短管上。热风阀在燃烧期关闭,隔断热风炉与热风管道之间的联系。

热风阀在 900～1300℃ 和 0.5MPa 左右压力的条件下工作,是阀门系统中工作条件最恶劣的设备。常用的热风阀是闸板阀,如图 8－9 所示。

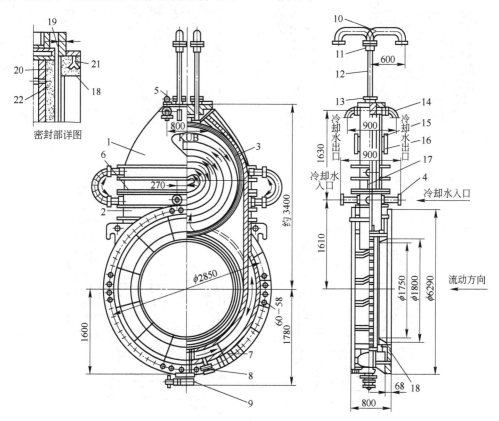

图 8－9 φ1800 热风阀

1—上盖;2—阀箱;3—阀板;4—短管;5—吊环螺钉;6—密封填片;7,16—防蚀镀锌片;8—排水阀;9—测水阀;10—弯管;11—连接管;12—阀杆;13—金属密封填料;14—弯头;15—标牌;17—连接软管;18—阀箱用不定型耐火材料;19—密封用堆焊合金;20—阀体用不定型耐火材料;21—阀箱用挂桩;22—阀体用挂桩

热风阀一般采用铸钢和锻钢、钢板焊接结构。它由阀板（闸板）、阀座圈、阀外壳、冷却进出水管组成。阀板（闸板）、阀座圈、阀壳体都有水冷。为了防止阀体与阀板的金属表面被侵蚀，在非工作表面喷涂不定型耐火材料，这样也可降低热损失。

8.1.5.2 切断阀

切断阀用来切断煤气、助燃空气、冷风及烟气。切断阀结构有多种，如闸板阀、曲柄盘式阀、盘式烟道阀等，如图 8-10 所示。

闸板阀如图 8-10（a）所示。闸板阀起快速切断管道的作用，要求闸板与阀座贴合严密，不泄漏气体，关闭时一侧接触受压，装置有方向性，可在不超过 250℃ 温度下工作。

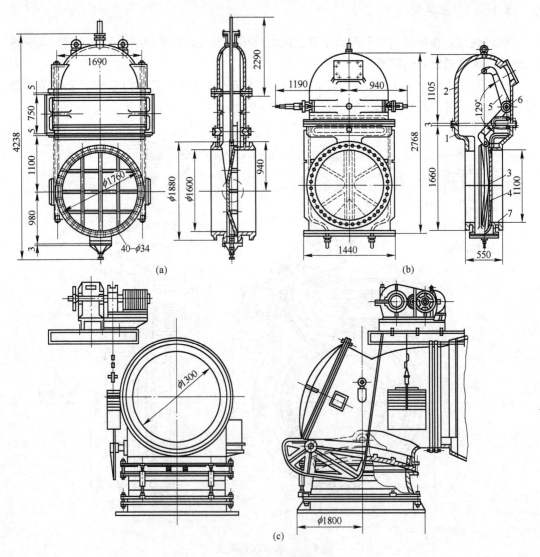

图 8-10 切断阀

（a）闸板阀；（b）曲柄盘式阀；（c）盘式烟道阀

1—阀体；2—阀盖；3—阀盘；4—杠杆；5—曲柄；6—轴；7—阀座

曲柄盘式阀亦称大头阀，也起快速切断管路作用，其结构如图 8 - 10（b）所示。该种阀门常作为冷风阀、混风阀、煤气切断阀、烟道阀等。它的特点是结构比较笨重，用做燃烧阀时因一侧受热，可能发生变形而降低密封性。

盘式烟道阀装在热风炉与烟道之间，曾普遍用于内燃式热风炉。为了使格子砖内烟气分布均匀，每座热风炉装有两个烟道阀。其结构如图 8 - 10（c）所示。

8.1.5.3 调节阀

一般采用蝶形阀作为调节阀，它用来调节煤气流量、助燃空气流量、冷风流量等。

煤气流量调节阀用来调节进入燃烧器的煤气量。混风调节阀用来调节混风的冷风流量，使热风温度稳定。调节阀只起流量调节作用，不起切断作用。蝶形调节阀结构如图 8 - 11 所示。

8.1.5.4 充风阀和废风阀

热风炉从燃烧期转换到送风期，当冷风阀上没有设置均压小阀时，在冷风阀打开之前必须使用充风阀提高热风炉内的压力。反之，热风炉从送风期转换到燃烧期时，在烟道阀打开之前需打开废风阀，将热风炉内相当于鼓风压力的压缩空气由废风阀排放掉，以降低炉内压力。

有的热风炉采用闸板阀作充风阀及废风阀，有的采用角形盘式阀作废风阀。

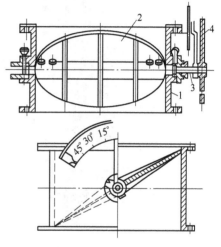

图 8 - 11 蝶形调节阀
1—外壳；2—阀板；3—轴；4—杠杆

热风炉充风阀直径的选择与换炉时间、换炉时风量和风压的波动，以及高炉鼓风机的控制有关。

8.1.5.5 放风阀

放风阀安装在鼓风机与热风炉组之间的冷风管道上，在鼓风机不停止工作的情况下，用放风阀把一部分或全部鼓风排放到大气中，以此来调节入炉风量。

放风阀是由蝶形阀和活塞阀用机械连接形式组合的阀门，如图 8 - 12 所示。送入高炉的风量由蝶形阀调节，当通向高炉的通道被蝶形阀隔断时，连杆连接的活塞将阀壳上通往大气的放气孔打开（图中位置），鼓风从放气孔中逸出。放气孔是倾斜的，活塞环受到均匀磨损。

放风时高能量的鼓风激发强烈的噪声，影响劳动环境，危害甚大，放风阀上必须设置消音器。

8.1.5.6 冷风阀

冷风阀是设在冷风支管上的切断阀。当热风炉送风时，

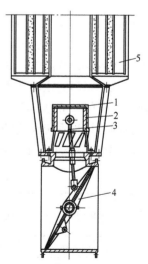

图 8 - 12 放风阀及消音器
1—阀壳；2—活塞；3—连杆；
4—蝶形阀板；5—消音器

打开冷风阀可把高炉鼓风机鼓出的冷风送入热风炉。当热风炉燃烧时，关闭冷风阀，切断了冷风管。因此，当冷风阀关闭时，在闸板一侧上会受到很高的风压，使闸板压紧阀座，闸板打开困难，故需设置有均压小门或旁通阀。在打开主闸板前，先打开均压小门或旁通阀来均衡主闸板两侧的压力。冷风阀结构如图8－13所示。

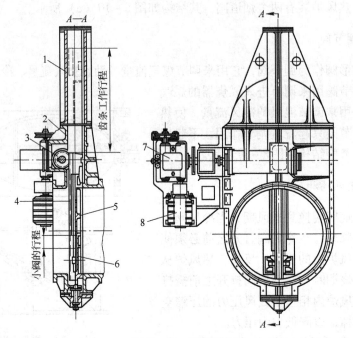

图 8－13 冷风阀

1—阀盖；2—阀壳；3—小齿轮；4—齿条；5—主闸板；6—小通风闸板；7—差动减速器；8—电动机

8.1.5.7 倒流休风阀

倒流休风阀安装在热风主管的终端，高炉休风时用。当炉顶放散压力趋近于零时，打开休风阀，以便热风管道、炉内煤气散发，便于检修处理故障，其结构形式为闸板阀。由于开关次数少，故障少，因而寿命较长。

热风炉阀门的驱动装置，有电动卷扬式、液压油缸及手动操纵等。正常生产时，热风炉阀门的开闭一般已不再采取手动操作。

选择热风炉系统阀门的依据，主要是阀门的通径、允许工作压力和工作温度。我国1200m³高炉热风炉阀门性能见表8－1。

表 8－1 1200m³ 高炉热风炉的阀门主要规格

序号	阀门名称	通径	工作压力/MPa	工作温度/℃	结构形式	传动方式	备 注
1	热风阀	1300	0.35	1300	水冷垂直闸板阀	电动或液压	
2	倒流休风阀	1300	0.35	1300	水冷垂直闸板阀	电动或液压	1 个/座高炉
3	冷风阀	1200	0.35	300	垂直闸板阀	电动或液压	
4	冷风流量调节阀	1200	0.35	300	蝶阀	自动调节	

序号	阀门名称	通径	工作压力/MPa	工作温度/℃	结构形式	传动方式	备 注
5	冷风旁通阀	150	0.35	300	闸板阀或球阀	电动或液压	
6	放风阀	1400	0.35	300	活塞或盘式蝶阀	电动卷扬	1个/座高炉
7	废气阀	400	0.35	500	盘式阀	电动或液压	
8	煤气切断阀	1000	0.1	60	杠杆阀	电动或液压	
9	煤气流量调节阀	1000	0.1	60	蝶阀	自动调节	
10	燃烧煤气放散阀	150	0.1	60	闸板阀	电动或液压	
11	助燃空气流量调节阀	1000	0.1	60	蝶阀	自动调节	
12	燃烧阀	1200	0.35	250	垂直闸板阀	电动或液压	2个/座热风炉
13	烟道阀	1300	0.35	250	垂直闸板阀	电动或液压	1个/座热风炉
14	混风切断阀	700	0.35	250	垂直闸板阀	电动或液压	1个/座高炉
15	混风调节阀	700	0.35	250	蝶阀	自动调节	1个/座高炉

8.1.6 热风炉阀门的液压传动

图 8 - 14 为 $1000m^3$ 高炉热风炉阀门液压传动系统图。

8.1.6.1 设备传动简介

采用四座内燃式热风炉，各阀门液压缸的动作，根据工艺制度要求，可以实现程序连锁，自动换炉；也可以在连锁的情况下，实现手动换炉；也可解出连锁，实现非常操作。

8.1.6.2 液压传动系统说明

系统参数如下：

系统工作压力	5MPa
流量	25L/min
蓄能器容积	4×39L
热风阀液压缸 5	φ125/70×710mm
冷风大阀液压缸 6	φ125/70×710mm
倒流休风阀液压缸 7	φ125/70×125mm
煤气切断阀液压缸 8	φ80/45×630mm
燃烧阀液压缸 9	φ100/55×630mm
烟道阀（Ⅰ）液压缸 10	φ100/55×630mm
烟道阀（Ⅱ）液压缸 11	φ100/55×630mm
废气阀液压缸 12	φ80/45×450mm
冷风阀液压缸 13	φ100/55×630mm
冷风旁通阀液压缸 14	φ80/45×450mm

8.1.6.3 系统工作原理

系统全部采用积成油路块，系统中压力控制是由压力块组实现的。将块组的溢流阀 2

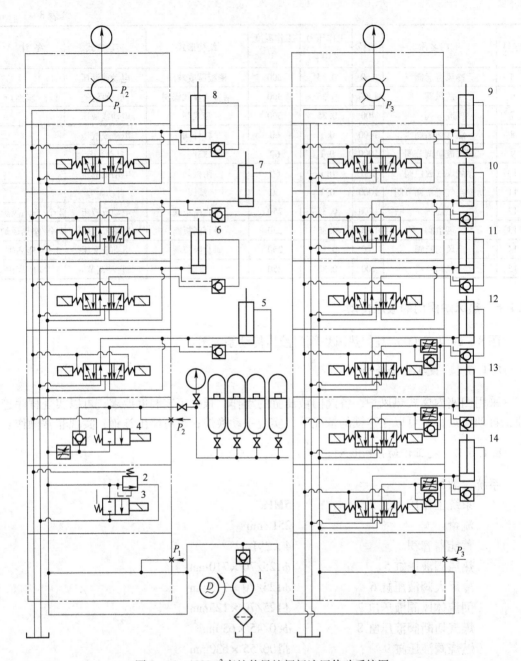

图 8 - 14　1000m³高炉热风炉阀门液压传动系统图

1—油泵；2—溢流阀；3，4—电磁换向阀；5—热风阀液压缸；6—冷风大阀液压缸；7—倒流休风阀液压缸；
8—煤气切断阀液压缸；9—燃烧阀液压缸；10—烟道阀（Ⅰ）液压缸；11—烟道阀（Ⅱ）液压缸；
12—废气阀液压缸；13—冷风阀液压缸；14—冷风旁通阀液压缸

压力调到 5MPa，并保持系统正常的工作压力恒定。在泵 1 启动时，该块组的电磁换向阀 3 同时接电，使泵空载启动，启动后，该换向阀断电，泵向系统供油，出口压力受溢流阀 2 控制。

当系统正常工作时，基本上是用泵直接传动的。为了实现热风阀、冷风大阀及倒流休风阀的液压缸（5、6、7）加快动作，蓄能器在行程开关控制下，蓄能器块组的电磁换向阀4接电，接通蓄能器油路，实现快速动作。此外，在事故断电情况下，为了保证热风炉的安全，也可手动操作该电磁换向阀，使蓄能器向系统供油，进行必要的紧急操作。

为了保证各阀门的动作时间并使系统的流量减少，在几个大的和要求快动作的阀门传动中采用了差动油路。为了实现废气阀、冷风阀及冷风旁通阀在开启时的良好速度调节，采用了调速阀作为回油调节。

为了防止阀门开启因换向阀内漏等原因造成阀门自行降落，在系统中采用了液控单向阀。为了防止液控单向阀受换向滑阀内漏影响而自行开启，采用了"Y"形滑阀机能的三位五通换向阀。

8.2 高炉鼓风机

8.2.1 高炉鼓风机的要求

高炉鼓风机是高炉冶炼最重要的动力设备。它不仅直接为高炉冶炼提供所需要的氧气，而且还要为炉内煤气流的运动克服料柱阻力提供必需的动力。

高炉鼓风机不是一般的通风机，它必须满足下列要求：

（1）有足够的送风能力，即不仅能提供高炉冶炼所需要的风量，而且鼓风机的出口压力要能够足以克服送风系统的阻力损失、高炉料柱阻力损失以及保证有足够高的炉顶煤气压力。

（2）风机的风量及风压要有较宽的调节范围，即风机的风量和风压均应适应于炉料的顺行与逆行、冶炼强度的提高与降低、喷吹燃料与富氧操作以及其他多种因素变化的影响。

（3）送风均匀而稳定，即风压变动时，风量不得自动地产生大幅度变化。

（4）能保证长时间连续、安全及高效率运行。

8.2.2 高炉鼓风机类型

常用的高炉鼓风机类型有离心式、轴流式两种。

8.2.2.1 离心式鼓风机

离心式鼓风机的工作原理，是靠装有许多叶片的工作叶轮旋转所产生的离心力，使空气达到一定的风量和风压，离心式鼓风机的叶轮结构如图 8 - 15 所示。

高炉用的离心式鼓风机一般都是多级的，级数越多，风机的出口风压也越高。风的出口压力为 0.015 ~ 0.35MPa 的，一般称为鼓风机，风的出口压力大于0.35MPa的，一般称为压缩机。

我国生产的 D400 - 41 型离心式鼓风

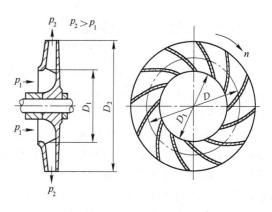

图 8 - 15　离心式鼓风机叶轮结构

机的结构，如图 8－16 所示。

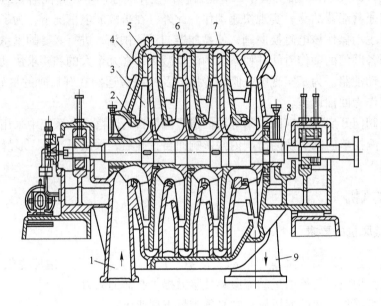

图 8－16　D400－41 型离心式鼓风机结构图
1—吸气室；2—密封；3—叶轮；4—扩压器；5—隔板；6—弯道；7—机壳；8—主轴；9—排气管

　　这种鼓风机为四级，它主要由叶轮、主轴、机壳、密封、吸气室及排气室等部分组成。鼓风机工作时，气体由吸气室 1 吸入，首先通过叶轮 3 第一级压缩，提高其风的压力、速度及温度，然后进入扩压器 4，流速降低，压力提高，同时进入到下一级叶轮继续压缩。经过逐级压缩后的高压气体，最后经过排气管 9 进入输气管道送出。

　　鼓风机的性能，一般用特性曲线表示。该曲线能表示出在一定条件下鼓风机的风量、风压（或压缩比）、效率（或功率）及转速之间的变化关系。鼓风机的特性曲线，一般都是在一定试验条件下通过对鼓风机做试验运行实测得到的。测定特性曲线的吸气条件是：吸气口压力为 0.1MPa，吸气温度为 20℃，相对湿度为 50%。每种型号的鼓风机都有它自己的特性曲线。鼓风机的特性曲线是选择鼓风机的主要依据。

　　图 8－17 所示的是 D400－41 型离心式高炉鼓风机的特性曲线，由于其转速不可调，风量与风压之间的变化关系曲线只有一条。如图 8－18 所示的是 K4250－41－1 型离心式高炉鼓风机特性曲线，由于其转速可调节，所以能获得不同转速下的多条特性曲线。

　　离心式鼓风机的特性曲线具有下列特点：

　　（1）在一定转速下，风量增加，风压降低；反之，风量减少，则风压增加。风量为某一值，其风机效率为最高，此点流量为风机设计的工况点。

　　（2）可以通过调节风机转速的方法来调节风机的风量和风压。

　　（3）风机转速越高，风量与风压变化特性曲线的曲率越大，并且末尾段曲线变得越来越陡。即风量过大时，风压降低得很多，中等风量时，曲线比较平坦。中等风量区域，风机的效率较高，这个较宽的高效率风量区称为风机的经济运行区，风机的工况区应在经济运行区内。风机转速越高，稳定工况区越窄，特性曲线向右移动。

　　（4）每条风量与风压曲线的左边都有一个喘振工况点，风机在喘振工况点以左运行

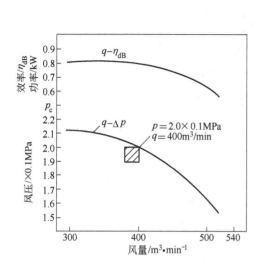

图8-17 D400-41型离心鼓风机性能曲线

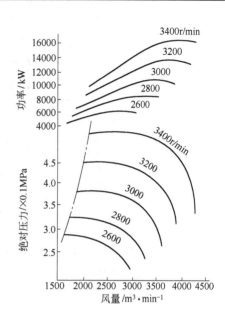

图8-18 K4250-41-1型离心式
高炉鼓风机特性曲线

时，由于产生周期性的气流振荡现象而不能使用。将各条曲线上的喘振工况点连接成一条喘振曲线，可看出，风机不能在喘振曲线以左的区域运行。

（5）每条风量与风压曲线的右边有一个堵塞工况点，此点即为风量增加到最大值的工况点。风机在堵塞工况点以右运行，风压很低，不仅不能满足高炉的要求，而且风机的功率增加很多。将各条曲线上的堵塞工况点连接成一条堵塞曲线，风机一般只在堵塞曲线以左区域运行。如果风机放风启动或大量放风操作，将会导致风机驱动电动机过载。喘振曲线与堵塞曲线之间的运行区域，称为风机的稳定工况区。风机的级数越多，出口风压越大，特性曲线越陡，稳定工况区也越狭窄。

（6）风机的特性曲线随吸气条件的改变而变化。

8.2.2.2 轴流式鼓风机

轴流式鼓风机，当出口压力较高时也称轴流式压缩机。大型高炉一般采用轴流式压缩机鼓风。轴流式鼓风机的工作原理，是依靠在转子上装有扭转一定角度的工作叶片随转子一起高速旋转，叶片对气流做功，获得能量的气体沿着轴向方向流动，达到一定的风量和风压。转子上的一列工作叶片与机壳上的一列导流叶片构成轴流式鼓风机的一个级。级数越多，空气的压缩比越大，出口风压也越高。多级轴流式风机的工作原理如图8-19所示。

我国生产的Z3250-46型轴流式压缩机构造如图8-20所示。

这种轴流式压缩机为九级，其中的进气管、收敛器、进气导流器、级组（动叶和导流器）、出口导流器、扩压器以及出气管等均称通流部件，总称通流部分，各通流部件都有它各自的功用。压缩机工作时，从进气管吸入的大气均匀地进入环形收敛器，收敛器使

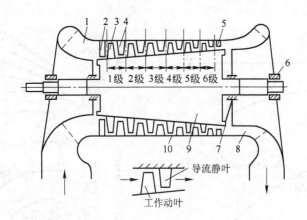

图 8 - 19 多级轴流式风机工作原理图

1—进气收敛器；2—进口导流器；3—工作动片；4—导流静片；5—出口导流器；
6—轴承；7—密封装置；8—出口扩压器；9—转子；10—机壳

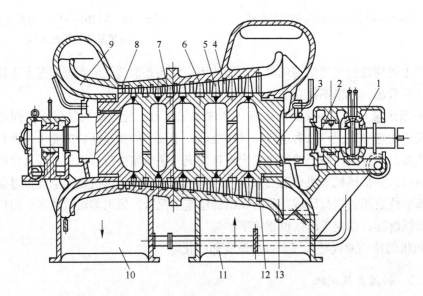

图 8 - 20 Z3250 - 46 型轴流式压缩机

1—止推轴承；2—径向轴承；3—转子；4—导流器（静叶）；5—动叶；6—前汽缸；7—后汽缸；
8—出口导流器；9—扩压器；10—出气管；11—进气管；12—进气导流器；13—收敛器

气流适当加速，以使气流在进入进气导流器之前具有均匀的速度场和压力场。进气导流器由均匀分布于汽缸上的叶片组成，它的功用是使其气流能沿着叶片的高度，以一定的速度和方向进入第一级工作叶轮。工作叶轮是由装在转盘上的均匀分布的动叶片组成。动叶片的旋转将其机械功传递给气体，使气体获得压力能和动能，并通过导流器进入下一级动叶片继续压缩。导流器由位于动叶片后均匀固定在汽缸上的一列叶片组成，导流器的功用是将从动叶片中出来的气体的动能转化为压力能，并使气流在进入下一级动叶片之前具有一定的方向和速度。经过串联的多级工作叶轮逐级压缩后的气体，最后通过出口导流器、扩压器和出气管进入输气管道送走。出口导流器是在最后一级导流器的后面,装在汽缸上的一列叶片,其功能是从末级导流器出来的气流能沿叶片的高度方向转变成为轴向流动,以避免气流在扩压器中由于产生旋绕而增加压力损失,而且还能使后面的扩压器中的气流流动更加稳定,以提高压缩机的工作效率。扩压器的功能是使从出口导流器中流出来的气流能均匀地减速,将余下的部分动能转化为压力能。出气管是将气流沿径向收集起来,输送到高炉。

作为高炉鼓风用的轴流式压缩机,可以由汽轮机驱动,也可以是电动机驱动。

Z3250 – 46 型轴流式压缩机的特性曲线,如图 8 – 21 所示。

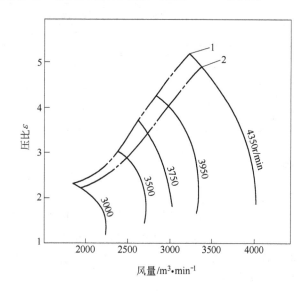

图 8 – 21 Z3250 – 46 型轴流式压缩机特性曲线
1—飞动曲线;2—反飞动曲线

轴流式压缩机(或轴流式鼓风机)的特性曲线,除了有离心式鼓风机的特性曲线的共同特点外,其不同之处是:

(1)特性曲线较陡,允许风量变化的范围更窄,增加风量会使出口风压(或压缩比)及效率很快下降。

(2)飞动线(喘振线)的倾斜度很小,容易产生飞动现象。因此,高炉使用轴流式鼓风机鼓风时,操作要更加稳定。在生产中,轴流式鼓风机一般是通过电气自动控制来实现其在稳定区域运行的。

高炉鼓风机的风量、风压允许变化的范围越大,对高炉的适应性也越大。

高炉鼓风采用轴流式压缩机的优点是风量大、风压高、效率高、风机重量轻及结构紧凑。因此,轴流式压缩机很适合于大型高炉采用,并有取代离心式鼓风机的趋势。所以我国新建 1000m³ 以上的高炉,均采用轴流式鼓风机。同时,采用同步电动机来驱动全静叶可调轴流式压缩机的高炉比例也越来越大。有一点需要特别注意,那就是轴流式压缩机对灰尘的磨损很敏感,要求吸入空气需经很好的过滤。国内不同容积高炉的风机配置情况见表 8 – 2。

表 8 - 2　高炉容积与鼓风机配置

炉容/m³	鼓风机型号	风量/m³·min⁻¹	风压/MPa	转速/r·min⁻¹	功率/kW	传动方式
310	D900 - 2.5/0.9 离心式	900	0.15	5534	2500	电动
620	AK - 1300 离心式	1500	0.18	2200 ~ 3000	4500	汽动
	AKh300 轴流式	2000	压缩比 3.5	调速汽轮机直接传动	6000	汽动
1000	Z3250 - 46 轴流式	3250	压缩比 4.2	4400	12000	电动
1000	K3250 - 41 - 1 离心式	3250	0.28	2500 ~ 3400	12000	汽动
1500	静叶可调轴流式	4500	压缩比 4.0	调速汽轮机直接传动		汽动
1500	K4250 - 41 离心式	4250	0.3	2500 ~ 3250	17300	汽动
2000	静叶可调轴流式	6000	压缩比 4.0 ~ 5.0	调速汽轮机直接传动		汽动
2500	静叶可调轴流式	6000	0.45		32000	同步电动
3200	AG120/16RL6 轴流式	7710	0.48	3000	39460	同步电动
4063	全静叶可调轴流式	8800	0.51		48000	同步电动

8.2.3　高炉鼓风机的选择

高炉和鼓风机配合原则是:

(1) 在一定的冶炼条件下,高炉和鼓风机选配得当,能使二者的生产能力都能得到充分的发挥。既不会因为炉容扩大受制于风机能力不足,也不会因风机能力过大而让风机经常处在不经济运行区运行或放风操作,浪费大量能源。选择风机时给高炉留有一定的强化余地是合理的,一般为 10% ~ 20%。

(2) 鼓风机的运行工况区必须在鼓风机的有效使用区内。所谓"运行工况区"是指高炉在不同季节和不同冶炼强度操作时,或在料柱阻力发生变化的条件下,鼓风机的实际出风量和风压能在较大范围内变动。这个变动范围,一般称之为"运行工况区"。高压高炉鼓风机的工况区示意图,如图 8 - 22 所示。常压高炉的只有一条特性曲线的电动离心式鼓风机的工况区示意图,如图 8 - 23 所示。鼓风机运行在安全线上的风量称为临界工况。临界工况一般为经济工况的 50% ~ 75%。

为了确保高炉正常生产,对选择出来的高炉鼓风机的运行工况区应当满足下列要求:

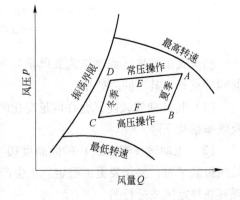

图 8 - 22　高压高炉鼓风机的工况区示意图

(1) 在夏季最热月份最高平均气象条件下,高压操作高炉的最高冶炼强度时的运行工况点为 A 点,常压操作高炉的最高冶炼强度时的运行工况点为 B 点,如图 8 - 22 所示。

(2) 在冬季最冷月份最低平均气象条件下,高压操作高炉的最低冶炼强度时的运行工况点为 D 点,常压操作高炉的最低冶炼强度时的运行工况点为 C 点。

(3) 在年平均气象条件下,高压操作高炉年平均冶炼强度时的运行工况点为 E 点,常压操作高炉年平均冶炼强度时的运行工况点为 F 点。

（4）鼓风机的送风能力工况点 A、B、C、D 点必须在鼓风机的安全范围以内，E、F 点应在鼓风机的经济（高效率）运行区内。

（5）对于常压操作的中小型高炉，一般采用电动离心式鼓风机，只有一条特性曲线，如图 8 − 23 所示。在夏季最热月份最高平均气象条件下，高炉最高冶炼强度时的运行工况点为 B 点，B 点的传动功率应小于鼓风机电动机功率，在冬季最冷月份最低平均气象条件下，高炉最低冶炼强度和最高阻力损失时的运行工况点 C 必须在鼓风机的安全运行范围内。在年平均气象条件下，高炉年平均冶炼强度的运行工况点 A 应与最高效率点对应。

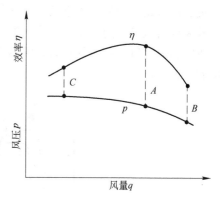

图 8 − 23 电动离心式鼓风机的工况示意图

在选择高炉鼓风机时应当考虑使高炉容积和鼓风机的能力都能同时发挥作用。为了确保高炉安全生产，应设置备用鼓风机，其台数与炉容大小和高炉座数有关。一般相同炉容的 2 ~ 3 座高炉设一台备用鼓风机。

8.2.4 提高风机出力措施

8.2.4.1 风机串联

高炉鼓风机串联的主要目的是提高主机的出口风压。风机的串联是在主机的吸风口处增设一台加压风机，使主机吸入气体的压力和密度提高，在主机的容积风量不变的情况下，风机出口的质量风量和风压均增加，从而提高了风机的出力。风机串联时，一般要求加压风机的风量比主机的风量要稍大些，而风压比主机的风压要小些。两机之间的管道上应设置阀门，以调节管道阻力损失和停车时使用。

8.2.4.2 风机并联

风机并联是把两台鼓风机的出口管道沿风的流动方向合并成一条管道向高炉送风。风机并联的主要目的是增加风量。为了增强风机并联的效果，要求并联的两台风机的型号相同或性能非常接近。每台风机的出口管道上均应设置逆止阀和调节阀，以防止风的倒流和调节两风机的出口风压。同时，为了降低管道气流阻力损失，应适当扩大送风总管直径和尽可能地减小支管之间的夹角。

8.2.5 富氧和脱湿鼓风

8.2.5.1 富氧鼓风

富氧鼓风不仅能增强冶炼强度，而且富氧鼓风与喷吹燃料相结合，已成为当今高炉强化冶炼的重要途径。

富氧鼓风是将纯氧气加入到冷风中，与冷风混合后送往高炉。富氧鼓风按氧气加入位置分为机前富氧和机后富氧两种流程。

机前富氧是将从氧气站来的低压氧气直接送入高炉鼓风机的吸风口管道上的混合器与空气充分混合，经过高炉鼓风机加压后送往高炉。当高炉鼓风机站距离制氧站较近时，一般采取机前富氧。机前富氧的优点是减少了氧气加压机的台数，节省能耗。

机后富氧是将从氧气站来的低压氧气先经过氧气加压机加压，然后再将高压氧气通入高炉鼓风机出风口后的冷风管与冷风混合后送往高炉。

我国高炉富氧，一般都是采取机后富氧方式。我国某厂高炉机后富氧鼓风管道系统示意图如图 8 - 24 所示。

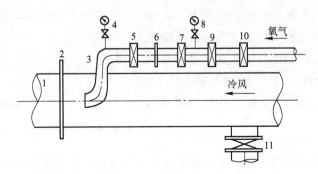

图 8 - 24   某厂高炉机后富氧鼓风管道系统示意图
1—冷风管；2—冷风流量孔板；3—S 形氧气插入管；4，8—压力表；5—P25Dg150 截止阀；
6—氧气流量孔板；7—电磁快速切断阀；9—P40Dg125 电动流量调节阀；
10—P16Dg100 截止阀；11—放风阀

为了保证高炉供氧安全，在送氧管道上设置有截止阀及电磁快速切断阀，以应付突然断氧气时能迅速切断供氧系统。在输送氧气的管路上还应设置通氧气的副管，以便于阀门检修。高炉富氧量的控制方法一般有两种，一种是固定氧气流量不变，即加入的氧气量与风量无关。另一种是保持风中的含氧率不变，即加入的氧气流量与风量成比例增减。调节氧气流量一般采用电动流量调节阀。

8.2.5.2 脱湿鼓风

高炉进行脱湿鼓风是人为地减少鼓风中的水分绝对含量，使水分含量稳定在一个较低的数值范围内。其目的是减少炉缸热量消耗和稳定鼓风湿度，促进炉况稳定和降低焦比。

脱湿鼓风装置按原理分有以下几种：

（1）氯化锂脱湿法。用氯化锂（LiCl）作脱湿剂吸收空气水分。吸水后的氯化锂可以加热再生，循环使用。但再生需要消耗许多热量，而且吸附脱湿过程会使湿风潜热变为显热，使鼓风机吸入空气温度升高，导致其功率消耗增加。这种方法又有干式、湿式之分。湿式氯化锂脱湿对鼓风机叶片还有腐蚀作用；干式氯化锂脱湿装置的管理比较复杂。

（2）冷却脱湿法。特点是不需脱湿剂，技术比较成熟，但电耗较大。此法又有鼓风机吸入侧冷却法和出口侧冷却法之分。前者需要大型冷冻机，但只需在吸风管道上设置，易于安装、调节，尤以节能和增加鼓风机风量为最大优点。后者不需要冷冻机，但是会导致冷风的热量损失以及鼓风机出口压力的损失。

（3）冷却加氯化锂联合脱湿法。可将鼓风湿度降到很低的程度，但能耗大，运行维护管理均较复杂。

我国宝钢 1 号高炉采用鼓风机吸入侧冷却脱湿鼓风工艺流程，如图 8 - 25 所示。其脱湿效果为：入口风含水量 32.5g/m³，出口风含水量 9g/m³，脱水率 72%。

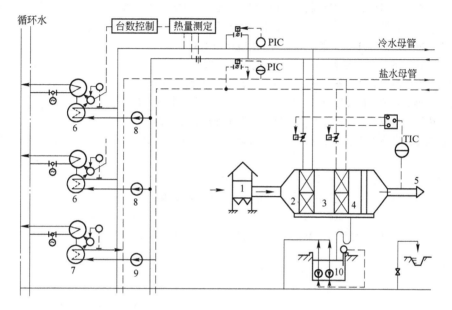

图 8 - 25　宝钢 1 号高炉机前冷却脱湿鼓风工艺流程图
1—布袋式空气过滤器；2—冷水冷却器；3—水冷却器；4—除雾器；5—鼓风机；
6—冷水冷冻机；7—盐水冷冻机；8—冷水泵；9—盐水泵；10—排水池与排水泵

机前冷却脱湿法的优点是不仅增加了风量，而且不会降低出风口风温和风压。冷却法脱湿鼓风，一般只适合于在气温较高、空气绝对含湿量较大的地区和季节采用，脱湿装置在冬季一般是不运行的。

思 考 题

8 - 1　热风炉有几种结构形式，各有什么特点？

8 - 2　热风炉有哪些阀门，它们的作用是什么？

8 - 3　热风炉本体如何检修和维护？

8 - 4　高炉对鼓风机有哪些要求，如何选择鼓风机？

8 - 5　常用高炉鼓风机的类型有哪几种，离心式鼓风机和轴流式鼓风机有何特点？

8 - 6　什么叫风机特性曲线，什么叫风机的飞动线？

8 - 7　提高鼓风机出力措施有哪些？

8 - 8　什么是富氧鼓风，什么是脱湿鼓风？

参 考 文 献

[1] 张昌富，等 . 冶炼机械 [M]. 北京：冶金工业出版社，1991.

[2] 王庆春 . 冶金通用机械与冶炼设备 [M]. 北京：冶金工业出版社，2004.

[3] 贾联慷 . 冶炼机械设备 [M]. 北京：冶金工业出版社，1989.

[4] 严运进 . 炼铁机械 [M]. 北京：冶金工业出版社，1990.

[5] 王平 . 炼铁设备 [M]. 北京：冶金工业出版社，2006.

[6] 王宏启，等 . 高炉炼铁设备 [M]. 北京：冶金工业出版社，2008.

[7] 郝素菊，等 . 高炉炼铁设计原理 [M]. 北京：冶金工业出版社，2003.

[8] 万新 . 炼铁设备及车间设计 [M]. 北京：冶金工业出版社，2007.

[9] 北京钢铁设计研究总院冶金设备室 . 冶金机械液压传动系统 100 例 [M]. 北京：冶金工业出版社，1986.

[10] 时彦林 . 液压传动 [M]. 北京：化学工业出版社，2011.

[11] 谷士强 . 冶金机械安装工程手册 [M]. 北京：冶金工业出版社，1998.

[12] 蔺文友 . 冶金机械安装基础知识问答 [M]. 北京：冶金工业出版社，1997.

[13] 刘宝宣 . 冶金机械检修手册 [M]. 北京：冶金工业出版社，1992.

冶金工业出版社部分图书推荐

书　名	作　者	定价（元）
电机拖动与继电器控制技术（高职高专教材）	程龙泉	45.00
电工基础及应用、电机拖动与继电器控制技术实验指导（高职高专教材）	黄　宁	16.00
单片机及其控制技术（高职高专教材）	吴　南	35.00
单片机应用技术（高职高专教材）	程龙泉	45.00
单片机应用技术实验实训指导（高职高专教材）	佘　东	29.00
PLC 编程与应用技术（高职高专教材）	程龙泉	48.00
PLC 编程与应用技术实验实训指导（高职高专教材）	满海波	20.00
变频器安装、调试与维护（高职高专教材）	满海波	36.00
变频器安装、调试与维护实验实训指导（高职高专教材）	满海波	22.00
模拟电子技术项目化教程（高职高专教材）	常书惠	26.00
组态软件应用项目开发（高职高专教材）	程龙泉	39.00
电子技术及应用实验实训指导（高职高专教材）	刘正英	15.00
供配电应用技术实训（高职高专教材）	徐　敏	12.00
电工基本技能及综合技能实训（高职高专教材）	徐　敏	26.00
工程图样识读与绘制（高职高专教材）	梁国高	42.00
工程图样识读与绘制习题集（高职高专教材）	梁国高	35.00
焊接技能实训（高职高专教材）	任晓光	39.00
焊工技师（高职高专教材）	任晓光	40.00
液压与气压传动系统及维修（高职高专教材）	刘德彬	43.00
冶金过程检测与控制（第3版）（高职高专国规教材）	郭爱民	48.00
矿山地质（第2版）（高职高专教材）	包丽娜	39.00
矿井通风与防尘（第2版）（高职高专教材）	陈国山	36.00
高等数学简明教程（高职高专教材）	张永涛	36.00
现代企业管理（第2版）（高职高专教材）	李　鹰	42.00
应用心理学基础（高职高专教材）	许丽遐	40.00
管理学原理与实务（高职高专教材）	段学红	39.00
汽车底盘电控技术（高职高专教材）	李明杰	29.00
汽车故障诊断技术（高职高专教材）	李明杰	28.00
电工与电子技术（第2版）（本科教材）	荣西林	49.00
计算机应用技术项目教程（本科教材）	时　巍	43.00
FORGE 塑性成型有限元模拟教程（本科教材）	黄东男	32.00
自动检测和过程控制（第4版）（本科国规教材）	刘玉长	50.00
自动化专业课程实验指导书（本科教材）	金秀慧	36.00
机电类专业课程实验指导书（本科教材）	金秀慧	38.00
金属挤压有限元模拟技术及应用	黄东男	38.00
粒化高炉矿渣细骨料混凝土	石东升	45.00